中等职业学校立体化精品教材·机电系列

Zhongdeng Zhiye Xuexiao Litihua Jingpin Jiaocai · Jidian Xilie

电子技术基础与实训（第2版）

赵景波　主编

王素珍　逄锦梅　李蓬　副主编

精品系列

人民邮电出版社

北　京

图书在版编目（ＣＩＰ）数据

电子技术基础与实训 / 赵景波主编. -- 2版. -- 北京：人民邮电出版社，2011.5
中等职业学校立体化精品教材. 机电系列
ISBN 978-7-115-25088-9

Ⅰ. ①电… Ⅱ. ①赵… Ⅲ. ①电子技术－中等专业学校－教材 Ⅳ. ①TN

中国版本图书馆CIP数据核字(2011)第055792号

内 容 提 要

　　本书以数字和模拟器件为主线，着重介绍模拟电路和数字电路的实际应用。全书分 11 章，内容包括电子技术的发展及应用、常用的半导体器件、利用半导体器件构成基本放大电路、集成运算放大电路及应用、功率放大电路的基本知识、模拟电路的实际应用、数字电路的基础知识、组合逻辑电路的分析和设计、时序逻辑电路器件及应用、数字电路的应用及电路识图。

　　本书适合作为中等职业学校机电类专业的教材，也可供自学者阅读使用。

中等职业学校立体化精品教材·机电系列

电子技术基础与实训（第2版）

◆ 主　　编　赵景波
　　副 主 编　王素珍　逢锦梅　李　蓬
　　责任编辑　王亚娜

◆ 人民邮电出版社出版发行　　北京市崇文区夕照寺街 14 号
　　邮编　100061　　电子邮件　315@ptpress.com.cn
　　网址　http://www.ptpress.com.cn
　　北京昌平百善印刷厂印刷

◆ 开本：787×1092　1/16
　　印张：16.25　　　　　　　　　　　2011 年 5 月第 2 版
　　字数：385 千字　　　　　　　　　2011 年 5 月北京第 1 次印刷

ISBN 978-7-115-25088-9
定价：31.00 元
读者服务热线：(010)67170985　印装质量热线：(010)67129223
反盗版热线：(010)67171154

前　言

电子技术作为一门飞速发展的现代科学技术，在社会科学、自然科学等各个领域发挥着巨大的作用。本书根据教育部 2001 年颁布的中等职业学校"电子技术基础及实训"教学大纲，参照有关行业的职业技能鉴定规范，结合 21 世纪现代化电力工程专业发展对技能型人才的需求而编写。

"电子技术基础与实训"是机电类专业的一门技术基础课，其教学目标是了解、掌握各种半导体器件的性能、电路及其应用。本书内容包括模拟电子技术和数字电子技术两部分，模拟电子技术主要讨论线性电路，数字电子技术则着重讨论脉冲数字电路。

在内容的安排上，本书从实际出发，通过各种半导体器件及其电路来阐明电子技术中的基本概念、基本原理和基本分析方法。对于基本的和常用的半导体电路（包括脉冲数字电路），除了定性分析，还介绍了工程计算和设计方法等知识。为了加深对课堂知识的理解，本书列举了大量电路实例，并配有一定数量的例题和习题。

本书主要有以下特点。

- 职业性强：在内容选用上与国家制定的职业技能鉴定规范相衔接，让学生掌握从事机电装配、维修所必需的知识和技能，增强学生的岗位适应能力，体现职业性。
- 实践性强：教材中避免了过多过深的理论分析，而突出了实用知识和技能。为培养学生的动手能力，教材中突出实践性教学内容的安排，并将课堂讲授内容与技能训练内容有机结合，做到理论联系实际。根据中等职业教育的培养目标，确定教学内容的深度，理论知识以实用、够用为度。
- 使用方便：以"学习目标"概述各章的主要内容，每章都有习题和实验，便于教师把握各章主要知识点和技能点，也便于学生自学和复习。
- 教学手段的多样化：教材提供了多媒体课件、电子教案、录像、动画、图片、题库系统等丰富的资源供教师使用。

为了便于读者学习和阅读，本教材设计了 4 个栏目。

- 观察与思考：通过实例阐述教学相关内容。
- 要点提示：用于介绍重要的知识点及一些需要注意的内容。
- 课堂练习：加深对例题的理解。
- 阅读材料：用于扩展课堂上的内容。
- 动画演示和视频演示：用于演示电路的工作过程和原理。

本书适合作为中等职业学校机电类专业的教材，也可供自学者阅读使用。

本书由青岛理工大学赵景波任主编，王素珍、逢锦梅和李蓬任副主编。参加本书编写工作的还有张进、沈精虎、黄业清、宋一兵、谭雪松、向先波、冯辉、郭英文、计晓明、董彩霞、滕玲、管振起。

由于编者水平有限，书中难免存在疏漏之处，敬请各位老师和同学指正。

编　者

2011 年 2 月

目　录

第1章 认识电子技术

电子技术是近几十年发展迅速的学科之一，已成为现代先进科学技术的一个重要组成部分。目前它的应用已广泛渗透到人们生产生活的各个领域。

【学习目标】

- 了解电子技术的应用。
- 了解电子技术的发展。
- 理解实训的目的。

【观察与思考】

在学习本课程之前，先来看看生活中的两个例子。

走在大街上，大家经常会看到交通信号灯，如图1-1所示。

在商店里，能看到会说话、眼睛会动的电动玩具，如图1-2所示。

图1-1　交通信号灯

图1-2　电动玩具

想知道交通灯为什么会闪烁，电动玩具为什么会说话吗？让我们一起步入电子技术的殿堂，去探个究竟吧。

1.1　电子技术的应用

电子技术已经广泛地应用到人们生活的方方面面，下面从4个方面进行介绍，从中领略电子技术的奇妙。

（1）电子技术应用于通信，如同步卫星通信系统，如图1-3所示。

（2）控制是电子技术的另一重大应用领域，如数控机床和电力系统的传输和控制，如

图 1-4 和图 1-5 所示。

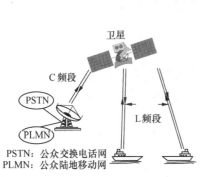

PSTN: 公众交换电话网
PLMN: 公众陆地移动网

图 1-3 同步卫星通信系统

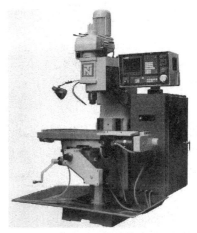

图 1-4 数控机床

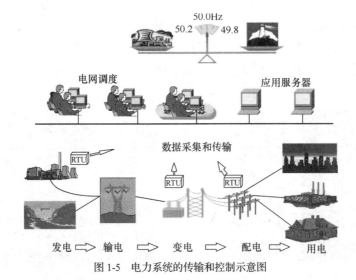

图 1-5 电力系统的传输和控制示意图

（3）电子技术有力地推动了计算机技术的发展，如计算机的主板，如图 1-6 所示。

（4）电子技术目前已深入人们的文化生活中。广播、电视、录音及录像等无一不与电子技术有关。例如电视机的电路原理图、电路板图和电视机的实际电路板，如图 1-7、图 1-8 和图 1-9 所示。

动画演示 观看"电子技术应用.swf"动画，该动画演示了电子技术应用的各个领域。

要点提示 通信、控制、计算机和文化生活这 4 个词的英文都是以字母 C 开头的，故电子技术应用可概括为 4 "C"。

图 1-6　计算机的主板

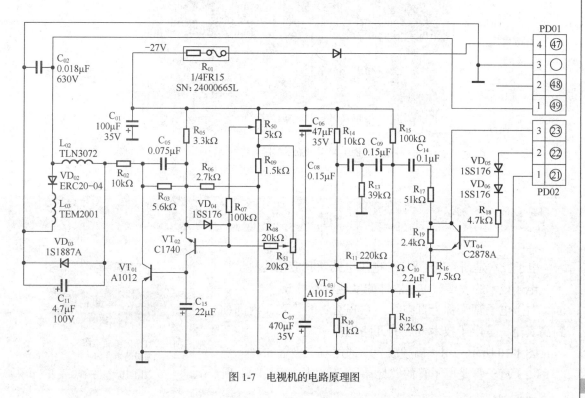

图 1-7　电视机的电路原理图

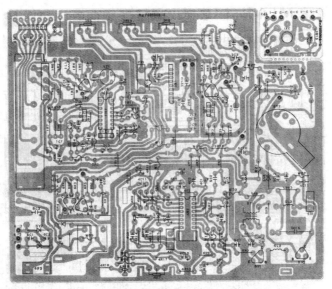

图 1-8　电视机的电路板图

图 1-9　电视机的实际电路板

1.2　电子技术的发展

电子技术是研究电子器件、电子电路及其应用的科学技术。电子技术的发展与电子器件的发展密不可分。

（1）电子管又称为真空管，它有密封的管壳，内部抽到高真空，是电子技术发展的开路先锋。

图 1-10 所示为用于高频放大的通用双三极管 6N1。

（2）离子管是电子管的"兄弟"，其结构如图 1-11 所

吸气剂　　灯丝阴极和　阳极
　　　　　栅极的组合体

图 1-10　电子管

示。等离子显示器就是离子管的应用，如图 1-12 所示。

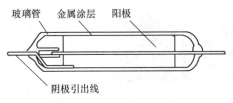

图 1-11　离子管的结构

图 1-12　等离子显示器

**要点
提示**

电子管和离子管都属于电真空器件，是第一代电子器件。

（3）1948 年，肖克利、巴丁和布拉顿等经过共同的研究，制造出了第一只半导体晶体管，这是电子技术发展的一个里程碑。

半导体晶体管也叫做晶体管、半导体管或固体器件，是第二代电子器件。它体积小，重量轻，寿命长，耗电省，耐振性较好，广泛应用在电子线路中。图 1-13 所示为不同型号的晶体管。

图 1-13　晶体管

（4）各种单个的器件和元件连接起来，构成分立电路，如图 1-14 所示。

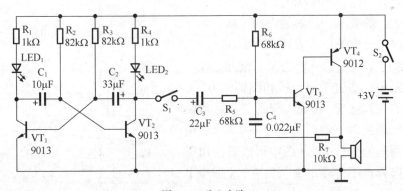

图 1-14　分立电路

**要点
提示**

若分立电路焊接点接触不良，则会影响设备运行的可靠性，往往是电子设备发生故障的一种原因。

（5）随着半导体技术的发展，人们把许多晶体管与电阻等元件制作在同一块硅晶片上构成电路，这就是集成电路。计算机主板中就使用大量的集成电路。

　　集成电路缩小了体积，减轻了重量，降低了功耗，同时减少了电路中的焊接点，提高了工作的可靠性。图1-15所示为各种封装的集成电路芯片。

图1-15　各种封装的集成电路芯片

 动画演示　观看"电子技术发展.swf"动画，该动画演示了电子技术发展的历程。

 要点提示　集成电路的发展经历了从小规模集成电路到中规模、大规模集成电路以及现在的超大规模集成电路的过程。

1.3　怎样学习电子技术基础课程

　　学习"电子技术基础"这门课程，能够获得电子技术的基本知识和基本技能，培养分析问题和解决问题的能力，为以后深入学习电子技术的专门领域以及电子技术在专业中的应用打好基础。为此，本课程的内容意在讲述电子学中最基础、最根本、最具共性的东西，而不是面面俱到地讨论电子技术的各个方面。

　　（1）掌握电子线路的分析方法。例如，在三极管放大电路中，通过工程分析和图解的方法，分析三极管的工作情况，保证三极管工作在线性区，从而不出现失真，如图1-16所示。完成电子线路工作原理的分析后，从图中可以看出由于静态工作点选择得不好而出现了失真，波形少了一半。

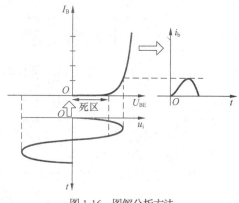

图1-16　图解分析方法

　　（2）熟悉基本的电子器件和电子电路的性能及其主要应用。图1-17所示为二极管单向导电性的测试实验。通过实验可以知道，二极管具有单向导电性，可以应用在整流电路中。

　　（3）学习电子测试技术，训练电子电路的运算能力和识图能力。图1-18所示为使用电子测量仪器测试电路的示意图。

二极管的简单测试

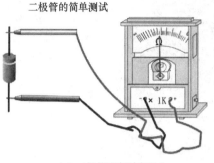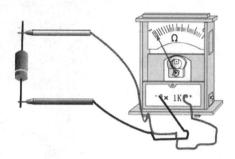

（a）二极管正向时电阻小　　　　　　（b）二极管反向时电阻大

图 1-17　二极管单向导电性的测试

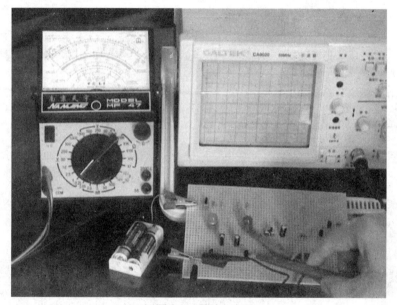

图 1-18　测试电路

1.4　实训目的

　　实训是"电子技术基础"这门课程中重要的实践性教学环节。通过对实训的学习，同学们能够巩固和加深理解所学的知识，并能培养独立实践能力，树立工程实际观点。如果仅学习书本知识，而缺乏实践经验，就不能把电子学很好地运用到实践中。为此，一定要把实训动手能力当做一项基本功，重视起来。图 1-19 至图 1-23 所示为实训中常见的收音机电路板。

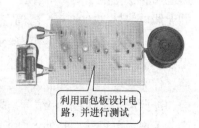

利用面包板设计电路，并进行测试

图 1-19　电路设计和测试

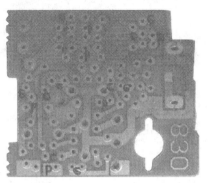

图 1-20　收音机电路板的一面

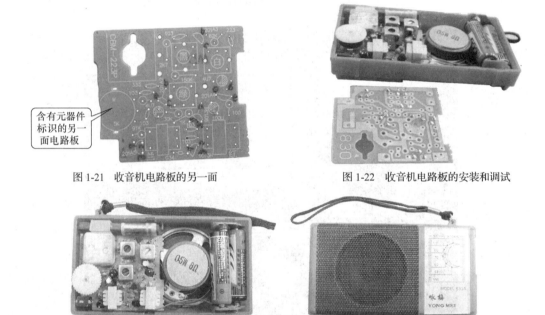

含有元器件标识的另一面电路板

图 1-21　收音机电路板的另一面

图 1-22　收音机电路板的安装和调试

图 1-23　安装好的收音机

【阅读材料】

电子技术的发展

电子技术也称为电子学。它是与电子有关的技术学科，起源于物理中的电磁学。虽然从16世纪起，人们已开始探索和研究电的现象，取得了不少成就，但是直到1897年，才由汤姆逊用实验验证了电子的存在。1904年，弗列明发明了最简单的真空二极管，用来检测微弱的无线电信号。1906年，德福雷斯特在二极管中加入了一个控制栅极，成为具有放大作用的三极管。于是，电子技术作为一门新兴学科而兴起，迄今不过百年。在开始阶段，它与无线电技术交织在一起，所以又称为无线电电子学。这种技术后来运用于控制、计量和计算等方面，作为处理信息（如放大、运算、转换及编码）的一种手段，形成了信息电子学。另一方面，电子学与电力工程相结合，成为一种变换电能形式的新型工具（如把交流电变为直流电），产生了电力电子学。此外，电子技术与其他学科相结合，又形成了许多边缘学科，如光电子学、空间电子学、核电子学及生物医学电子学。

第2章 半导体器件

半导体器件是现代电子技术的重要组成部分，它具有体积小、重量轻、使用寿命长及功率转换效率高等优点，因而得到了广泛应用。下面将介绍半导体的基本知识以及各种半导体器件的结构、特性、主要参数和实际应用等。

【学习目标】

- 了解半导体的基本知识，理解 PN 结的单向导电性。
- 掌握二极管的电路符号和特性，理解二极管的应用，了解其他类型的二极管。
- 掌握三极管的电路符号、放大作用及伏安特性，了解三极管的应用及主要参数。
- 了解场效应管的结构、电路符号、伏安特性和主要参数，掌握场效应管的使用。
- 了解晶闸管的结构，掌握晶闸管的符号、原理，了解晶闸管的应用。

2.1 半导体的基本知识

自然界中的物质按导电能力强弱的不同，可分为导体、绝缘体和半导体 3 大类。下面将介绍半导体的基本知识。

2.1.1 半导体的定义

半导体是导电能力介于导体和绝缘体之间的物质。常用的半导体材料有锗（Ge）、硅（Si）、砷（As）等。完全纯净的、不含杂质的半导体叫做本征半导体。如果在本征半导体中掺入其他元素，则称为杂质半导体。

本征半导体有两种导电的粒子，一种是带负电荷的自由电子，另一种是相当于带正电荷的粒子——空穴。自由电子和空穴在外电场的作用下都会定向移动而形成电流，统称为载流子。在本征半导体中，每产生一个自由电子，必然会有一个空穴出现，自由电子和空穴成对出现，这种物理现象称为本征激发。由于常温下本征激发产生的自由电子和空穴的数目很少，所以本征半导体的导电性能比较差。但当温度升高或光照增强时，本征半导体内的自由电子运动加剧，载流子数目增多，导电性能提高，这就是半导体的热敏特性和光敏特性。在本征半导体中掺入微量元素后，导电性能会大幅提高，这就是半导体的掺杂特性。在本征半导体中掺入不同的微量元素，就会得到导电性质不同的半导体材料。根据半导体掺杂特性的不同，可制成两大类型的杂质半导体：P 型半导体和N 型半导体。

动画演示 观看"空穴运动.swf"动画，该动画演示了空穴运动的现象和规律。

2.1.2 P 型半导体和 N 型半导体

1. P 型半导体

如果在本征半导体硅或锗的晶体中掺入微量三价元素硼（或镓、铟等），那么半导体内部空穴的数量将得到成千上万倍地增加，导电能力也将大幅提高，这类杂质半导体称为 P 型半导体，也称为空穴型半导体。在 P 型半导体中，空穴成为半导体导电的多数载流子，自由电子为少数载流子。而就整块半导体来说，它既没有失去电子也没有得到电子，所以呈电中性。

2. N 型半导体

如果在本征半导体硅或锗的晶体中掺入微量五价元素磷（或砷、锑等），半导体内部的自由电子的数量将成千上万倍地增加，导电能力大幅提高，这类杂质半导体称为 N 型半导体，也称为电子型半导体。在 N 型半导体中，自由电子成为半导体导电的多数载流子，空穴成为少数载流子。就整块半导体来说，它同样既没有失去电子也没有得到电子，所以也呈电中性。

2.1.3 PN 结及其导电性

1. PN 结的形成

在一块完整的本征半导体硅或锗上，采用掺杂工艺，使一边形成 P 型半导体，另一边形成 N 型半导体。这样，在 P 型半导体与 N 型半导体的交界处，就形成了一个特殊的区域——PN 结。PN 结是构成各种半导体器件的基础。

PN 结的形成如图 2-1 所示。

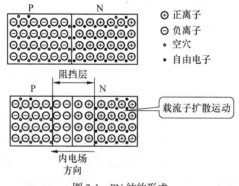

图 2-1 PN 结的形成

 动画演示 观看"PN 结形成.swf"动画，该动画演示了 PN 结形成的工艺过程及自由电子和空穴运动的规律。

2. PN 结的单向导电性

（1）PN 结加正向电压导通。

将 P 区接电源正极，N 区接电源负极，PN 结外加了正向电压，则 PN 结正向导通，称正向偏置，简称正偏，如图 2-2 所示。

（2）PN 结加反向电压截止。

将 P 区接电源负极，N 区接电源正极，PN 结外加了反向电压，则 PN 结反向截止，称反向偏置，简称反偏，如图 2-3 所示。

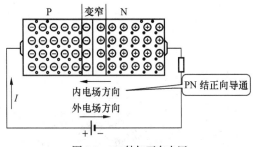

图 2-2　PN 结加正向电压　　　　　　　图 2-3　PN 结加反向电压

 观看"PN 结正向偏置.swf"动画，该动画演示了 PN 结加正向电压导通的过程和原理。

 观看"PN 结反向偏置.swf"动画，该动画演示了 PN 结加反向电压截止的过程和原理。

 当 PN 结两端施加的反向电压增加到一定值时，反向电流会急剧增大，此时 PN 结反向击穿。

综上所述，PN 结具有加正向偏压时导通，加反向偏压时截止的特性，即 PN 结具有单向导电性，其导电方向由 P 区指向 N 区。

【课堂练习】

（1）下列半导体材料热敏特性突出的是（　　　）。

A．本征半导体　　　　　　B．P 型半导体　　　　　　C．N 型半导体

（2）PN 结的正向偏置接法是：P 型区接电源的＿＿＿＿极，N 型区接电源的＿＿＿＿极。

 PN 结交界面两边分别聚集着不能移动的正、负离子，相当于电容器带上电荷的两块极板。因此 PN 结存在着电容，称为 PN 结的结电容。

2.2　半导体二极管

二极管是电子技术中比较常用的电子元器件。下面将介绍二极管的电路符号、单向导电

性、伏安特性以及典型应用。

在学习二极管之前，先来看看二极管在生活中的应用。

家庭生活中使用的家用电器，很多都带有显示屏，如图 2-4 所示。在显示板中显示数字、符号的器件就是二极管，如图 2-5 所示。

图 2-4　显示屏

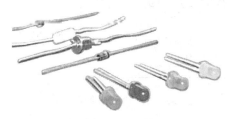

图 2-5　二极管

利用图 2-5 所示的二极管可以设计交通信号灯，也可以设计稳压电源，而要完成以上的设计就必须对二极管的原理和特性有深刻地了解。

2.2.1　二极管的结构

在 PN 结两端分别引出一个电极，外加管壳即构成晶体二极管，又称为半导体二极管。

按照内部结构的不同，二极管可分为点接触型二极管、面接触型二极管及平面型二极管 3 类，如图 2-6 所示。根据所用半导体材料的不同，二极管又可分为硅二极管和锗二极管。

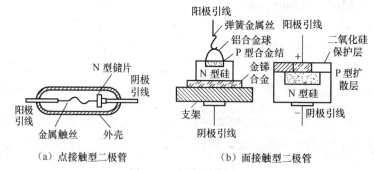

（a）点接触型二极管　　　　（b）面接触型二极管

图 2-6　二极管的结构类型

 要点提示

点接触型二极管适用于做高频检波和数字电路里的开关元件，也可用作小电流整流；面接触型二极管适用于整流，而不宜用于高频电路中。

2.2.2　二极管的电路符号

二极管的电路符号如图 2-7 所示。接在 P 型半导体一端的电极称为阳极（正极），接在 N 型的一端称为阴极（负极）。

图 2-7　二极管的电路符号

 要点提示　注意区别二极管的正、负极，否则有可能损坏二极管。

2.2.3　二极管的工作原理和性质

由于二极管是将 P 型和 N 型半导体结合在一起做成 PN 结，再封装起来构成的，所以二极管本身就是一个 PN 结，具有单向导电性。

下面通过实验验证二极管的单向导电性，如图 2-8 和图 2-9 所示。

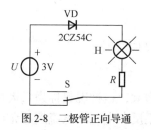

图 2-8　二极管正向导通

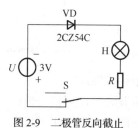

图 2-9　二极管反向截止

 动画演示　观看"二极管工作原理.swf"动画，该动画演示了二极管的形成过程及工作原理。

动画演示　观看"二极管的单向导电性.swf"动画，该动画演示了二极管的单向导电性质和现象。

1. 二极管的伏安特性

二极管的伏安特性是表示二极管两端的电压和流过它的电流之间的关系曲线。通过伏安特性曲线可以说明二极管的工作情况。图 2-10 所示为锗二极管 2CP10 的伏安特性。

（1）正向特性。

二极管的正向电压很小，但流过管子的电流却很大，因此管子的正向电阻很小。当所加正向电压较小时，正向电流很小，几乎为零。只有当电压超过某一值时，电流才显著增大，这一电压值常被称为死区电压或阈值电压。常温下硅二极管的死区电压约为 0.5V，锗二极管的死区电压约为 0.1V。

（2）反向特性。

当二极管两端加反向电压时，反向电流很小，这个区域称为反向截止区。当电压增大至零点几伏后，反向电流达到饱和，称为反向饱和电流或反向漏电流。反向饱和电流是衡量二极管质量优劣的重要参数，其值越小，二极管质量越好，一般硅管的反向电流要比锗管的反向电流小得多。

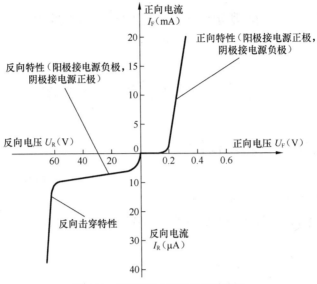

图 2-10　锗二极管 2CP10 的伏安特性

（3）反向击穿特性。

当反向电压继续增加到某一值时，电流将急剧增大，这种现象称为二极管的反向击穿，这时加在二极管两端的电压叫做反向击穿电压。如果反向电压和电流超过允许值而又不采取保护措施，将导致二极管热击穿而损坏。二极管被击穿后，一般不能恢复性能，所以在使用二极管时，反向电压一定要小于反向击穿电压。

 观看"二极管的伏安特性.swf"动画，该动画演示了二极管两端的电压和流过它的电流之间的关系的曲线及二极管的反向特性、正向特性、反向击穿特性。

2. 二极管主要参数

二极管的主要参数如表 2-1 所示。

表 2-1　　　　　　　　　　　　二极管的主要参数

参　数	名　称	说　　明
I_F	最大整流电流	二极管长期运行时，允许通过的最大正向平均电流，其大小与二极管内 PN 结的结面积和外部的散热条件有关。二极管工作时若超过 I_F，将会因过热而烧坏
I_R	反向漏电流	指室温下加反向规定电压时流过的反向电流，I_R 越小说明管子的单向导电性越好，其大小受温度影响越大。硅二极管的反向电流一般在纳安（nA）级，锗二极管反向电流在微安（μA）级
U_R	最高反向工作电压	允许长期加在两极间反向的恒定电压值。为保证管子安全工作，通常取反向击穿电压的一半作为 U_R，工作实际值不超过此值

续表

参　数	名　　称	说　　明
U_B	反向击穿电压	发生反向击穿时的电压值
f_M	最高工作频率	二极管所能承受的最高频率，主要受到 PN 结的结电容限制，通过 PN 结交流电频率高于此值，二极管将不能正常工作

3. 半导体二极管的型号

2AP9 二极管的名称含义如下。

- 2——代表二极管。
- A——代表器件的材料。A 为 N 型 Ge（B 为 P 型 Ge，C 为 N 型 Si，D 为 P 型 Si）。
- P——代表器件的类型。P 为普通管（Z 为整流管，K 为开关管）。
- 9——用数字代表同类器件的不同规格。

【例 2-1】　一个由两个二极管构成的电路如图 2-11（a）所示，输入信号 u_1 和 u_2 的波形如图 2-11（b）所示。忽略二极管的管压降，画出输出电压 u_o 的波形。

解：当 $u_1 = 0$，$u_2 = 0$ 时，VD_1、VD_2 均截止，$u_o = 0$。

当 $u_1 = 0$，$u_2 = U_2$ 时，VD_1 截止、VD_2 导通，$u_o = U_2$。

当 $u_1 = U_1$，$u_2 = U_2$ 时，$\because U_1 > U_2$，$\therefore VD_1$ 导通、VD_2 截止，$u_o = U_1$。

输出 u_o 波形如图 2-12 所示。

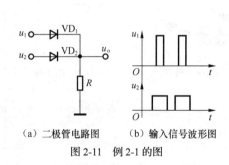

（a）二极管电路图　　（b）输入信号波形图

图 2-11　例 2-1 的图

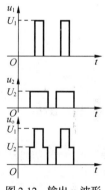

图 2-12　输出 u_o 波形

【课堂练习】

一个由二极管构成的"门"电路，如图 2-13 所示，设 VD_1、VD_2 均为理想二极管，当输入电压 u_A、u_B 为低电压 0V 和高电压 5V 的不同组合时，求输出电压 u_o 的值。

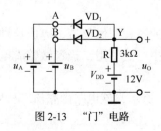

图 2-13　"门"电路

2.2.4　二极管的应用

1．常用各类二极管实物及应用

（1）普通二极管如图 2-14 所示，用于高频检波、鉴频限幅、小电流整流。

（2）整流二极管如图 2-15 所示，可实现不同功率的整流。

图 2-14　普通二极管

图 2-15　整流二极管

（3）开关二极管如图 2-16 所示，可用于电子计算机、脉冲控制和开关电路中。

（4）稳压二极管如图 2-17 所示。稳压二极管是一种大面积结构的二极管，它工作于反向状态，当反向电压足够大时，由于齐纳和雪崩击穿，通过稳压二极管的反向电流值变化很大，而稳压二极管的两端电压变化很小。稳压二极管一般在电路中起稳压作用。

（5）发光二极管如图 2-18 所示。发光二极管具有亮度高、清晰度高、电压低（1.5～3V）、反应快、体积小、可靠性高及寿命长等特点，常用于信号指示、数字和字符显示。

图 2-16　开关二极管

图 2-17　稳压二极管

图 2-18　发光二极管

 动画演示　观看"稳压二极管.swf"动画，该动画演示了稳压二极管的原理及使用方法。

 动画演示　观看"发光二极管.swf"动画，该动画演示了发光二极管的原理及使用方法。

2．二极管的应用电路

将交变电流变换成直流电流的过程叫做整流，完成这种功能的电路叫做整流电路，又叫整流器。在各种电器的稳压电源中广泛使用二极管做整流电路。

（1）单相半波整流电路。

单相半波整流电路如图 2-19 所示，该电路由整流二极管 VD、负载电阻 R_L 和电源变压器 T 的副边绕组串联而成。

单相半波整流电路中只有一个方向的电流通过负载，即负载上只能得到半个周期的电压和电流，所以叫半波整流。单相半波整流虽然电路简单，但电能利用率低，输出电压脉动大，输出直流电压也低。图 2-20 所示为单相半波整流电路的整流波形。

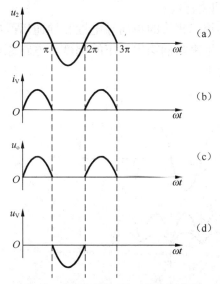

图 2-19 单相半波整流电路

图 2-20 单相半波整流电路的整流波形

观看"单相半波整流电路.swf"动画，该动画演示了单相半波整流电路的组成、工作原理及波形。

（2）单相桥式整流电路。

目前在实践中广泛应用的是桥式整流电路，如图 2-21 所示，它所产生的波形如图 2-22 所示。

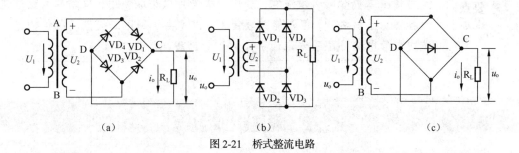

（a） （b） （c）

图 2-21 桥式整流电路

单相桥式整流电路是指交流电在一个周期内的两个半波都有同方向电流通过负载，因此该整流电路输出的电流和电压均是半波整流的两倍。桥式整流电路的结构决定了每个二极管只在半个周期内导通，所以在一个周期内流过每个二极管的平均电流只有负载电流的一半。

观看"单相桥式整流电路.swf"动画，该动画演示了单相桥式整流电路的组成、工作原理及波形。

【课堂练习】

若将单相桥式整流电路接成图 2-23 所示的形式，将会出现什么后果，为什么？请进行改正。

【阅读材料】

利用二极管的单向导电性和导通后两端电压基本不变的特点，可以构成限幅（削波）电路，用来限制输出电压的幅度。电路原理如图 2-24 所示（u_i 为大于直流电源电压 E 的正弦波）。

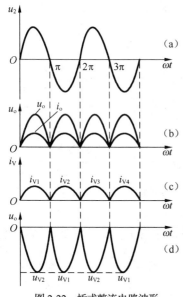

图 2-22　桥式整流电路波形

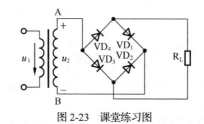

图 2-23　课堂练习图

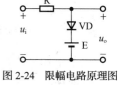

图 2-24　限幅电路原理图

使用稳压二极管时必须注意，稳压二极管可以串联使用，串联后的稳压值为各管稳压值之和；但不能并联使用，以免由于稳压二极管稳压值的差异造成各管电流分配不均匀，引起稳压管过载损坏。

2.3　半导体三极管

半导体三极管具有放大作用，使用也非常广泛。下面将介绍三极管的电路符号、三极管的放大作用、三极管的伏安特性曲线等知识。

【观察与思考】

在学习三极管之前，先来看看三极管在生活中的应用。

（1）家庭生活中使用的电视机，其中的枕形校正电路就使用三极管，如图 2-25 所示。

（2）数字电路中的反相器就是用三极管实现的，如图 2-26 所示。

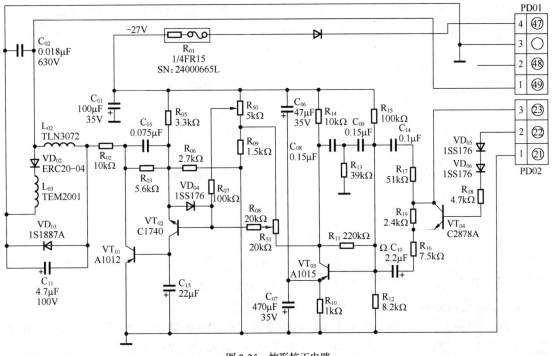

图 2-25 枕形校正电路

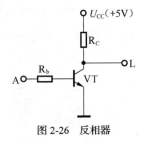

图 2-26 反相器

2.3.1 三极管的结构和类型

1. 三极管的结构

三极管的结构如图 2-27 所示。

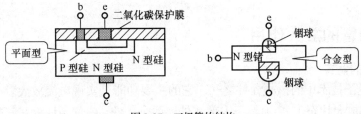

图 2-27 三极管的结构

三极管由两个 PN 结构成，其连接方法有 PNP 型和 NPN 型两种，结构示意图及符号如图 2-28 所示。三极管有发射区、集电区和基区 3 个区域。发射区和基区之间的 PN 结称为发射结，基区和集电区之间的 PN 结称为集电结。

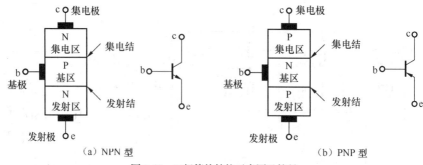

（a）NPN 型 （b）PNP 型

图 2-28　三极管的结构示意图及符号

由 3 个区引入 3 个电极分别称为发射极 e、集电极 c 和基极 b。图 2-28 为 PNP 管和 NPN 管的符号，其发射极箭头方向就是该类型管子发射极正向电流的方向。

2. 三极管的分类

三极管的种类，按三极管所用半导体材料来分，有硅管和锗管两种；按三极管的导电极性来分，有 PNP 型和 NPN 型两种；按功率大小来分，有小功率管、中功率管和大功率管（功率在 1W 以上的为大功率管）；按频率来分，有低频管和高频管两种（工作频率在 3MHz 以上的为高频管）；按结构工艺来分，主要有合金管和平面管；按用途分，有放大管和开关管等。另外，按三极管的封装材料来分，有金属封装、玻璃封装，近年来多用硅铜塑料封装。常用三极管的外形如图 2-29 所示。

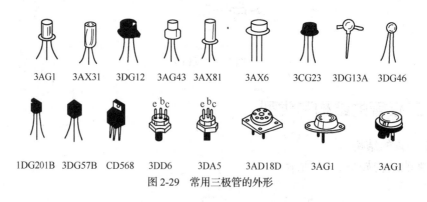

3AG1　3AX31　3DG12　3AG43　3AX81　3AX6　3CG23　3DG13A　3DG46

1DG201B　3DG57B　CD568　3DD6　3DA5　3AD18D　3AG1　3AG1

图 2-29　常用三极管的外形

2.3.2　三极管的放大作用

1. 三极管的偏置

三极管是电子技术中的核心元件之一，它的主要功能是实现电流放大。三极管要起到放大作用（工作在放大状态），必须具备内部和外部两个条件。内部条件就是三极管自身的内部结构要具备如下特点：①发射区和集电区虽然是同种半导体材料，但发射区的掺杂浓度远远高于集电区的，集电区的空间比发射区的空间大；②基区很薄，并且掺杂浓度特别低。外部条件是要给三极管加合适的工作电压，如图 2-30 所示。

2. 三极管的电流放大作用

三极管是一种电流控制器件，可以实现电流的放大。下面通过实验来说明三极管的电流放大作用。

如图 2-31 所示，E_b 是基极电源，R_b 和 R_p 是基极偏置电阻，基极通过 R_b 和 R_p 接电源，使发射结有正向偏置电压 U_{BE}。集电极电源 E_c 加在集电极与发射极之间，以提供 U_{CE}。I_C、I_B、I_E 代表集电极电流、基极电流和发射极电流。

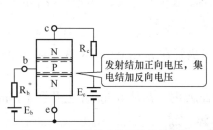

图 2-30   三极管放大作用的外部条件

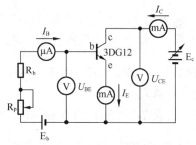

图 2-31   三极管的电流放大作用实验电路

改变可变电阻 R_p，则基极电流 I_B、集电极电流 I_C 和发射极电流 I_E 都发生变化，测量结果如表 2-2 所示。

表 2-2 三极管的电流分配数据 单位：mA

项目	1	2	3	4	5	6	7
I_B	0.003 5	0	0.01	0.02	0.03	0.04	0.05
I_C	− 0.003 5	0.01	0.56	1.14	1.14	2.33	2.91
I_E	0	0.01	0.57	1.16	1.17	2.37	2.96

从实验数据可得出如下结论。

（1）电流分配关系：三极管各电极间的电流分配关系满足 $I_E = I_B + I_C$。无论是 NPN 型还是 PNP 型三极管，均符合这一规律。

 要点提示　如果将三极管看成节点，那么三极管各电极间的电流关系应满足基尔霍夫节点电流定律，即流入三极管的电流之和等于流出三极管的电流之和。

（2）基极电流变化引起集电极电流变化，但集电极与基极电流之比保持不变，为一常数，用公式表示为

$$\overline{\beta} = \frac{I_C}{I_B}$$

$\overline{\beta}$ 称为直流电流放大系数。

要点提示 集电极电流随基极电流的变化而变化，说明集电极电流受控于基极电流，而且比基极电流大，三极管的这个特性就是直流电流的放大作用。

（3）基极电流有一微小的变化量ΔI_B时，集电极电流就会有一个较大的变化量ΔI_C，三极管的这一特性称为交流电流放大作用，用公式表示为

$$\beta = \frac{\Delta I_C}{\Delta I_B}$$

β称为交流电流放大系数。

 要点提示 三极管的集电极电流受控于基极电流，基极电流的微小变化将引起集电极电流较大的变化，这就实现了电流的放大作用。

【例2-2】 据表2-2的实验数据，试计算这只三极管在I_B由0.01mA变化到0.02mA时的电流放大系数。

解： 由表2-2可知，当I_B由0.01mA变化到0.02mA时，I_C从0.56mA上升到1.14mA。

$$\beta = \frac{\Delta I_C}{\Delta I_B} = \frac{1.14 - 0.56}{0.02 - 0.01} = 58$$

 动画演示 观看"三极管的电流传输关系.swf"动画，该动画演示了三极管基极电流I_B、集电极电流I_C和发射极电流I_E 3个电流之间的关系。

2.3.3 三极管的特性曲线

三极管的特性曲线反映了三极管各电极间电压和各电极电流之间的关系，是分析具体放大电路的重要依据，是三极管特性的主要表示形式，其中主要包括输入特性曲线和输出特性曲线。

1. 输入特性曲线

输入特性是指当U_{CE}为某一固定值时，输入回路中I_B和U_{BE}之间的关系。特性曲线的测量电路如图2-32所示，输入特性曲线如图2-33所示。

在输入回路中，由于发射结是一个正向偏置的PN结，因此输入特性就与二极管的正向伏安特性相似，不同的输出电压U_{CE}对输入特性有不同的影响，随U_{CE}的增大，曲线将向右移，但当$U_{CE} \geq 1V$时，不同U_{CE}值的输入曲线重合。

 动画演示 观看"三极管的输入特性曲线.swf"动画，该动画演示了U_{CE}为某一固定值时，输入回路中I_B和U_{BE}之间的关系。

2. 输出特性曲线

输出特性是指当I_B为一固定值时，输出回路中I_C和U_{CE}之间的关系。输出特性曲线如图2-34所示。根据输出特性曲线，三极管的工作区域可以分为截止区、饱和区和放大区 3种情况。

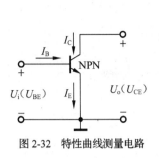

图 2-32　特性曲线测量电路

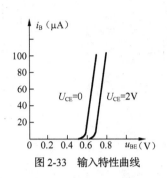

图 2-33　输入特性曲线

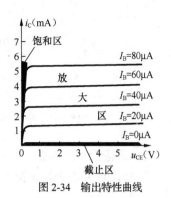

图 2-34　输出特性曲线

要点提示　输出特性的每一条曲线都与一个 I_B 值相对应。

（1）截止区。

三极管工作在截止区时，发射结和集电结均为反向偏置，相当于一个开关打开状态。在此区域，三极管失去了电流放大能力。

（2）饱和区。

三极管工作在饱和区时，发射结和集电结都处于正向偏置。在这个区域中，各 I_B 值所对应的输出特性曲线几乎重合在一起，I_C 随 U_{CE} 的升高而增大，当 I_B 变化时，I_C 基本不变，即 I_C 不受 I_B 的控制，三极管失去电流放大作用。在此区域，相当于一个开关闭合状态。

（3）放大区。

三极管处于放大状态时，发射结正向偏置，集电结反向偏置。在这个区域中，集电极电流受控于基极电流，体现了三极管的电流放大作用，即 $I_C = \beta I_B$。特性曲线的间隔大小反映了三极管的 β 值，体现了不同三极管的电流放大作用；对于一定的 I_B，I_C 基本不受 U_{CE} 的影响，即无论 U_{CE} 怎样变化，I_C 几乎不变。这说明在放大区，三极管具有恒流特性。

动画演示　观看"三极管的输出特性曲线.swf"动画，该动画演示了 I_B 为一固定值时，输出回路中 I_C 和 U_{CE} 之间的关系以及三极管的截止区、饱和区和放大区 3 种工作情况。

【例 2-3】　根据各个电极的电位，说明图 2-35 所示三极管的工作状态。

解：根据三极管各个电极的电位，可知图 2-35（a）中的发射结和集电结都反向偏置，所以这个三极管工作在截止状态。图 2-35（b）中的发射结正向偏置，集电结反向偏置，所以这个三极管工作在放大状态。

【课堂练习】

说明图 2-36 所示三极管的工作状态。

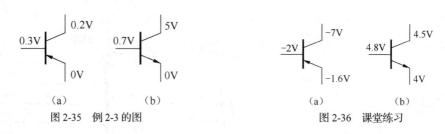

<table>
<tr><td>（a）</td><td>（b）</td><td>（a）</td><td>（b）</td></tr>
</table>

图 2-35　例 2-3 的图　　　　　　　　　图 2-36　课堂练习

3. 三极管主要参数

三极管的主要参数如表 2-3 所示。

表 2-3　　　　　　　　　　　　　三极管的主要参数

参　数	名　称	说　明
$\bar{\beta}$	直流放大系数	反映三极管电流放大能力强弱的参数，$\bar{\beta} = \dfrac{I_{\mathrm{C}}}{I_{\mathrm{B}}}$
β	交流放大系数	反映三极管电流放大能力强弱的参数，$\beta = \dfrac{\Delta I_{\mathrm{C}}}{\Delta I_{\mathrm{B}}}$。当放大器的输入信号是正弦信号时，可直接用正弦量的瞬时值表示，$\beta = \dfrac{i_{\mathrm{C}}}{i_{\mathrm{B}}}$
I_{CBO}	集电极—基极反向饱和电流	该电流是三极管发射极开路时，从集电极流到基极的电流。该电流是 PN 结的反向电流，因此具有数值小但受温度变化影响较大的特点。I_{CBO} 的大小标志着集电结质量的好坏
I_{CEO}	穿透电流	该电流是三极管基极开路时，集电极与发射极之间加上规定电压，从集电极流到发射极的电流。I_{CBO} 和 I_{CEO} 满足 $I_{\mathrm{CEO}} = (1+\beta)I_{\mathrm{CBO}}$。$I_{\mathrm{CEO}}$ 是衡量三极管质量好坏的主要参数，其值越小越好
I_{CM}	集电极最大允许电流	在实际运用中，三极管集电极电流 I_{C} 增大到一定数值后，β 值将会明显下降。在技术上规定，当三极管的 β 值下降到正常值的 2/3 时的集电极电流称为集电极最大允许电流。集电极电流若超过此值，三极管性能就变差，甚至有烧坏的可能
$U_{\mathrm{(BR)CBO}}$	集电极—基极反向击穿电压	在发射极开路时，集电结所能承受的最高反向电压
$U_{\mathrm{(BR)EBO}}$	发射极—基极反向击穿电压	在集电极开路时，发射极与基极之间所能承受的最高反向电压
$U_{\mathrm{(BR)CEO}}$	集电极—发射极反向击穿电压	在基极开路时，集电极与发射极之间所能承受的最高反向电压
P_{CM}	集电极最大允许耗散功率	集电极允许的最大功率。使用时若超过此值，将使三极管的性能变差或烧毁

要点提示 性能良好的小功率硅管的 I_{CBO} 为 $1\mu A$，小功率锗管的 I_{CBO} 为 $10\mu A$ 左右，硅管的 I_{CBO} 远比锗管的小。

2.3.4　半导体三极管型号

国家标准对半导体器件型号的命名规则如下。

例如：3DG110B。

- 3——三极管。
- D——半导体材料。A 表示锗 PNP 管、B 表示锗 NPN 管、C 表示硅 PNP 管、D 表示硅 NPN 管。
- G——半导体器件的种类。X 表示低频小功率管、D 表示低频大功率管、G 表示高频小功率管、A 表示高频大功率管、K 表示开关管。
- 110——同种器件型号的序号。
- B——表示同一型号中的不同规格。

2.3.5　半导体三极管的应用

1. 基本放大电路

三极管应用在图 2-37 所示的 3 种基本放大电路中，实现信号的放大。

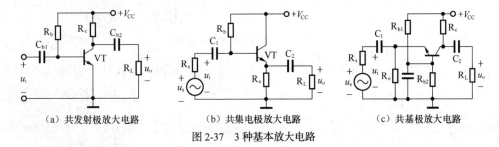

(a) 共发射极放大电路　　(b) 共集电极放大电路　　(c) 共基极放大电路

图 2-37　3 种基本放大电路

2. 功率放大电路

三极管可以应用在功率放大电路中，实现电压信号的功率放大，如图 2-38 所示。

3. 差动放大电路

差动放大电路是一种能有效地抑制零点漂移的放大电路，如图 2-39 所示。

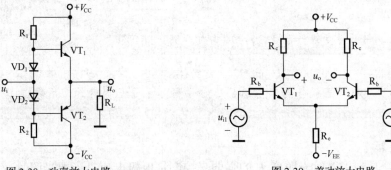

图 2-38　功率放大电路　　　　　　图 2-39　差动放大电路

4. 集成运算放大器的内部电路

集成运算放大器的内部电路里使用大量的三极管，如图 2-40 所示。

5. 直流稳压电源的稳压电路

直流稳压电源的稳压电路采用三极管实现稳压，如图 2-41 所示。

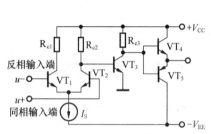

图 2-40　集成运算放大器的内部电路

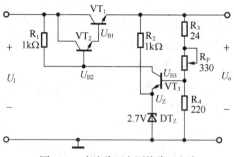

图 2-41　直流稳压电源的稳压电路

6. 三极管构成数字电路的非门电路

在数字电路中，利用三极管可实现非门电路的功能，如图 2-42 所示。

7. TTL 与非门

利用三极管可实现与非门电路的功能，如图 2-43 所示。

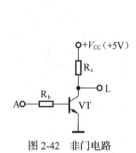

图 2-42　非门电路

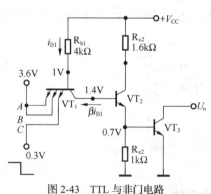

图 2-43　TTL 与非门电路

要点提示

三极管的参数与温度的关系如下。

（1）温度每增加 10℃，I_{CBO} 就增大一倍，硅管优于锗管。

（2）温度每升高 1℃，U_{BE} 就减小（2～2.5）mV，即三极管具有负温度系数。

（3）温度每升高 1℃，β 就增加 0.5%～1.0%。

动画演示

观看"三极管的应用.swf"，该动画演示了三极管的应用领域。

【视野拓展】

光电晶体管是利用入射光照度 E 的强弱来控制集电极电流。当无光照时，集电极电流

I_{CEO} 很小，称为暗电流。当有光照时，集电极电流称为光电流。一般约为零点几毫安到几毫安。常用的光电晶体管有 3AU、3DU 等系列。电路符号和特性曲线如图 2-44 和图 2-45 所示。

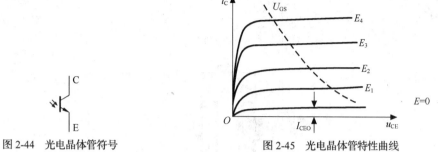

图 2-44 光电晶体管符号

图 2-45 光电晶体管特性曲线

2.4 场 效 应 管

场效应管是一种电压控制型器件，它利用电场效应来控制半导体中多数载流子的运动，以实现放大作用。场效应管不仅输入电阻非常高（一般可达到几百兆欧到几千兆欧）、输入端电流接近于零（几乎不向信号源吸取电流），而且还具有体积小、重量轻、噪声低、省电、热稳定性好、制造工艺简单及易集成等优点，是放大电路中理想的前置输入器件。目前广泛应用的是 MOS 场效应管。

先来看看场效应管的应用。场效应管广泛应用于数字门电路，如图 2-46 所示。半导体存储器中使用的就是场效应管，如图 2-47 所示。

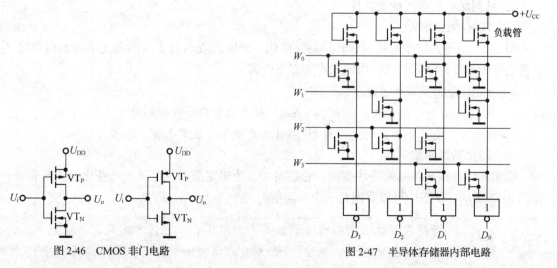

图 2-46 CMOS 非门电路

图 2-47 半导体存储器内部电路

场效应管也是由 PN 结构成的，按结构不同可分为结型场效应管和绝缘栅型场效应管两种；按导电沟道可分为 N 沟道和 P 沟道两种，在电路中用箭头方向区别。

2.4.1 结型场效应管

1. 结型场效应管结构

图 2-48 所示为结型场效应管的外形。N 沟道结型场效应管的结构示意图和符号如图 2-49 和图 2-50 所示。

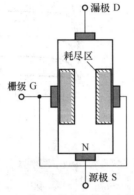

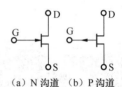

（a）N 沟道 （b）P 沟道

图 2-48 结型场效应管的外形　　　图 2-49 结型场效应管结构示意图　　　图 2-50 结型场效应管符号

动画演示 观看"结型场效应管的结构.swf"及"结型场效应管的工作原理.swf"动画，该动画演示了结型场效应管的外形、结构和工作原理。

要点提示 漏极 D、栅极 G、源极 S 分别与三极管的集电极 c、基极 b、发射极 e 相对应。场效应管与三极管的区别是场效应管的漏极和源极可交换使用，而三极管的集电极与发射极则不能交换。

2. 结型场效应管的伏安特性

（1）转移特性曲线。

图 2-51 所示为结型场效应管转移特性曲线，此曲线表示当 U_{DS} 为确定值时漏极电流 I_D 受栅极电压 U_{GS} 控制的关系。由曲线可知以下内容。

- 场效应管也是非线性器件。
- 当 $U_{GS} = 0$ 时，I_D 最大，此时 $I_D = I_{DSS}$，称为场效应管的饱和漏电流。
- 栅源极之间只能加负电压，即 $U_{GS} \leqslant 0$ 才能使管子正常工作。

（2）输出特性曲线。

输出特性曲线又称漏极特性曲线，它是当 U_{GS} 为确定值时，I_D 随 U_{GS} 变化的关系曲线，如图 2-52 所示。从图中可以看出每一个 U_{GS} 值对应一条 I_D-U_{GS} 曲线。

要点提示 场效应管有 3 个工作区，即可变电阻区、放大区和击穿区。在放大区，I_D 受 U_{GS} 的控制，即 I_D 只随 U_{GS} 的增大而增大，几乎不随 U_{DS} 变化，形成一组近乎平行于 U_{DS} 轴的曲线。所以，放大区又被称为恒流区或饱和区。

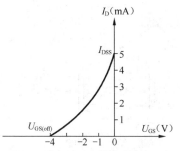

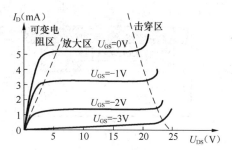

图 2-51　结型场效应管转移特性曲线　　　图 2-52　结型场效应管输出特性曲线

 动画演示　观看"结型场效应管的特性曲线.swf"动画，该动画演示了结型场效应管的转移特性和输出特性。

（3）场效应管的放大作用。

场效应管的放大作用通常是指它的电压放大作用。图 2-53 所示为场效应管放大电路，当把变化的电压加在 G 极和 S 极之间时，漏极电流 I_D 将随之变化；如果 R_d 值选择合适，那么就可以在漏极电阻 R_d 上得到较大的电压变化量。

场效应管具备电压放大作用应该满足如下两个条件。

* 必须工作在放大区，这与三极管类似。
* 需要选择合适的 R_d。

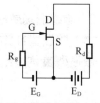

图 2-53　场效应管放大电路

2.4.2　绝缘栅场效应管

栅极和其他电极及硅片之间是绝缘的，称为绝缘栅场效应管。

1. 绝缘栅场效应管的结构和符号

绝缘栅场效应管有耗尽型和增强型两大类，每一类又有 N 沟道和 P 沟道两种。图 2-54 所示为增强型 N 沟道绝缘栅场效应管的结构，图 2-55 所示为增强型绝缘栅场效应管的电路符号。图 2-56 所示为耗尽型 N 沟道绝缘栅场效应管的结构，图 2-57 所示为耗尽型绝缘栅场效应管的电路符号。

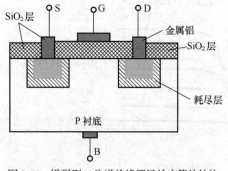

图 2-54　增强型 N 沟道绝缘栅场效应管的结构

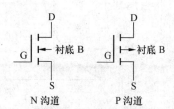

图 2-55　增强型绝缘栅场效应管的电路符号

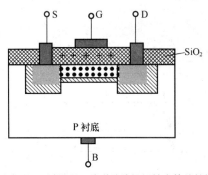

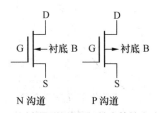

图 2-56　耗尽型 N 沟道绝缘栅场效应管的结构　　图 2-57　耗尽型绝缘栅场效应管的电路符号

 观看"耗尽型 N 沟道场效应管的结构.swf"、"增强型 N 沟道场效应管的结构.swf"和"增强型 N 沟道场效应管的工作原理.swf"动画，这些动画演示了耗尽型 N 沟道场效应管的结构、增强型 N 沟道场效应管的结构和增强型 N 沟道场效应管的工作原理。

2. 绝缘栅场效应管的伏安特性

（1）增强型 N 沟道绝缘栅场效应管的伏安特性曲线。

增强型 N 沟道绝缘栅场效应管的转移特性和输出特性如图 2-58 所示。

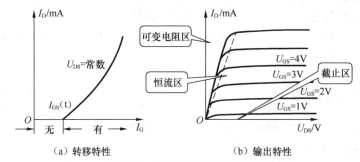

（a）转移特性　　　　　　（b）输出特性

图 2-58　增强型 N 沟道绝缘栅场效应管的伏安特性

在一定的漏-源电压 U_{DS} 下，使绝缘栅场效应管由不导通变为导通的临界栅-源电压称为开启电压 U_{GS}（th）。

（2）耗尽型 N 沟道绝缘栅场效应管的伏安特性曲线。

耗尽型 N 沟道绝缘栅场效应管的转移特性和输出特性如图 2-59 所示。

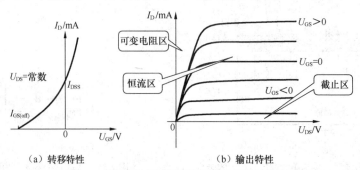

（a）转移特性　　　　　　（b）输出特性

图 2-59　耗尽型 N 沟道绝缘栅场效应管的伏安特性

动画
演示

观看"增强型 N 沟道场效应管的特性曲线.swf"动画,该动画演示了增强型 N 沟道绝缘栅场效应管的转移特性和输出特性。

3. 场效应管主要参数

场效应管的主要参数如表 2-4 所示。

表 2-4 　　　　　　　　　　　　场效应管的主要参数

参　数	名　称	说　明
$U_{GS(off)}$	夹断电压	在漏-源电压 U_{DS} 为某一固定值时,结型或耗尽型绝缘栅场效应管的 I_D 小到近于零时的 U_{GS} 值为夹断电压
$U_{GS(th)}$	开启电压	当 U_{DS} 为某一确定值时,增强型 MOS 场效应管开始导通(I_D 达到某一值)时的 U_{GS} 值为开启电压
I_{DSS}	饱和漏电流	对于结型和耗尽型场效应管,当 $U_{GS}=0$ 且 $U_{DS}>|U_{GS(off)}|$ 时的漏极电流为饱和漏极电流,即管子用作放大时的最大输出电流。它反映了零偏压时原始沟道的导电能力
g_m	跨导	U_{DS} 为定值时,漏极电流变化量 I_D,与引起这个变化的栅-源电压变化量 U_{DS} 之比,定义为跨导,单位为 μA/V

要注意以下几点内容。

(1)结型场效应管的栅源电压必须使 PN 结反偏,否则场效应管无法工作。但它的漏极与源极可互换使用。

(2)MOS 场效应管的输入电阻很高,如果在栅极上感应了电荷,就不易泄放,这样就容易将 PN 结击穿损坏。为了避免 PN 结击穿损坏,存放时应将各电极短接;焊接时,电烙铁要良好接地或拔掉电源插头再焊接;焊接完成的电路,不应使栅极处在悬空状态。

(3)MOS 场效应管中,有些产品将衬底引出(四脚),用户可以根据需要正确连接。此时,漏极与源极可互换使用,但有些产品出厂时已经将衬底与源极连在一起则不可以互换。

场效应管和三极管的比较如表 2-5 所示。

表 2-5 　　　　　　　　　　　　场效应管和三极管的比较

器件　＼　项目	半导体三极管	场 效 应 管
导电机构	两种载流子导电,为双极性器件	一种载流子导电,为单极性器件
控制方式	I_C 受 I_B 控制,为电流控制器件	I_D 受 U_{GS} 控制,为电压控制器件
类型	PNP 型:硅管、锗管 NPN 型:硅管、锗管	N 沟道:结型、绝缘栅耗尽型与增强型 P 沟道:结型、绝缘栅耗尽型与增强型

续表

项目 器件	半导体三极管	场 效 应 管
对应电极	e、b、c	S、G、D
输入电阻	低（$102\Omega\sim104\Omega$）	极高（$107\Omega\sim1\,015\Omega$）
放大参数	β（约$30\sim200$）	g_{m}（约$0.1\mu A/V\sim20\mu A/V$）
放大能力	较大	较小
电压极性	U_{BE}、U_{CE}为同极性	U_{GS}、U_{DS}增强型为同极性；耗尽型一般为反极性
温度影响	温度影响大	温度影响小，且存在一个零温度系数的工作点
噪声	较大	小
灵活性	c、e极不能互换使用，否则β大为下降；另一方面，管子的U_{BE}不能改变极性	有的D、S极可互换使用，绝缘栅耗尽型的U_{GS}可正可负，灵活性强
保存方式	一般无特殊要求	应小心防止绝缘栅型管的栅源间被击穿
应用场合	广泛	作为高内阻信号源或低噪声放大器的输入级；适合环境条件变化大的场合；场效应管适用于大规模集成电路

2.4.3 场效应管的应用

场效应管广泛应用在放大电路和数字电路中。

（1）自给偏压式偏置放大电路，如图2-60所示。

（2）分压式偏置放大电路，如图2-61所示。

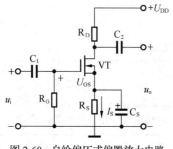

图2-60 自给偏压式偏置放大电路

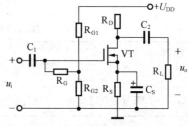

图2-61 分压式偏置放大电路

（3）源极输出器，如图2-62所示。

（4）场效应管与非门，如图2-63所示。

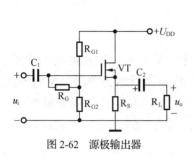

图 2-62　源极输出器

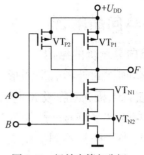

图 2-63　场效应管与非门

（5）场效应管构成的存储矩阵，如图 2-64 所示。

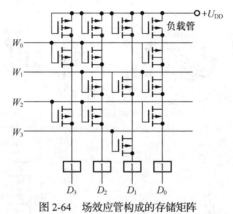

图 2-64　场效应管构成的存储矩阵

2.5　晶　闸　管

　　晶闸管是在三极管基础上发展起来的一种大功率半导体器件。它的出现使半导体器件由弱电领域扩展到强电领域。

　　晶闸管也像二极管那样具有单向导电性，但它的导通时间是可控的，主要用于整流、逆变、调压及开关等方面。

　　晶闸管具有体积小、重量轻、效率高、动作迅速、维修简单、操作方便、寿命长及容量大（正向平均电流达千安，正向耐压达千伏）的特点。

　　晶闸管可以应用在电瓶充电电路中，如图 2-65 所示。

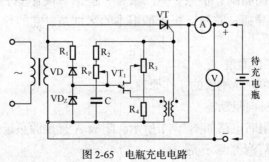

图 2-65　电瓶充电电路

2.5.1 单向晶闸管

1. 单向晶闸管的结构

单向晶闸管的外形有平面形、螺栓形、小型塑封形等几种，图 2-66 所示为常见的晶闸管外形，它有阳极 A、阴极 K 和控制极 G 3 个电极，图 2-67 所示为单向晶闸管的图形符号。单向晶闸管的文字符号一般用 SCR、KG、CT 等表示，单向晶闸管结构如图 2-68 所示，其内部结构相当于两只不同类型的三极管连接在一起，如图 2-69 所示。单向晶闸管的等效电路如图 2-70 所示。

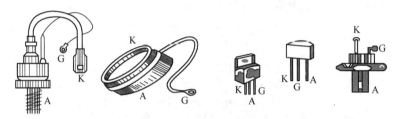

图 2-66 单向晶闸管实物图

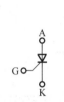

图 2-67 单向晶闸管符号

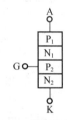

图 2-68 单向晶闸管结构图

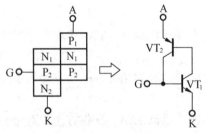

图 2-69 单向晶闸管等效图

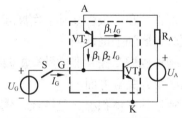

图 2-70 单向晶闸管等效电路

从图形符号看，单向晶闸管很像一只二极管，但比二极管多了一个电极。单向晶闸管跟二极管一样只能正向导通，它与二极管最根本的区别是，它的导通是可控的或者说是有条件的。

2. 单向晶闸管的工作原理

下面通过实验说明单向晶闸管的工作原理。

（1）单向晶闸管的反向阻断。

单向晶闸管的反向阻断电路如图 2-71 所示。阳极 A 接电源负极，阴极 K 接电源正极，无论开关 S 闭合与否，灯泡 L 都不亮。

要点 提示　当单向晶闸管加反向电压时，不管控制极是否加上正向电压，它都不会导通，而是处于阻断状态，这种阻断状态称为反向阻断状态。

（2）单向晶闸管的正向阻断。

单向晶闸管的正向阻断电路如图 2-72 所示。阳极 A 接电源正极，阴极 K 接电源负极，开关 S 不闭合，灯泡 L 不亮。

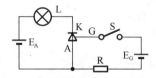
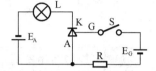

图 2-71　单向晶闸管的反向阻断电路　　　图 2-72　单向晶闸管的正向阻断电路

 要点 提示　当单向晶闸管加正向电压而控制极未加正向电压时，晶闸管不会导通，这种状态称为单向晶闸管的正向阻断状态。

（3）单向晶闸管的导通。

单向晶闸管的导通电路如图 2-73 所示。阳极 A 接电源正极，阴极 K 接电源负极，开关 S 闭合，灯泡 L 亮。灯亮后，把开关 S 断开，灯泡仍继续发光。

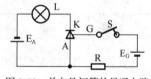

图 2-73　单向晶闸管的导通电路

单向晶闸管导通必须同时具备两个条件。

- 单向晶闸管阳极加正向电压。
- 控制极加适当的正向电压。

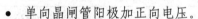 **要点 提示**　由于单向晶闸管导通后控制极不再起控制作用，因此在实际工作中，控制极只需施加短暂的正脉冲电压便可触发晶闸管导通。

单向晶闸管导通后，其管压降很小，仅 1V 左右，电源电压几乎全部加在负载上。

（4）单向晶闸管导通后的关断。

单向晶闸管导通后，若将外电路负载加大，单向晶闸管的阳极电流就会降低。当阳极电流降到某一数值时，单向晶闸管不能维持正反馈过程，单向晶闸管就会关断而呈现正向阻断状态。维持单向晶闸管导通的最小阳极电流，称为单向晶闸管的维持电流。若将已导通的单向晶闸管的外加电压降到零（或切断电源），则阳极电流降到零，单向晶闸管也就自行关断，呈现阻断状态。

 动画 演示　观看"单向晶闸管的工作原理.swf"动画，该动画演示了单向晶闸管的反向阻断、单向晶闸管的正向阻断、单向晶闸管的导通和单向晶闸管导通后的关断。

3. 单向晶闸管的伏安特性

单向晶闸管相当于一个可以控制的单向导电开关。从使用的角度来看，必须了解单向晶闸管的特性，才能正确设计电路。单向晶闸管的伏安特性如图2-74所示。

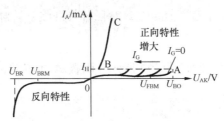

图2-74　单向晶闸管的伏安特性

 动画演示　观看"单向晶闸管的伏安特性.swf"动画，该动画演示了单向晶闸管的正向和反向特性。

4. 单向晶闸管的主要参数

单向晶闸管的参数反映了它的性能，是正确选择和使用单向晶闸管的重要依据。单向晶闸管的主要参数如表2-6所示。

表2-6　　　　　　　　　　　　　单向晶闸管的主要参数

参　数	名　称	说　明
U_{RRM}	正向重复峰值电压	在控制极开路和正向阻断的条件下，重复加在单向晶闸管两端的正向峰值电压
U_{FRM}	反向重复峰值电压	在控制极开路时，允许重复加在单向晶闸管两端的反向峰值电压
I_F	正向平均电流	环境温度为40℃及标准散热条件下，单向晶闸管处于全导通时可以连续通过的工频正弦半波电流的平均值
I_H	维持电流	在室温下和控制极断路时，单向晶闸管维持导通状态所必需的最小电流
U_G、I_G	控制极触发电压、触发电流	在室温下，阳极加正向电压为直流6V时，使单向晶闸管由阻断变为导通所需要的最小控制极电压和电流

5. 晶闸管型号及其含义

KP5-7A的含义如下。

- K——晶闸管。
- P——表示晶闸管的类型。P表示普通晶闸管、K表示快速晶闸管、S表示双向晶闸管。
- 5——额定正向平均电流（I_F）。5的含义是额定正向平均电流为5A。
- 7——额定电压。用百位或千位数表示，取U_{FRM}或U_{RRM}较小者。7的含义是额定电压为700V。
- A——导通时平均电压组别共九级，用字母A～I表示0.4V～1.2V。

2.5.2　双向晶闸管

双向晶闸管又叫做晶闸管，是各种晶闸管派生器件中应用较为广泛的一种。双向晶闸管具有正、反向都能控制导通的特性，并且具有触发电路简单、工作稳定可靠等优点。因此，双向晶闸管在无触点交流开关电路中有着十分广泛的应用。

1．双向晶闸管的结构

双向晶闸管是一个具有 N—P—N—P—N 五层三端结构的半导体器件，其图形符号和外形结构如图 2-75 和图 2-76 所示，它也有 3 个电极，但没有阴、阳极之分，统称为第一阳极 A_1、第二阳极 A_2 和控制极 G。它的文字符号用 TLC、SCR、CT、KG 及 KS 等表示。

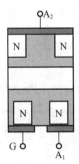

图 2-75　双向晶闸管符号　　　　　图 2-76　双向晶闸管的结构

2．双向晶闸管的工作原理

在第一阳极和第二阳极之间所加的交流电压无论是正向电压还是反向电压，在控制极上所加的触发脉冲无论是正脉冲还是负脉冲，都可以使它正向或反向导通。所谓正脉冲，就是控制极接触发电源的正端，第二阳极 A_2 接触发电源的负端；而施加负脉冲则与此相反。由于双向晶闸管具有正、反向都能控制导通的特性，所以它的输出电压不像单向晶闸管那样是直流，而是交流形式。

3．双向晶闸管的特点

（1）双向晶闸管相当于两个晶闸管反向并联，两者共用一个控制极。

（2）晶闸管双向触发导通。

2.5.3　晶闸管的应用

晶闸管广泛应用在可控整流电路中。

1．单相半波可控整流电阻性负载电路

单相半波可控整流电路电阻性负载电路及其工作原理如图 2-77 和图 2-78 所示。

观看"单相半波可控整流电阻性负载电路.swf"动画，该动画演示了单相半波可控整流电阻性负载电路的结构、工作原理及波形。

2．单相半波可控整流电感性负载与续流二极管电路

单相半波可控整流电感性负载电路及其工作原理如图 2-79 和图 2-80 所示。

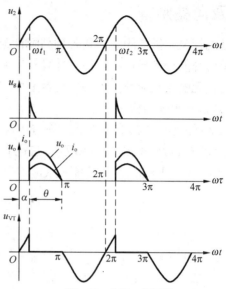

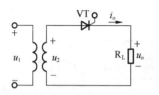

图 2-77　单相半波可控整流电阻性负载电路

图 2-78　电路工作原理

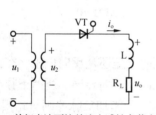

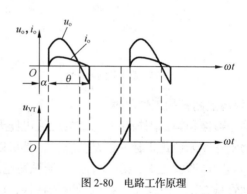

图 2-79　单相半波可控整流电感性负载电路

图 2-80　电路工作原理

　　为了使晶闸管在电源电压降到零值时能及时关断，使负载上不出现负电压，应在电感性负载两端并联一个二极管，如图 2-81 所示。

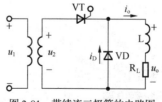

图 2-81　带续流二极管的电路图

 动画演示　观看"单相半波可控整流电感性负载电路.swf"动画，该动画演示了单相半波可控整流电感性负载电路的结构、工作原理及波形。

3. 单相半控桥式整流电路

单相半控桥式整流电路如图 2-82 所示，工作原理如图 2-83 所示。

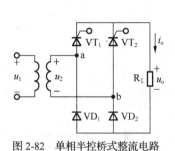

图 2-82 单相半控桥式整流电路

图 2-83 电路工作原理

 观看"单相半控桥式整流电路.swf"动画，该动画演示了单相半控桥式整流电路的结构、工作原理及波形。

2.5.4 晶闸管的保护

晶闸管的主要缺点是承受过电压、过电流的能力较弱。当晶闸管承受过电压、过电流时，晶闸管温度会急剧上升，可能烧坏 PN 结，造成元件内部短路或开路。为了使元件能可靠地长期运行，必须对晶闸管电路中的晶闸管采取保护措施。晶闸管的保护包括过流保护和过压保护。过流保护包括快速熔断器保护、过流继电器保护和过流截止保护。过压保护包括阻容保护和硒碓保护。

【阅读材料】

（1）电力二极管如图 2-84 所示。

图 2-84 电力二极管

（2）晶闸管模块如图 2-85 所示。

（3）电力晶体管如图 2-86 所示。

图 2-85 晶闸管模块

图 2-86 电力晶体管

2.6 实验1 二极管特性的测试

【实验目的】

- 学会正确使用常用电子仪器。
- 测试二极管的单向导电性。
- 学习二极管伏安特性曲线的测试方法。

1. 常用仪器仪表

- 信号发生器：用来产生信号源的仪器，如图 2-87 所示。它有正弦波、三角波、方波输出，输出电压和频率均可调节。
- 直流稳压电源：为被测实验电路提供能源，通常是电压输出，如图 2-88 所示。例如，5～6V，±12V 或±15V，交流双～15V 或单～9V 等。

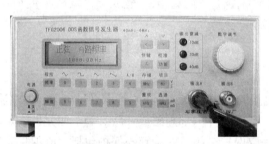

图 2-87 信号发生器

图 2-88 直流稳压电源

- 示波器：用来测量实验电路的输出信号，如图 2-89 所示。通过示波器可显示电压或电流波形，可测量频率、周期等其他有关参数。
- 毫伏表：测量交流电压，如图 2-90 所示。

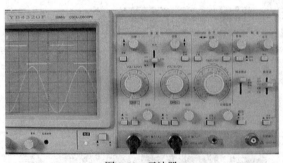

图 2-89 示波器

图 2-90 毫伏表

2. 实验器材

（1）直流稳压电源（1台）。

（2）双踪示波器（1 台）。

（3）数字（或指针式）万用表（2 块）。

（4）信号发生器（1 台）。

（5）晶体管毫伏表（1 只）。

（6）元器件：二极管；1N4001（1N4007），1N4148（各 1 只）。

3．实验原理

二极管是由一个单向导电的 PN 结构成的。二极管实物如图 2-91 所示。

当拿到二极管时，首先从外表上可以判断其正负极性。通常外表有黑圈的为 PN 结的负极（N 端），而无黑圈的为 PN 结的正极（P 端）。

二极管伏安特性是指二极管两端电压与通过二极管的电流之间的关系。利用逐点测量法，通过改变输入电压，分别测出二极管两端的电压和通过二极管的电流，即可在坐标纸上描绘出它的伏安特性曲线。

图 2-91　二极管

4．实验步骤

（1）电子仪器使用练习。

① 接通示波器电源，调节"辉度"、"聚焦"旋钮，使荧光屏上出现扫描线。旋转"辉度"旋钮能改变光点和扫描线的亮度，观察低频信号和高频信号。旋转"聚焦"旋钮调节电子束截面大小，将扫描线聚焦成最清晰状态。熟悉 X 轴上下、左右位移，Y 轴上下、左右位移的旋钮作用。

② 接通信号发生器电源，调节它的输出电压为 0.1mV～5V，频率为 1kHz，并把输出接到示波器 Y 轴输入，观察输入信号的电压波形，调节示波器"Y 轴衰减"和"Y 轴增幅"旋钮，熟悉它们的作用。

③ 调节"扫描范围"及"扫描微调"旋钮，使示波器荧光屏上显示的波形增加或减少（如在荧光屏上得到 1 个、3 个或 6 个完整的正弦波），熟悉"扫描范围"及"扫描微调"旋钮的作用。

④ 用晶体管毫伏表测量信号发生器的输出电压。将信号发生器的输出衰减开关分别置于 0dB、20dB、40dB 及 60dB 的位置，测量其对应的输出电压。测量时应将毫伏表量程选择正确，以使读数准确。

⑤ 用数字万用表测量信号发生器输出电压值，并与晶体管毫伏表测试结果进行比较。

（2）二极管的测试。

① 正向偏置及管型测试，如图 2-92 所示。

② 用数字万用表 ⟶⊣)) 挡测试。

● 硅二极管正向压降为 0.6～0.8V，反向截止。

● 锗二极管正向压降为 0.1～0.3V，反向截止。具体操作过程见录像和图 2-93。

（3）二极管伏安特性曲线的测试。

① 按图 2-94 所示在面板上连接线路，经检查无误后，接通 5V 直流电源。

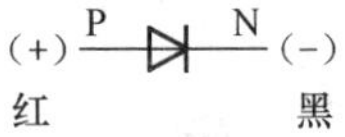

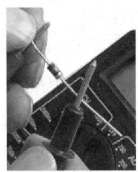

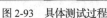

$(+)$ P ▷ N $(-)$
红　　　黑

图 2-92　正向偏置测试

图 2-93　具体测试过程

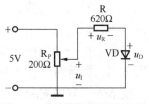

图 2-94　伏安特性曲线测试电路

② 调节电位器 R_P，使输入电压 u_I 按表 2-7 所示从 0V 逐渐增大至 5V。

③ 用万用表分别测出电阻 R 两端的电压 u_R 和二极管两端电压 u_D，并根据 $i_D = u_D/R$ 算出通过二极管的电流 i_D，记录于表 2-7 中。

表 2-7　　　　　　　　　　　　　二极管的正向特性

u_I（V）		0.0	0.4	0.5	0.6	0.7	0.8	1.0	1.5	2.0	3.0	4.0	5.0
第一次测量	u_R（V）												
	u_D（V）												
第二次测量	u_R（V）												
	u_D（V）												
平均值	u_R（V）												
	u_D（V）												
	i_D（mA）												

④ 用同样的方法进行两次测量，然后取平均值，即可得到二极管的正向特性。

⑤ 将图 2-94 所示电路的电源正、负极性互换，使二极管反偏，然后调节电位器 R_P，按表 2-8 所示的 u_I 值，分别测出对应的 u_R 和 u_D 值。

表 2-8　　　　　　　　　　　　　二极管的反向特性

u_I（V）	0.0	0.4	0.5	0.6	0.7	0.8	1.0	1.5	2.0	3.0	4.0	5.0
u_R（V）												
u_D（V）												
i_D（μA）												

5. 预习要求

（1）复习二极管的特点、结构及伏安特性曲线。

（2）阅读有关示波器、信号发生器、电源及万用表等常用电子仪器使用说明书。

（3）自拟本实验有关数据记录表格。

6．实验报告

实验目的，测试电路及主要内容。

（1）写出本实验所用仪器的型号、名称及各自的作用。

（2）整理表 2-7、表 2-8 的实验数据，在坐标纸上绘制伏安特性曲线。

7．注意事项

（1）用毫伏表测量时，应将量程选择正确，以使读数准确。

（2）调节示波器辉度旋钮时，一般不应太亮，以保护荧光屏。

观看"示波器的使用.wmv"视频，该视频录像演示了示波器使用的方法、步骤和注意事项。

观看"示波器的使用.wmv"视频，该视频录像演示了示波器使用的方法、步骤和注意事项。

2.7　实验2　半导体二极管的识别与测试

【实验目的】

- 熟悉二极管的外形及引脚识别方法。
- 练习查阅半导体器件手册，熟悉二极管的类别、型号及主要性能参数。
- 掌握用万用表判别二极管好坏的方法。

1．实验器材

（1）万用表 1 只（指针式）。

（2）半导体器件手册。

（3）不同规格、类型的二极管若干。

2．实验内容

（1）观看实物，熟悉二极管的外形。

（2）二极管的识别查阅手册，记录所给二极管的类别、型号及主要参数。

（3）判别二极管正、负电极。

① 观察法：观察外壳上的符号标记。通常在二极管的外壳上标有二极管的符号，带有三角形箭头的一端是正极，另一端是负极。观察外壳上的色点，在点接触二极管的外壳上通常标有极性色点（白色或红色），标有色点的一端即为正极。还有的二极管上标有色环，带色环的一端为负极。

② 测试法：将万用表拨到 $R \times 1k\Omega$ 欧姆挡。用黑表笔搭在二极管的一端，用红表笔搭在二极管的另一端时电阻较小；再将黑表笔与红表笔的位置对调时电阻较大，则电阻较小的为

二极管加上正向电压，此时黑表笔搭接的一端为二极管的 P，即二极管的正极；红表笔一端为二极管的 N，即二极管的负极，如图 2-95 所示。

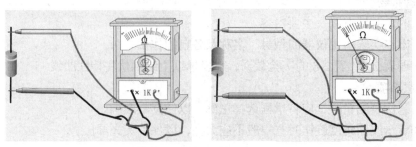

图 2-95 判别二极管正、负电极

（4）二极管好坏的鉴别。

将万用表拨至电阻挡，量程为 $R \times 100\Omega$ 挡，并将表笔负端（表内电源为正极）接晶体二极管的"+"极，用万用表的正端（表内电源为负极）接二极管的"-"极，如图 2-96 所示。测出其正向电阻，该阻值较低，一般为几十欧至几百欧，表明二极管的正向特性是好的。

再把两表笔位置倒置，用万用表的正端接二极管的"+"极，用万用表的负端接二极管的"-"极，如图 2-96 所示。此时测出其反向电阻，该阻值较高，一般为几十至几百千欧，这表明二极管的反向特性都是好的。

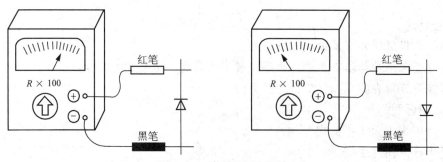

图 2-96 二极管好坏的鉴别

经过以上检验，如果二极管的正向、反向特性都是比较好的，那么这只二极管是好的。当然，两阻值之间的差别越大越好。如果测出其阻值为 0，则表示二极管内部已短路；如果测出其阻值极大，甚至为∞，则表示这只二极管内部已断路。这两种情况都说明二极管已经坏了。

硅管的正向与反向电阻值一般都比锗管大。

（5）测试过程。

二极管极性、正向电阻和反向电阻的测量，管型和质量的识别如下。

① 在元件盒中取出两只不同型号的二极管，用万用表鉴别极性。

② 将万用表拨到 $R \times 100\Omega$ 或 $R \times 1k\Omega$ 电阻挡，测量二极管的正、反向电阻，并判断其性能好坏，把以上测量结果填入表 2-9。

阻 值 型 号	正 向 电 阻	反 向 电 阻	正 向 压 降	管 型	质 量 差 别
表 2-9		二极管的测试			

③ 按图 2-97 接线，稳压电源输出调至 1.5V，判别二极管的管型（硅管或锗管）。

3. 实验报告

（1）实验目的、实验内容和测试仪表及材料。

（2）整理表 2-9，列出所测二极管的类别、型号、主要参数、测量数据及质量好坏的判别结果。

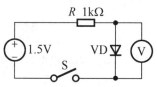

图 2-97　二极管管型判别接线图

要注意以下内容。

（1）用万用表 $R×100Ω$ 挡或 $R×1kΩ$ 挡测试，是为了安全。如果使用 $R×1Ω$ 等量程挡，由于这时万用表内阻比较小，测量二极管时，正向电流又比较大，就可能超过二极管允许电流而使二极管损坏。

（2）如果使用 $R×10kΩ$ 挡，这时万用表内部用的是十几伏以上的电池，测量二极管的反向电阻时，有可能把二极管击穿。

视频演示　观看"二极管的测试.wmv"视频，该视频录像演示了用万用表测试二极管性能、极性的方法和步骤。

2.8　实验3　半导体三极管的识别与测试

【实验目的】

- 熟悉三极管的外形及引脚识别方法。
- 练习查阅半导体器件手册，熟悉三极管的类别、型号及主要性能参数。
- 掌握用万用表判别三极管引脚、管型与质量的方法。

1. 实验器材

（1）万用表 1 只（指针式）。

（2）半导体器件手册。

（3）不同规格、类型的三极管若干。

2. 实验步骤

（1）观看实物，熟悉三极管的外形，如图 2-98 所示。

（2）二极管的识别。查阅手册，记录所给二极管的类别、型号及主要参数。

（3）判别基极。对于 NPN 型三极管，将万用表拨到 $R×1kΩ$ 欧姆挡。如图 2-99 所示，假定任一引脚为基极，用黑表笔搭在其上，而用红表笔分别搭连另两个引脚，若阻值一大一小，则假定不对。再假定另一引脚为基极，直到用同样的方法测得两阻值均较小，则黑表笔所接的就是三极管的基极。

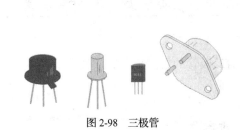

图 2-98　三极管

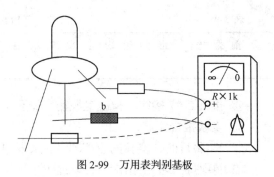

图 2-99　万用表判别基极

按实验室提供的三极管，用万用表判别三极管的引脚和管型，记录于表 2-10 中。

表 2-10　　　　　　　　　　　　　　三极管基极与管型的判别

型　　号	引　脚　图	管　　型

（4）集电极和发射极的判别。基极判断出来后，将万用表的两个表笔搭接到另外两个引脚上测试，如图 2-100 所示，用手摸住基极和假定的集电极，但两电极一定不能相碰。然后将表笔进行对调测试，比较两次的阻值大小，阻值小的一次测试中，黑表笔所接的引脚为集电极，另一引脚为发射极。

对于 PNP 型三极管，也可采用同样的方法进行判断，只是以红表笔接假定的基极，测得两阻值均较小时，红表笔所接的引脚就是基极。判断发射极与集电极时，阻值小的一次测试中，红表笔所接的引脚为集电极，另一引脚为发射极。

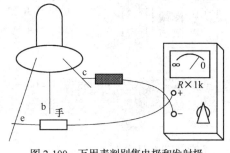

图 2-100　万用表判别集电极和发射极

按实验室提供的三极管，用万用表判别三极管的发射极和集电极的引脚，记录于表 2-11 中。

表 2-11　　　　　　　　　　　　　　三极管发射极与集电极引脚的判别

型　号	红　表　笔	黑　表　笔	阻值（kΩ）	假定的结论	合　格　否
NPN 型	假定的发射极 "e"	假定的集电极 "c"			
	假定的集电极 "c"	假定的发射极 "e"			
PNP 型	假定的发射极 "e"	假定的集电极 "c"			
	假定的集电极 "c"	假定的发射极 "e"			

（5）三极管性能判别。

① 穿透电流。如图 2-101 所示，选用万用表 $R \times 1k\Omega$ 欧姆挡，用红、黑表笔分别搭接在

集电极和发射极上测三极管的反向电阻。较好的三极管的反向电阻应大于 $50k\Omega$，阻值越大，说明穿透电流越小，三极管性能也就越好。

若测量的阻值为 0，说明三极管被击穿或引脚短路。

② 电流放大系数。将万用表置于 $R\times1k\Omega$ 欧姆挡，黑表笔接集电极，红表笔接发射极。在基极—集电极间接入 $100k\Omega$ 的电阻，如图 2-102 所示。万用表的指针向右偏转越大，说明电流放大系数越大。

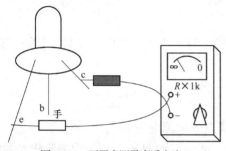
图 2-101 万用表测量穿透电流

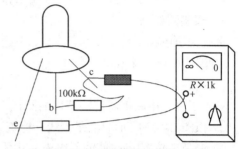
图 2-102 万用表测量电流放大系数

③ 稳定性能。在测试穿透电流的同时，用手捏住管壳，三极管受人体温度的影响，所测的反向电阻将减小。若万用表指针变化不大，则说明三极管的稳定性较好；若万用表指针迅速右偏，则说明三极管稳定性差。

根据实验室提供的三极管，用万用表检测其质量性能，并将实验数据填入表 2-12 中。

表 2-12 三极管质量性能的检测

型 号	b、e 间正向电阻（kΩ）	b、c 间正向电阻（kΩ）	c、e 间电阻（kΩ）	合 格 否

3. 实验报告

（1）实验目的、实验内容、测试仪表及材料。

（2）整理表 2-10、表 2-11、表 2-12，列出所测三极管的类别、型号、主要参数、测量数据及质量好坏的判别结果。

要注意以下内容。

（1）用万用表 $R\times100\Omega$ 挡或 $R\times1k\Omega$ 挡测试，是为了安全。如果使用 $R\times1\Omega$ 等量程挡，由于这时万用表内部内阻比较小，测量三极管时，正向电流又比较大，就可能超过三极管允许电流而使三极管损坏。

（2）如果使用 $R\times10k\Omega$ 挡，这时万用表内部用的是十几伏以上的电池，测量三极管的反向电阻时，有可能把三极管击穿。

（3）测量时手不要接触三极管引脚。

（4）插入数字万用表三极管挡（hFE），直接测量三极管 β 值或判断管型及引脚。

（5）NPN 和 PNP 管分别按 ebc 排列插入不同的孔，需要准确测量 β 值时，应先进行校正。

2.9 实验 4 三极管特性的测试

【实验目的】

- 掌握三极管应用电路的测试方法。
- 加深对三极管的放大特性、3 种工作状态的理解。

1. 实验器材

直流稳压电源 1 台，万用表 1 只，三极管 1 只，电位器 4.7kΩ、10kΩ 各 1 只，电阻 1kΩ、2kΩ、3kΩ、6.8kΩ 及 100kΩ 各 1 只。

2. 实验步骤

（1）三极管电路电压传输特性的测试。

① 按图 2-103 所示的电路接线，检查无误后接通直流电源电压 V_{CC}。

② 调节电位器 R_P，使输入电压 u_i 由零逐渐增大，如表 2-13 所示。用万用表测出对应的 u_{be}、u_o 值，并计算出 i_C，记入表 2-13 中。

表 2-13 三极管的电压传输特性

u_i	0	1.00	2.00	2.50	3.00	3.50	4.00	5.00	6.00	7.00	8.00	9.00
u_{BE}												
u_o												
i_C												

③ 在坐标纸上作出电压传输特性 $u_o = f(u_i)$ 和转移特性 $i_c = f(u_{BE})$，求出线性部分的电压放大倍数 $A_u = \dfrac{\Delta u_o}{\Delta u_i}$ 的值。

（2）三极管电路恒流特性研究。

① 按图 2-104 接线，检查无误后接通直流电源电压 V_{CC}。

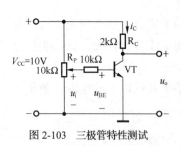

图 2-103 三极管特性测试　　　　　　图 2-104 三极管恒流源

② 调节 R_L，使 R_L 从 0 逐渐增大到 4.7kΩ，分别测出 u_o 值，并计算出 i_C 值，填入表 2-14 中。

R_L（kΩ）	0	0.50	1.00	2.00	2.50	3.50	4.70
u_o（V）							
u_{ce}（V）							
u_b（V）							
i_c（mA）							

表 2-14　　　　　　　　　三极管的恒流特性

③ 作出 $i_c = f(u_o)$ 曲线，并进行分析。

3. 实验报告

（1）实验目的、实验内容、实验设备及材料。

（2）整理数据表，绘制测试曲线并分析数据。

2.10　实验5　场效应管的测试

【实验目的】

- 熟悉场效应管的外形及引脚识别方法。
- 练习查阅半导体器件手册，熟悉场效应管的类别、型号及主要性能参数。
- 掌握用万用表判别场效应管引脚、管型与质量的方法。

1. 实验器材

（1）万用表 1 只（指针式）。

（2）半导体器件手册。

（3）不同规格、类型的场效应管若干。

2. 实验步骤

（1）观看实物，熟悉场效应管的外形，如图 2-105 所示。

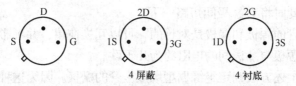

（a）3DJ 管脚　　　（b）结型场效应管　　　（c）绝缘栅场效应管

图 2-105　场效应管的外形

（2）场效应管的识别。查阅手册，记录所给场效应管的类别、型号及主要参数。

（3）结型场效应管的引脚识别。场效应管的栅极相当于三极管的基极，源极和漏极分别对应于三极管的发射极和集电极。将万用表置于 $R \times 1\text{k}\Omega$ 挡，用两表笔分别测量每两个引脚间的正、反向电阻。当某两个引脚间的正、反向电阻相等，均为数千欧时，则这两个引脚为漏极 D 和源极 S（可互换），余下的一个引脚即为栅极 G。对于有 4 个引脚的结型场效应管，另外一极是屏蔽极（使用中接地）。

（4）判定栅极。用万用表黑表笔碰触场效应管的一个电极，红表笔分别碰触另外两个电极。若两次测出的阻值都很小，说明均是正向电阻，该管属于 N 沟道场效应管，黑表笔接的也是栅极。

（5）估测场效应管的放大能力。将万用表拨到 $R\times 100\Omega$ 挡，红表笔接源极 S，黑表笔接漏极 D，相当于给场效应管加上 1.5V 的电源电压。这时表针指示出的是 D-S 极间电阻值。然后用手指捏栅极 G，将人体的感应电压作为输入信号加到栅极上。由于场效应管的放大作用，U_{DS} 和 I_D 都将发生变化，也相当于 D-S 极间电阻发生变化，可观察到表针有较大幅度的摆动。如果手捏栅极时表针摆动很小，就说明场效应管的放大能力较弱；若表针不动，则说明管子已经损坏。

按实验室提供的场效应管，用万用表判别场效应管的引脚和管型，记录于表 2-15 中。

表 2-15　　　　　　　　　　　　场效应管的判别

型　号	引　脚	管　型	质　量

3. 实验报告

（1）了解实验目的、实验内容、测试仪表及材料。

（2）列出所测场效应管的类别、型号及质量好坏的判别结果。

要注意以下内容。

（1）由于人体感应的 50Hz 交流电压较高，而不同的场效应管用电阻挡测量时的工作点可能不同，因此用手捏栅极时表针可能向右摆动，也可能向左摆动。少数的场效应管 R_{DS} 减小，使表针向右摆动，多数场效应管的 R_{DS} 增大，表针向左摆动。无论表针的摆动方向如何，只要能有明显的摆动，就说明场效应管具有放大能力。

（2）为了保护场效应管，必须用手握住螺钉旋具绝缘柄，用金属杆去碰栅极，以防止人体感应电荷直接加到栅极上，将场效应管损坏。

（3）场效应管每次测量完毕，G-S 结电容上会充有少量电荷，建立起电压 U_{GS}，再接着测时表针可能不动，此时将 G-S 极间短路一下。

（4）由于场效应管的源极和漏极是对称的，可以互换使用，并不影响电路的正常工作，所以不必加以区分。源极与漏极间的电阻约为几千欧。

（5）注意不能用上述方法判定绝缘栅型场效应管的栅极。因为这种场效应管的输入电阻极高，栅源间的极间电容又很小，所以测量时只要有少量的电荷，就可在极间电容上形成很高的电压，容易将场效应管损坏。

2.11　实验6　晶闸管的测试及导通关断

【实验目的】

● 掌握晶闸管的简易测试方法。

● 验证晶闸管的导通条件及关断方法。

1. 实验线路

晶闸管的导通关断条件实验电路如图 2-106 所示。

2. 实验器材

晶闸管的导通关断条件实验板 1 块，30V 直流稳压电源 1 台，万用表 1 块，晶闸管（好、坏）各 1 只。

3. 实验步骤

（1）鉴别晶闸管的好坏。

用万用表 $R \times 1\mathrm{k}\Omega$ 电阻挡测量两只晶闸管的阳极（A）与阴极（K）之间、门极（G）与阳极（A）之间的正、反向电阻。用万用表 $R \times 10\Omega$ 电阻挡测量两只晶闸管的门极（G）与阴极（K）之间的正、反向电阻，将所测得数据填入表 2-16，并鉴别被测晶闸管好坏。

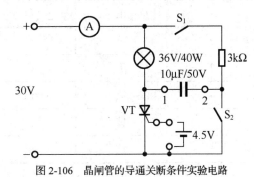

图 2-106　晶闸管的导通关断条件实验电路

（2）晶闸管的导通条件。

① 实验电路中，将开关 S_1、S_2 处于断开状态。

② 加 30V 正向阳极电压，门极开路或接 -4.5V 电压，观察晶闸管是否导通，灯泡是否亮。

③ 加 30V 反向阳极电压，门极开路或接 - 4.5V（+4.5V）电压，观察晶闸管是否导通，灯泡是否亮。

④ 阳极、门极都加正向电压，观察晶闸管是否导通，灯泡是否亮。

⑤ 灯亮后去掉门极电压，观察灯泡是否继续亮；再在门极加 -4.5V 的反向门极电压，观察灯泡是否继续亮。

⑥ 将以上结果填入表 2-17。

（3）晶闸管关断条件实验。

① 实验线路如图 2-106 所示，将开关 S_1、S_2 处于断开状态。

② 阳极、门极都加正向电压，使晶闸管导通，灯泡亮。断开控制极电压，观察灯泡是否亮。断开阳极电压，观察灯泡是否亮。

③ 重新使晶闸管导通，灯泡亮。而后闭合开关 S_1，断开门极电压，然后接通 S_2，看灯泡是否熄灭。

④ 在 1、2 端换接上 0.22μF/50V 的电容再重复步骤（3），观察灯泡是否熄灭。

4. 实验结果

按实验室提供的晶闸管，用万用表判别晶闸管的质量，记录于表 2-16 中。

表 2-16　　　　　　　　　　晶闸管好坏的判断（电阻单位：Ω）

被测晶闸管电阻	R_{AK}	R_{KA}	R_{AG}	R_{GA}	R_{GK}	R_{KG}	结　　论
KP_1							
KP_2							

晶闸管导通条件判断的数据记录于表2-17中。

表 2-17　　　　　　　晶闸管导通条件（阳极 A 与阴极 K 之间为 30V 电压）

序　号	阳　极 A	阴　极 K	门　极 G	灯　泡状态	晶闸管状态
1	正	负	开路		
2	正	负	负电压		
3	正	负	正电压		
4	负	正	开路		
5	负	正	负电压		
6	负	正	正电压		

5. 实验报告

（1）总结晶闸管导通的条件和晶闸管的关断条件。

（2）总结简易判断晶闸管好坏的方法。

 视频演示　观看"晶体管的测试.wmv"视频，该视频录像演示了三极管、场效应管和晶闸管性能、极性测试的方法和步骤。

习　题

1. 填空题

（1）二极管的伏安特性可简单理解为_____导通、_____截止的特性。导通后，硅管的管压降约为_____，锗管的管压降约为_____。

（2）三极管的输出特性曲线可分为 3 个区域，即_____区、_____区和_____区。当三极管工作在_____区时，关系式 $I_C = \bar{\beta} I_B$ 才成立；当三极管工作在_____区时，$I_C = 0$；当三极管工作在_____区时，$U_{CE} \approx 0$。

（3）场效应管主要有_____和_____两类。

（4）场效应管的工作特性受温度的影响比三极管_____。

2. 选择题

（1）P 型半导体中空穴多于自由电子，则 P 型半导体呈现的电性为（　　　）。

A. 正电　　　　　　　B. 负电　　　　　　　C. 中性

（2）如果二极管的正、反向电阻都很小，则该二极管（　　　）。

A. 正常　　　　　　　B. 已被击穿　　　　　　C. 内部断路

（3）三极管是一种（　　　）的半导体器件。

A. 电压控制　　　　　B. 电流控制　　　　　C. 既是电压又是电流控制

（4）在三极管的输出特性曲线中，每一条曲线与（　　）对应。

A. 输入电压　　　　　B. 基极电压　　　　　C. 基极电流

3. 判断题

（1）温度对三极管输入特性没有影响，只对输出特性有影响。（　　）

（2）面接触型二极管因接触面积大，可以通过大电流，适用于整流，因结电容大，不适用于高频电路。（　　）

（3）桥式整流电路中，一个二极管开路后电路仍能工作，提供一定的电压。（　　）

（4）一个半波整流电路中，流过二极管的电流 I_D 为 5A，则流过负载的电流 I_L=5A。（　　）

（5）用万用表的 $R \times 100$ 挡和 $R \times 10$ 挡测得二极管的正向电阻值一样。（　　）

（6）三极管有两个 PN 结，二极管有一个 PN 结，因此可以用两个二极管组成一个两 PN 结的三极管。（　　）

4. 计算分析题

（1）分析图 2-107 所示的电路，各二极管是导通还是截止？试求 AO 两点间的电压 u_{AO}。（设所有二极管均为理想型，即正偏时正向压降为 0，正向电阻为 0；反向电流为 0，反向电阻为 ∞。）

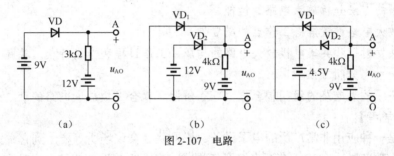

（a）　　　　　　　　　（b）　　　　　　　　　（c）

图 2-107　电路

（2）在电路中测得下列三极管各极对地电位如图 2-108 所示，试判断三极管的工作状态（图中 PNP 管为锗材料，NPN 管为硅材料）。

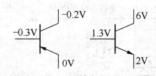

图 2-108　三极管各极对地电位

（3）某三极管电路中，已知三极管工作于放大状态，现用万用笔测得三只引脚对地的电位是 1 脚 5V，2 脚 2V，3 脚 1.4V。试判断三极管的类型、材料及引脚的极性。

第3章 基本放大电路

用来对电信号进行放大的电路称为放大电路，习惯上称为放大器。它是使用最为广泛的电子电路之一，也是构成其他电子电路的基本单元电路。放大电路的种类很多，根据用途以及采用的有源放大器件的不同，它们的电路形式和性能指标也不完全相同，但它们的基本工作原理是相同的。必须指出，这里所指的"放大"是指在输入信号的作用下，利用有源器件的控制作用，将直流电源提供的部分能量转换为与输入信号成比例的输出信号。因此，放大电路实际上是一个受输入信号控制的能量转换器。

【学习目标】
- 了解放大电路的构成和基本参数。
- 用图解的方法分析放大电路的性能。
- 理解放大电路设置静态工作点的必要性。
- 掌握共发射极和共集电极放大电路的构成、工作过程和性能特点，掌握共发射极放大电路的静态与动态分析方法。
- 了解多级放大电路的级间耦合方式，了解阻容耦合多级放大电路的动态分析方法。

【观察与思考】
扩音机是一种应用非常广泛的电子设备，影剧院、会议场所等要用到它，家庭影院、电脑声卡音箱、激光唱片（CD）有源音箱及便携式高音喇叭等设备的核心也是它。扩音机的结构示意图、结构框图如图 3-1、图 3-2 所示。

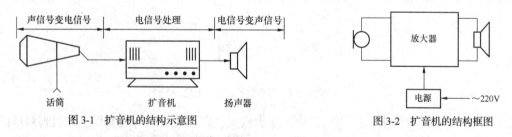

图 3-1　扩音机的结构示意图　　　　　图 3-2　扩音机的结构框图

话筒把声音转换成微弱的电信号，经扩音机放大后，变成大功率的电信号，推动扬声器还原为强大的声音信号。这些都是放大电路在音频放大领域的应用典型。

3.1　放大电路的基本知识

下面将介绍放大电路的构成和基本参数。

3.1.1 放大电路的定义

能把微弱的电信号放大并转换成较强电信号的电路，称为放大电路，简称放大器。放大器是最基本、最常见的一种电子电路，也是构成各种电子设备的基本单元之一。图 3-3 所示为放大器的结构框图。

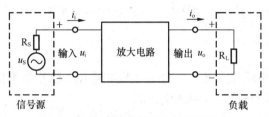

图 3-3 放大器的结构框图（含直流电源）

3.1.2 放大电路的基本参数

放大电路的基本参数是描述放大电路性能的重要指标。

1. 放大倍数

放大倍数是衡量放大电路放大能力的指标，用字母 A 表示，常用的表示方法有电压放大倍数、电流放大倍数和功率放大倍数等。其中，电压放大倍数应用最多。

放大电路的输出电压有效值 U_o（或变化量 u_o）与输入电压有效值 U_i（或变化量 u_i）之比，称为电压放大倍数 A_U（A_u），即

$$A_U = \frac{U_o}{U_i} \text{ 或 } A_u = \frac{u_o}{u_i} \tag{3-1}$$

放大电路的输出电流有效值 I_o（或变化量 i_o）与输入电流有效值 I_i（或变化量 i_i）之比，称为电流放大倍数 A_I（A_i），即

$$A_I = \frac{I_o}{I_i} \text{ 或 } A_i = \frac{i_o}{i_i} \tag{3-2}$$

放大电路的输出功率 P_o 与输入功率 P_i 之比，称为功率放大倍数 A_P，即

$$A_P = \frac{P_o}{P_i} \tag{3-3}$$

工程上常用分贝（dB）来表示放大倍数，称为增益，它们的定义分别如下。

电压增益

$$G_u = 20\lg|A_u| \text{ 或 } G_U = 20\lg|A_U| \tag{3-4}$$

电流增益

$$G_i = 20\lg|A_i| \text{ 或 } G_I = 20\lg|A_I| \tag{3-5}$$

功率增益

$$G_P = 20\lg|A_P| \tag{3-6}$$

【例 3-1】 某交流放大电路的输入电压是 30mV，输出电压是 3V，求这个放大电路的电

压放大倍数和电压增益。

解：（1）根据式（3-1），电压放大倍数为

$$A_U = \frac{U_o}{U_i} = \frac{3}{0.03} = 100$$

（2）根据式（3-4），电压增益为

$$G_U = 20\lg|A_U| = 20\lg100 = 40\text{dB}$$

2．输入电阻和输出电阻

（1）输入电阻 r_i。

输入电阻 r_i 为放大电路输入端（不含信号源内阻 R_s）的交流等效电阻，如图 3-4 所示。它的电阻值等于输入电压与输入电流之比，即

$$r_i = \frac{u_i}{i_i} \qquad\qquad (3\text{-}7)$$

（2）输出电阻 r_o。

输出电阻 r_o 为放大电路输出端（不包括外接负载电阻 R_L）的交流等效电阻，如图 3-4 所示。它的电阻值等于输出电压与输出电流之比，即

$$r_i = \frac{u_o}{i_o} \qquad\qquad (3\text{-}8)$$

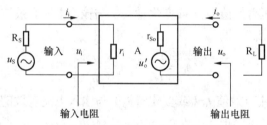

图 3-4　放大电路输入电阻与输出电阻

 要点提示　从放大电路的性能来说，输入电阻越大越好，输出电阻越小越好。

【课堂练习】

（1）已知放大电路的 $|A_u| = 80$，$|A_i| = 10$，试问该放大电路的电压、电流增益各为多少（dB）？

（2）放大电路开路输出电压为 u_o，短路输出电流为 I_o，试求该放大电路的输出电阻的表达式。

【阅读材料】

通　频　带

放大电路对不同频率信号，其放大能力是不一样的，一般情况下，放大电路只适用于放大某个特定频率范围的信号，在这个频率范围内，不仅放大倍数高，而且比较稳定，这个范围称为中频，中频对应的放大倍数称为中频放大倍数，用 A_{um} 表示。当信号频率太高或太低

时，放大倍数会大幅度下降。当信号频率下降而使放大倍数下降到中频放大倍数的 0.707 时的频率称为下限截止频率，用 f_L 表示。当信号频率升高而使放大倍数下降到中频放大倍数的 0.707 时的频率称为上限截止频率，用 f_H 表示。将 f_L 和 f_H 之间的频率范围称为通频带，记作 BW。通频带是表示放大电路能够放大信号的频率范围，用来表示放大电路对信号频率的适应能力。

3.1.3 放大电路的功能及基本要求

1. 放大电路的功能

放大电路最基本的功能就是放大，即将微弱的电信号变成较强的电信号，也就是说，放大电路能把电压、电流或功率放大到要求的量值。

放大作用是一种控制作用，它是用较弱的信号去控制较强的信号，也就是在输入信号的控制下，把电源功率转化为输出信号功率。

2. 放大电路的基本要求

（1）一定的输出功率。

在图 3-5 所示的路灯自动开关电路中，当光照很弱时，电路的输出功率不足以使继电器动作，路灯不会熄灭。只有输出功率达到继电器的动作功率，使继电器动作，路灯电源才断开。

（2）一定的放大倍数。

放大电路的输入信号十分微弱，如果要使它的输出达到额定功率，就要求放大器具有足够的电流放大倍数、电压放大倍数或功率放大倍数。

（3）失真要小。

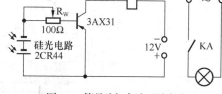

图 3-5 简易路灯自动开关电路

很多包含放大电路的仪器设备（如示波器、扩音机）都要求输出信号与输入信号的波形要一样。如果放大过程中波形发生变化了就叫失真。

（4）工作稳定。

放大电路中的晶体管和其他元件受到外界条件的影响时，放大特性将发生变化。因此，必须采取措施来尽量减少不利因素干扰，保证放大器在工作范围内的放大量稳定不变。

3.2 共发射极放大电路

下面将介绍共发射极放大电路的结构和工作原理，共发射极放大电路的分析方法以及放大电路的偏置电路。

先看两个共发射极放大电路的应用实例。

（1）音乐门铃电路如图 3-6 所示。VT9013 构成共发射极放大电路，将信号放大，驱动喇叭。

（2）集成功率放大器的内部电路如图 3-7 所示。中间级 VT_7 构成共发射极放大电路。

共发射极放大电路一般用在多级放大电路、集成运算放大电路及集成功率放大电路中的中间级。

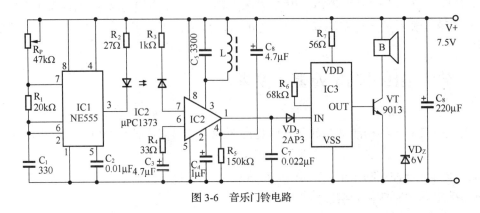

图 3-6　音乐门铃电路

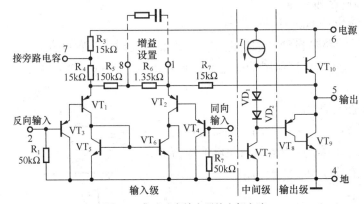

图 3-7　集成功率放大器的内部电路

3.2.1　共发射极放大电路的基本结构

根据输入和输出回路公共端的不同，放大电路有共发射极放大电路、共集电极放大电路和共基极放大电路 3 种基本形式，如图 3-8 所示。

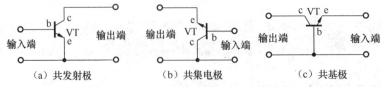

（a）共发射极　　　　　　（b）共集电极　　　　　　（c）共基极

图 3-8　放大电路中晶体管的 3 种基本形式

这里主要分析共发射极基本放大电路的组成，其他两种电路形式将在后面介绍。图 3-9 所示为共发射极基本放大电路的常用形式。

这个电路的信号由三极管的基极输入、集电极输出，发射极是输入、输出回路的公共端，所以这个电路称为共射放大电路。

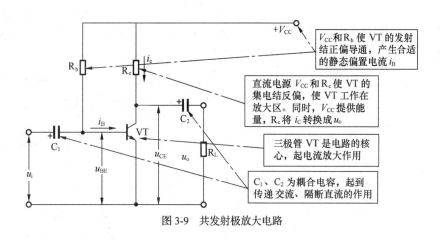

图 3-9　共发射极放大电路

　观看"共发射极放大电路组成.swf"动画,该动画演示了共发射极基本放大电路的常用形式和基本组成以及电路元器件的作用。

　若 $R_c = 0$,则电路不能正常工作。C_1、C_2 常选几微法至几十微法的电解电容器。

　　从图 3-9 可以看出,电路既有输入信号源产生的交流量,又有直流电源产生的直流量。因此为了避免符号上的混淆,需要对符号进行约定,约定的内容如表 3-1 所示。

表 3-1　　　　　　　　　　　　　　　　符号的约定

符　号	含　义
大写物理量符号大写下标	静态直流量,如 I_B,表示基极直流电流
小写物理量符号小写下标	交流量,如 i_b,表示基极交流电流
小写物理量符号大写下标	瞬时值,即静态直流量与交流量的叠加,如 $i_B = I_B + i_b$

3.2.2　共发射极放大电路的工作原理

1. 设置静态工作点的必要性

（1）放大电路的静态工作点。

　　放大电路输入端未加交流信号（即 $u_i = 0$）时的工作状态称为直流状态,简称静态,如图 3-10 所示。

（2）设置合理的静态工作点。

　　将设有偏置的图 3-9 所示电路去掉基极电阻 R_b,得到图 3-11 所示的基极无直流偏压电路,这个电路的工作波形如图 3-12 所示。从波形图上可以看出由于三极管的非线性特性是造成失真的主要原因,因此这种波形失真称为放大电路的非线性失真。

　　为了避免放大电路产生非线性失真,必须设置静态工作点,即在信号输入前先给三极管发射结加上正向偏置电压 U_{BEQ},使基极有一个起始直流 I_{BQ},如图 3-13 所示。

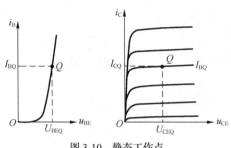

图 3-10　静态工作点

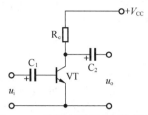

图 3-11　不加基极偏置电压的电路

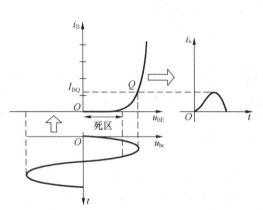

图 3-12　不加基极偏置电压的放大器输出波形失真

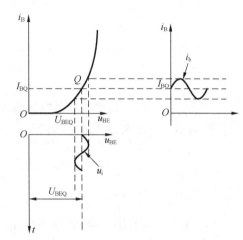

图 3-13　工作点合适的放大器输出波形

 要点提示

三极管具有非线性特性，Q 点过高或者过低都将产生失真。要使放大电路正常工作，不产生信号失真，就必须设置合理的静态工作点，I_{BQ} 一般选在输入特性曲线的线性区中间。

2. 共发射极放大电路的工作原理

共发射极放大电路的工作原理如图 3-14 所示。

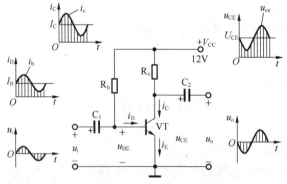

图 3-14　共发射极放大电路的工作原理

　　输入交流电压信号后，各电极电流和电压的大小均发生了变化，都在直流量的基础上叠加了一个交流量，但方向始终不变。输出电压比输入电压大，电路具有电压放大作用。输出电压与输入电压在相位上相差 180°，即共发射极电路具有反相作用。

实现放大的条件如下。

（1）晶体管必须工作在放大区。发射结正偏，集电结反偏。

（2）正确设置静态工作点，使晶体管工作于放大区。

（3）输入回路将变化的电压转化成变化的基极电流。

（4）输出回路将变化的集电极电流转化成变化的集电极电压，经电容耦合只输出交流信号。

 观看"共发射极放大电路放大原理.swf"动画，该动画演示了共发射极基本放大电路放大的原理及放大的条件。

【例 3-2】 当输入电压为正弦波时，图 3-15 所示的三极管有无放大作用？

解： 图 3-15（a）和图 3-15（b）所示的三极管均无放大作用。

分析： 图 3-15（a）所示的电路中，V_{BB} 经 R_b 向三极管的发射结提供正偏电压，V_{CC} 经 R_c 向集电结提供反偏电压，因此三极管工作在放大区，但由于 V_{BB} 为恒压源，对交流信号起短路作用，因此输入信号 u_i 加不到三极管的发射结，放大器没有放大作用。

图 3-15（b）所示的电路中，由于 C_1 的隔断直流作用，V_{CC} 不能通过 R_b 使管子的发射结正偏，即发射结零偏，因此三极管不工作在放大区，无放大作用。

【课堂练习】

图 3-16 所示的电路能否起到放大作用？若不具有放大作用，该如何改正来使它具有放大作用？

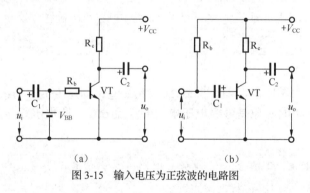

图 3-15　输入电压为正弦波的电路图

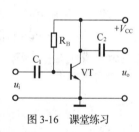

图 3-16　课堂练习

3.2.3　放大电路的分析方法

对放大电路有了初步的认识后，就需要考虑静态工作点怎样设置才合适以及电路的放大倍数如何估算等问题。解决这一问题的方法称为放大电路的分析方法，常用的有图解法和微变等效电路法。

对一个电路进行分析时，首先要进行静态分析，即分析未加输入信号时的工作状态，估算电路中各处的直流电压和直流电流——静态工作点。然后进行动态分析，即分析加上交流输入信号时的工作状态，估算放大电路的各项动态技术指标，如电压放大倍数、输入电阻、输出电阻等。

1.　直流通路和交流通路

放大电路实际工作时，可以把电流量分为直流分量和交流分量。为了便于分析，常将直流分量和交流分量分开来研究，将放大电路划分为直流通路和交流通路。

（1）直流通路。

直流通路是指放大电路未加输入信号时，放大电路在直流电源 V_{CC} 的作用下，直流分量所流过的路径。直流通路是静态分析所依据的等效电路，画直流通路的原则为：放大电路中的耦合电容、旁路电容视为开路，电感视为短路。图 3-9 所示的共发射极放大电路的直流通路如图 3-17 所示。

（2）交流通路。

交流通路是指在交流信号 u_i 作用下，交流电流所流过的路径。交流通路是放大电路动态分析所依据的等效电路，画交流通路的原则有两点，即放大电路的耦合电容、旁路电容都看作短路；电源 V_{CC} 对交流的内阻很小，可看作短路。图 3-9 所示共发射极放大电路的交流通路如图 3-18 所示。

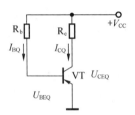　　　　　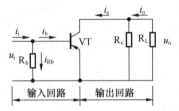

图 3-17　共发射极放大电路的直流通路　　　　图 3-18　共发射极放大电路的交流通路

 观看"共发射极放大电路直流通路.swf"和"共发射极放大电路交流通路.swf"动画，这两个动画演示了共发射极基本放大电路直流通路和交流通路的构成方法。

2. 放大电路的静态分析

放大电路的静态分析用于确定放大电路的静态值，即静态工作点 Q：I_{BQ}、I_{CQ}、U_{CEQ}。采用的分析方法是估算法、图解法，分析的对象是各极电压电流的直流分量，所用电路是放大电路的直流通路。

 静态是动态的基础，设置 Q 点是为了使放大电路的放大信号不失真，并且使放大电路工作在较佳的工作状态。

（1）用估算法确定静态值。

由图 3-17 所示的直流通路估算 I_{BQ}、I_{CQ}、U_{CEQ}。

由基尔霍夫电压定律得

$$I_{BQ} = \frac{V_{CC} - U_{BE}}{R_b} \tag{3-9}$$

一般情况下 $U_{BE} \ll V_{CC}$，即

$$I_{BQ} = \frac{V_{CC}}{R_b} \tag{3-10}$$

根据电流放大作用

$$I_{CQ} = \overline{\beta}I_{BQ} + I_{CEO} \approx \overline{\beta}I_{BQ} \approx \beta I_{BQ} \qquad (3\text{-}11)$$

由基尔霍夫电压定律得

$$U_{CEQ} = V_{CC} - I_{CQ}R_C \qquad (3\text{-}12)$$

【例 3-3】　用估算法确定图 3-9 所示电路的静态工作点。其中 V_{CC}=12V，R_b=300kΩ，R_c=4kΩ，β=37.5。

解：

$$I_{BQ} \approx \frac{V_{CC}}{R_b} = \frac{12}{300\,000} = 0.04\text{mA}$$

$$I_{CQ} \approx \beta I_{BQ} = 37.5 \times 0.04 = 1.5\text{mA}$$

$$U_{CEQ} = V_{CC} - I_{CQ}R_C = 12 - 0.001\,5 \times 4\,000 = 6\text{V}$$

分析：根据画直流通路的原则画出直流通路。根据式（3-10）、式（3-11）、式（3-12）估算出静态工作点。

【课堂练习】

用估算法计算图 3-19 所示电路的静态工作点。

其中 V_{CC}=12V，R_b=30kΩ，R_c=4kΩ，β=50，R_e=10kΩ。

（2）用图解法确定静态值。

图解法就是用作图的方法确定静态值。此方法能直观地分析和了解静态值的变化对放大电路的影响。

用图解法确定静态值的步骤如下。

① 在 i_c、u_{ce} 平面坐标上作出晶体管的输出特性曲线。

② 根据直流通路列出放大电路直流输出回路的电压方程式：$U_{CE} = V_{CC} - I_C R_C$。

③ 根据电压方程式，在输出特性曲线所在坐标平面上作直流负载线。所以分别取（$I_C = 0$，$U_{CE} = V_{CC}$）和（$U_{CE} = 0$，$I_C = V_{CC}/R_C$）两点，这两点也就是横轴和纵轴的截距，连接两点，便得到直流负载线。

④ 根据直流通路中的输入回路方程求出 I_{BQ}。

⑤ 找出 $I_B = I_{BQ}$ 这条输出特性曲线，它与直流负载线的交点即为 Q 点（静态工作点）。Q 点直观地反映了静态工作点（I_{BQ}、I_{CQ}、U_{CEQ}）的 3 个值，即为所求静态值。

用图解法确定静态值如图 3-20 所示。

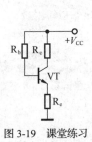

图 3-19　课堂练习

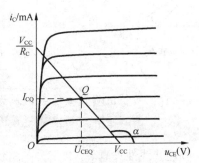

图 3-20　图解法确定静态值

动画演示 观看"图解法确定共发射极放大电路静态值.swf"动画，该动画演示了共发射极基本放大电路图解法确定静态值的步骤。

3. 放大电路的动态分析

放大电路的动态分析是指放大电路有信号输入（$u_i \neq 0$）时的工作状态，用于计算电压放大倍数 A_u、输入电阻 r_i、输出电阻 r_o 等。采用的分析方法是微变等效电路法和图解法，分析的对象是各极电压电流的交流分量，所用电路是放大电路的交流通路。

 要点提示 动态分析的目的是为了找出 A_u、r_i、r_o 与电路参数的关系，为电路设计打好基础。

4. 图解法

（1）交流负载线。

根据直流负载线的 Q 点和交流等效负载 R_L'（ $R_L' = R_C // R_L = \dfrac{R_C R_L}{R_C + R_L}$ ）确定交流负载线，如图 3-21 所示。

 动画演示 观看"图解法确定共发射极放大电路的交流负载线.swf"动画，该动画演示了图解法确定共发射极放大电路的交流负载线的方法和步骤。

（2）图解法确定电压放大倍数。

图解法确定电压放大倍数如图 3-22 所示。由 u_o 和 u_i 的峰值（或峰峰值）之比可得放大电路的电压放大倍数。

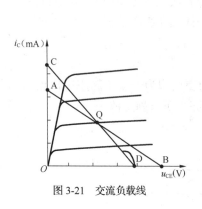

图 3-21 交流负载线

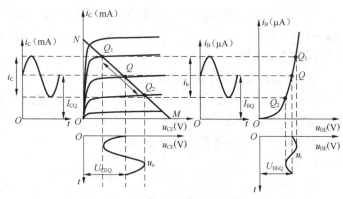

图 3-22 图解法确定电压放大倍数

 动画演示 观看"图解法确定共发射极放大电路的电压放大倍数.swf"动画，该动画演示了图解法确定共发射极放大电路的电压放大倍数的方法和步骤。

（3）图解法确定非线性失真。

如果 Q 设置不合适，晶体管进入截止区或饱和区工作，将造成非线性失真。若 Q 设置过高，晶体管进入饱和区工作，就会造成饱和失真，如图 3-23 所示。适当减小基极电流可消除饱和失真。

　　若 Q 设置过低，晶体管进入截止区工作，就会造成截止失真，如图 3-24 所示。

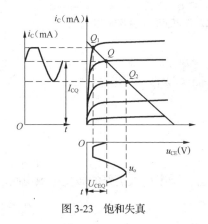

图 3-23　饱和失真

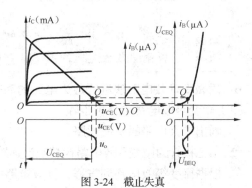

图 3-24　截止失真

动画演示　观看"图解法确定共发射极放大电路的非线性失真.swf"动画，该动画演示了如何利用图解法确定共发射极放大电路的饱和失真和截止失真。

要点提示　适当增加基极电流可消除截止失真。如果 Q 设置合适，信号幅值过大也可产生失真，减小信号幅值可消除失真。

5. 微变等效电路法

　　微变等效电路法是把非线性元件晶体管所构成的放大电路等效为一个线性电路。即把非线性的晶体管线性化，等效为一个线性元件。由于晶体管是在小信号（微变量）的情况下工作，因此，在静态工作点附近小范围内的特性曲线可用直线近似代替。利用放大电路的微变等效电路可以分析计算放大电路电压放大倍数 A_u、输入电阻 r_i 和输出电阻 r_o 等。

　　（1）三极管输入回路的微变等效电路。

　　三极管输入回路可以等效为一个电阻，用 r_{be}（三极管的等效输入电阻）表示，如图 3-25 所示。

图 3-25　三极管输入回路的微变等效电路

　　理论和实践证明，在低频小信号时，共发射极接法的三极管输入电阻 r_{be} 可用下列经验公式估算

$$r_{be} = 360 + (1 + \beta)\frac{26mV}{I_{EQ}mA}$$

　　（2）三极管输出回路的微变等效电路。

　　三极管输出回路可以用一个大小为 $i_c = \beta i_b$ 的理想电流源来等效，如图 3-26 所示。

　　（3）三极管的微变等效电路。

　　将图 3-25 和图 3-26 进行合并，得到图 3-27 所示的三极管微变等效电路。

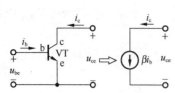 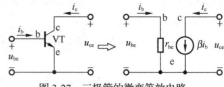

图 3-26 三极管输出回路的微变等效电路 　　　图 3-27 三极管的微变等效电路

动画演示　观看"共发射极放大电路的微变等效电路法.swf"动画，该动画演示了共发射极放大电路的微变等效电路法的方法和步骤。

6. 用微变等效电路法进行放大电路的动态分析

（1）微变等效电路法分析步骤。

① 画出放大电路的交流通路。

② 用三极管的微变等效电路代替交流通路中的三极管，画出放大电路的微变等效电路。

③ 根据微变等效电路列方程，计算电路的 A_u、r_i、r_o。

【例 3-4】 画出图 3-9 所示电路的微变等效电路。

解：（1）画出图 3-9 所示电路的交流通路，如图 3-28 所示。

（2）根据交流通路画出微变等效电路，如图 3-29 所示。

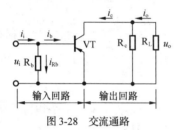 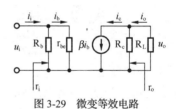

图 3-28 交流通路 　　　　　　图 3-29 微变等效电路

（2）计算动态性能指标。

① 计算电压放大倍数 A_u。交流电压放大倍数是指输出交流信号电压与输入交流信号电压值之比，用 A_u 表示，即

$$A_u = \frac{u_o}{u_i} \tag{3-13}$$

由图 3-29 所示共发射极放大电路的微变等效电路得

$$A_u = \frac{u_o}{u_i} = \frac{-\beta i_b R_L'}{i_b r_{be}} = -\beta \frac{R_L'}{r_{be}}$$

$$R_L' = R_C \mathbin{/\mkern-5mu/} R_L = \frac{R_C R_L}{R_C + R_L} \tag{3-14}$$

要点提示　电路空载，即 $R_L = \infty$ 时，电压放大倍数 $A_u = -\beta \dfrac{R_C}{r_{be}}$。

② 计算输入电阻。由图 3-29 所示共发射极放大电路的微变等效电路得

$$r_{\mathrm{i}} = R_{\mathrm{b}} // r_{\mathrm{be}} \qquad (3\text{-}15)$$

 要点提示 若 $r_{\mathrm{be}} << R_{\mathrm{b}}$，则输入电阻 $r_{\mathrm{i}} \approx r_{\mathrm{be}}$。

③ 计算输出电阻。由图 3-29 所示共发射极放大电路的微变等效电路得

$$r_{\mathrm{o}} = r_{\mathrm{ce}} // R_{\mathrm{c}} \qquad (3\text{-}16)$$

 要点提示 若 $r_{\mathrm{ce}} >> R_{\mathrm{c}}$，则输出电阻 $r_{\mathrm{o}} \approx R_{\mathrm{c}}$。

【阅读材料】

信号源内阻对放大倍数的影响

图 3-30 所示为具有信号源的共发射极放大电路的微变等效电路。在这个电路中，考虑到信号源内阻 R_{s} 对电路的影响，放大电路的输入信号电压 u_{i} 将小于信号电压 u_{s}。电压放大倍数

为 $A_{\mathrm{u}} = \dfrac{u_{\mathrm{o}}}{u_{\mathrm{s}}} = \dfrac{u_{\mathrm{o}}}{u_{\mathrm{i}}} \cdot \dfrac{u_{\mathrm{i}}}{u_{\mathrm{s}}} = -\beta \dfrac{R_{\mathrm{L}}'}{R_{\mathrm{s}} + r_{\mathrm{be}}}$，由此式可知，在信号源内阻

的影响下，放大倍数降低了。

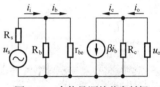

图 3-30　有信号源的共发射极放大电路的微变等效电路

【例 3-5】　在图 3-29 所示共射极基本放大电路的微变等效电路中，已知三极管的 $\beta = 100$，$r_{\mathrm{be}} = 1\mathrm{k}\Omega$，$R_{\mathrm{b}} = 400\mathrm{k}\Omega$，$R_{\mathrm{C}} = 4\mathrm{k}\Omega$，求：（1）负载 $R_{\mathrm{L}} = 4\mathrm{k}\Omega$ 时的放大倍数；（2）输入电阻 r_{i}；（3）输出电阻 r_{o}。

解：（1）由式（3-14）得

$$R_{\mathrm{L}}' = R_{\mathrm{C}} // R_{\mathrm{L}} = \frac{R_{\mathrm{C}} R_{\mathrm{L}}}{R_{\mathrm{C}} + R_{\mathrm{L}}} = \frac{4 \times 4}{4 + 4} = 2\mathrm{k}\Omega; \qquad A_{\mathrm{u}} = -\beta \frac{R_{\mathrm{L}}'}{r_{\mathrm{be}}} = -100 \times \frac{2}{1} = -200$$

（2）由式（3-15）得

$$r_{\mathrm{i}} \approx r_{\mathrm{be}} = 1\mathrm{k}\Omega$$

（3）由式（3-16）得

$$r_{\mathrm{o}} \approx R_{\mathrm{C}} = 4\mathrm{k}\Omega$$

分析：在计算电压放大倍数、输入电阻和输出电阻时，首先要画出微变等效电路图，然后根据公式计算。

【课堂练习】

在图 3-29 所示共射极基本放大电路的微变等效电路中，已知三极管的 $\beta = 50$，$r_{\mathrm{be}} = 1\mathrm{k}\Omega$，$R_{\mathrm{b}} = 200\mathrm{k}\Omega$，$R_{\mathrm{C}} = 2\mathrm{k}\Omega$，求：（1）负载空载时的放大倍数；（2）输入电阻 r_{i}；（3）输出电阻 r_{o}。

3.2.4　共发射极放大电路的应用

1. 温度对静态工作点的影响

共发射极放大电路在实际工作中电源电压的波动、元器件的老化以及温度都会对稳定静

态工作点有影响。特别是温度升高对静态工作点稳定的影响最大。当温度升高时，三极管的 β 值将增大，穿透电流 I_{CEO} 增大，U_{BE} 减小，从而使三极管的特性曲线上移。温度升高对三极管参数的影响最终导致集电极电流 I_C 增大，U_{CE} 减小。因此为了稳定静态工作点，在实际使用时要采用偏置电路。

 观看"温度对共发射极放大电路的静态工作点的影响.swf"动画，该动画演示了温度对共发射极放大电路的静态工作点的影响以及如何消除其影响的方法。

2. 分压式偏置电路

分压式偏置电路如图3-31所示。

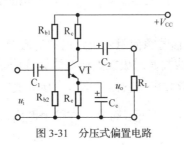

图 3-31 分压式偏置电路

3.3 共集电极和共基极放大电路

下面将介绍共集电极放大电路和共基极放大电路的结构。

3.3.1 共集电极放大电路

共集电极放大电路如图3-32所示，其交流通路如图3-33所示。

由图3-32可知，输入电压加在基极与集电极之间，而输出信号电压从发射极与集电极之间取出，集电极成为输入、输出信号的公共端，所以称为共集电极放大电路。又由于它们的负载位于发射极上，被放大的信号从发射极输出，所以又叫做射极输出器。

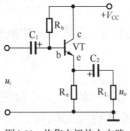

图3-32 共集电极放大电路

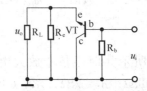

图3-33 共集电极放大电路的交流通路

1. 共集电极电路（射极输出器）的特点

（1）输出电压与输入电压同相且略小于输入电压。

（2）输入电阻大。

（3）输出电阻小。

2．共集电极电路（射极输出器）的应用

共集电极电路（射极输出器）的 3 个特点决定了它在电路中可以得到广泛的应用。

（1）用于高输入电阻的输入级。由于它的输入电阻高，向信号源吸取的电流小，对信号源影响小，因此，在放大电路中多用它做高输入电阻的输入级。

（2）用于低输出电阻的输出级。放大电路的输出电阻越小，带负载能力越强，当放大电路接入负载或负载变化时，对放大电路影响就小，这样可以保持输出电压的稳定。射极输出器输出电阻小，正好适用于多级放大电路的输出级。

（3）用于两级共发射极放大电路之间的隔离级。在共发射极放大电路的级间耦合中，往往存在着前级输出电阻大、后级输入电阻小这种阻抗不匹配的现象，这将造成耦合中的信号损失，使放大倍数下降。利用射极输出器输入电阻大、输出电阻小的特点，将它接入上述两级放大电路之间，这样就在隔离前级的同时起到了阻抗匹配的作用。

 观看"共集电极放大电路.swf"动画，该动画演示了共集电极放大电路的组成及工作原理。

3.3.2　共基极放大电路

共基极放大电路如图 3-34 所示，其交流通路如图 3-35 所示。

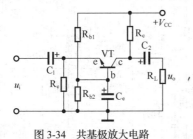　　　　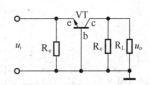

图 3-34　共基极放大电路　　　　图 3-35　共基极放大电路的交流通路

由图 3-34 可知，输入电压加在发射极和基极之间，而输出信号电压从集电极与基极之间取出，基极成为输入、输出信号的公共端，所以称为共基极放大电路。

 观看"共基极放大电路.swf"动画，该动画演示了共基极放大电路的组成及工作原理。

3.3.3　3 种基本放大电路的比较

3 种基本放大电路的比较如表 3-2 所示。

表 3-2　　　　　　　　　　　　　　3 种基本放大电路的比较

性　　能	共发射极放大电路	共集电极放大电路	共基极放大电路
输入电阻	较小（1 千欧左右）	大（几百千欧）	最小（几十欧）
输出电阻	较大（几十千欧）	最小（几十欧）	最大（几百千欧）
电压放大倍数	大（几十至几百）	小（小于 1 并接近于 1）	较大（几百倍）

续表

性　　能	共发射极放大电路	共集电极放大电路	共基极放大电路
u_o 与 u_i 的相位关系	反相	同相	同相
应用	多级放大电路的中间级，低频放大	输入级、输出级或做阻抗匹配用	高频或宽频带放大、振荡电路及恒流源电路

3.4 放大电路的应用

放大电路在实际生活中得到了广泛的应用，下面将介绍放大电路在 OTL 扩音机及录音电路中的应用。

3.4.1 OTL 扩音机

扩音机实现话筒与扬声器之间的电信号的放大。OTL 扩音机的原理如图 3-36 所示。

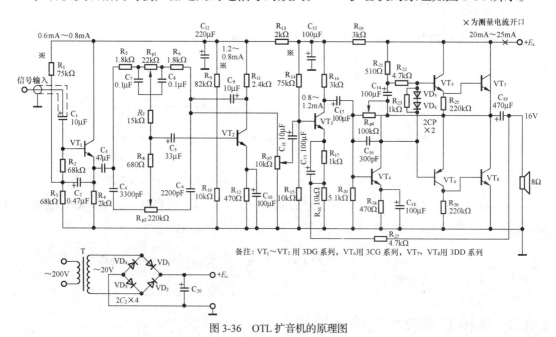

图 3-36　OTL 扩音机的原理图

 观看"OTL 扩音机电路.swf"动画，该动画演示了 OTL 扩音机电路的组成及工作原理。

3.4.2 录音电路

混合录音输入电路如图 3-37 所示，它可以把话筒的输入信号和线路的输入信号混合进行录音。

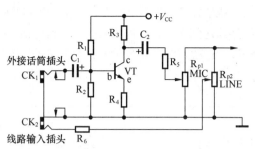

图 3-37　混合录音输入电路

 动画 演示　观看"录音电路.swf"动画，该动画演示了录音电路的组成及工作原理。

【阅读材料】

场效应管微变等效电路

场效应管微变等效电路如图 3-38 所示。对于输入回路，由于场效应管的栅极电流 $I_G \approx 0$，其输入电阻很高，因此可以认为栅、源极间开路。对于输出回路，由于场效应管工作在恒流区，在低频小信号的条件下，可用一个电压 U_{GS} 控制的电流源 $g_m U_{GS}$ 来等效场效应管输出端。

【阅读材料】

共漏极场效应管放大电路

图 3-39 所示为共漏极场效应管放大电路，它与射极输出器相似，具有输入电阻高、输出电阻低、电压放大倍数略小于 1 的特点。由于该电路是从源极输出的，所以又称为源极输出器。

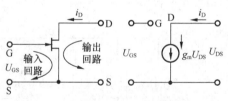

图 3-38　场效应管的微变等效电路

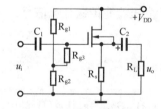

图 3-39　共漏极场效应管放大电路

3.5　多级放大电路

在电子系统中，单级放大电路的电压放大倍数往往不能满足设计者的要求，因此需要把放大电路的前一级输出接到后一级输入端，构成多级放大电路。下面将介绍多级放大电路的级间耦合方式以及多级放大电路的分析。

3.5.1　多级放大电路的结构

单级放大电路的电压放大倍数一般可以达到几十到上百倍，然而在实际应用中，这个放大量是远远不够的。

假设话筒可以输出的信号幅值为7mV，若要求在阻抗为8Ω的喇叭上得到50W的输出功率，那么输送给喇叭的信号幅值必须达到28V，这就要求扩音机具有很高的电压放大能力。显然，单级放大电路不能承担这个任务，这就需要把几个单级放大电路进行连接，构成多级放大电路。

多级放大电路示意图如图3-40所示。

图3-40　多级放大电路方框图

3.5.2　多级放大电路的级间耦合方式

多级放大电路将各单级放大电路、信号源以及负载连接起来，这种连接方式称为耦合。常见的耦合方式有阻容耦合、变压器耦合、直接耦合3种。

多级放大电路的级间耦合方式的基本要求：保证信号在级与级之间能够顺利地传输；耦合后多级放大电路的性能必须满足实际的要求；各级电路仍具有合适的静态工作点。

1. 阻容耦合

前级输出电阻与后级输入电阻通过电容连接的方式称为阻容耦合，如图3-41所示。

2. 变压器耦合

由于变压器能传送交流信号，因此可以利用变压器进行耦合，如图3-42所示。

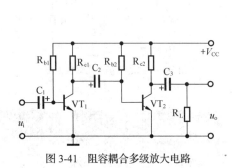

图3-41　阻容耦合多级放大电路

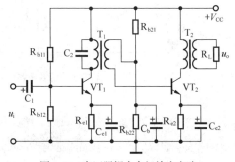

图3-42　变压器耦合多级放大电路

3. 直接耦合

为了使直流信号能够顺利传输，必须消除耦合电路中的隔直作用，采用直接耦合方式就可以实现这一要求，如图3-43所示。由于它能够传输直流信号，所以直接耦合多级放大电路也被称为直流放大电路。

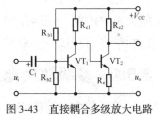

图3-43　直接耦合多级放大电路

观看"多级放大电路的级间耦合方式.swf"动画,该动画演示了多级放大电路的级间耦合方式及特点。

3.5.3 多级放大电路的分析

单级放大电路的某些性能指标可作为分析多级放大电路的依据,但多级放大电路又有其自身的特点。

1. 电压放大倍数的计算

多级放大电路对放大信号而言,属串联关系,前一级的输出信号就是后一级的输入信号,所以多级放大电路总的电压放大倍数为各级电压放大倍数的乘积,即

$$A_u = A_{u_1} \cdot A_{u_2} \cdot \cdots \cdot A_{u_n} \qquad (3\text{-}17)$$

若用分贝表示法,则总增益为各级增益的代数和,即

$$G_u(dB) = G_{u_1}(dB) + G_{u_2}(dB) + \cdots + G_{u_n}(dB) \qquad (3\text{-}18)$$

式中,n 为多级放大电路的级数。

2. 输入电阻 r_i 和输出电阻 r_o

多级放大电路的输入电阻和输出电阻与单级放大电路的类似,输入电阻是从输入端看进去的等效电阻,也就是第一级的输入电阻 $r_i = r_{i1}$,输出电阻是从输出端看进去的等效电阻,即最后一级的输出电阻 $r_o = r_{on}$。

【例 3-6】 有一台收音机,它的各级功率增益为:天线输入级-3dB、变频级 20dB、第一中放级 30dB、第二中放级 350dB、检波级-10dB、末前级 40dB、功放级 20dB,求收音机的总功率增益。

解:

$$G_P = -3 + 20 + 30 + 35 - 10 + 40 + 20 = 132(dB)$$

【课堂练习】

有一个三级放大电路,第一级电压放大倍数为 20,第二级放大倍数为 40,第三级放大倍数为 50,试求放大电路的总放大倍数。

3.6 实验1 单管电压放大电路的组装与调试

【实验目的】

- 了解放大电路的工作过程。
- 掌握放大电路工作点的调试与测量方法。
- 掌握示波器测试交流信号波形的方法及交流毫伏表的使用方法。
- 定性了解静态工作点对放大电路输出波形的影响。
- 学习单管电压放大电路故障的排除方法,培养独立解决问题的能力。

1. 实验器材

直流稳压电源、低频信号发生器、示波器、万用表及毫伏表,实训电路板。

元器件的品种和数量如表 3-3 所示。

表 3-3 元器件表

编 号	名 称	参 数	编 号	名 称	参 数
VT	放大管	3DF6	R_{b1}	电阻	20kΩ
R_{b2}	电阻	20kΩ	R_e	电阻	1kΩ
R_C	电阻	2.4kΩ	R_L	电阻	2.4kΩ
R_p	可调电阻	100kΩ	C_1	电解电容	10μF
C_2	电解电容	10μF	C_e	电解电容	50μF

2. 预习要求

（1）单管电压放大电路如图 3-44 所示。分析电路的工作原理，指出各元器件的作用并说明元器件值的大小对放大电路的特性有何影响。

（2）计算放大电路的静态工作点、电压放大倍数、输入电阻和输出电阻。

（3）复习有关电子仪器的使用方法以及放大电路调整与测试的基本方法。

3. 实验步骤

（1）检查元器件。

① 用万用表检查元器件，确保质量完好。

② 测量三极管的 β 值。

（2）连接线路。

在实训电路板上连接图 3-44 所示的电路。

（3）测量静态工作点。

① 把直流电源的输出电压调整到 12 V。

② 按图 3-44 接好线路，检查无误后，将 R_p 调至最大，信号发生器输出旋钮旋至零。

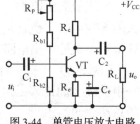

图 3-44 单管电压放大电路

③ 把集电极与集电极电阻 R_c 断开，在其间串入万用表（直流电流挡）或直流毫安表后，接通直流稳压电源，调节偏置电阻 R_p，使 I_c 值为 2mA，再选用量程合适的直流电压表，测出此时的 U_{BE}、U_C、U_E 和 U_{CE} 的静态值，填入表 3-4。

表 3-4 静态工作点的实测数据（测试要求 $I_c=2mA$）

测 量 值				计 算 值		
U_C（V）	U_B（V）	U_E（V）	R_p（Ω）	U_B（V）	U_{CE}（V）	U_C（V）

④ 测量静态值后，先断开直流电源，卸下直流毫安表，把集电极与集电极电阻 R_c 连接好，再接通 12V 直流稳压电源。

（4）测量电压放大倍数。

在放大电路输入端输入频率为 1kHz 的正弦波信号，并调节低频信号发生器的输出信号幅度旋钮，使 u_i 的有效值（U_i）为 5mV（可用毫伏表进行测量）。用示波器观察不同负载电阻（R_L）的输出信号 u_o 的波形，并在表 3-5 中绘出输入和输出电压波形图，同时在输出波形不失真的情况下用交流毫伏表测量输出电压 u_o 的有效值 U_o，记入表 3-5。

（5）观察静态工作点对电压放大倍数的影响。

表 3-5	静态工作点的实测数据（测试要求 I_c=2mA）			
E_c=12V、I_c=2mA	集电极电阻	负载电阻 R_L	U_o	计算 A_u
f=1kHz、U_i=5mV	R_c=2.4kΩ	∞		
		2.4kΩ		
记录一组 u_o 与 u_i 波形				
输入电压 u_i 波形		输出电压 u_o 波形		

① 把集电极与集电极电阻 R_c 断开，在其间串入万用表（直流电流挡）或直流毫安表后，接通 12V 直流稳压电源。

② 断开负载电阻（R_L=∞），调节低频信号发生器的输出信号幅度旋钮，使 u_i 为 0，调节偏置电阻 R_p，使 I_c 值为 2mA，测出 U_{CE} 的值。

③ 调节低频信号发生器的输出信号幅度旋钮，逐渐增大输入信号 u_i 的幅度，使输出电压 u_o 波形出现失真，绘出输出电压的波形，并测出失真情况下的 U_{CE} 和 I_c 值，记入表 3-6。

表 3-6	静态工作点对电压放大倍数的影响			
E_c=12V、f=1kHz、R_c=2.4kΩ、R_L=∞				
I_c（mA）	U_{CE}（V）	输出电压 u_o 波形	失真情况	管子工作情况
2.0				

4. 实验报告

（1）训练目的、测试电路及测试内容。

（2）整理测试数据，分析静态工作点、A_u、R_i、R_o 的测量值与理论值存在差异的原因。

（3）故障现象及处理情况。

5. 思考题

（1）R_L 对放大电路的电压放大倍数有什么影响？

（2）根据实训数据说明设置静态工作点的重要性。

 要点提示　电路接线完毕后，应认真检查接线是否正确、牢固。每次测量时，都要将信号源的输出旋钮旋至零。

 视频演示　观看"单管放大电路.wmv"视频，该视频录像演示了单管放大电路组装的方法和调试步骤。

3.7　实验 2　单管放大电路的设计与测试

【实验目的】

● 熟悉共发射极放大电路的估算方法，进一步理解放大电路的工作原理。

- 掌握放大电路的调整与测试方法。
- 进一步熟悉电子仪器的使用。

1. 放大电路的调整与测试

新安装完成的电路板往往难以达到预期的效果，这是因为人们在设计时，不可能周全地考虑到元器件值的误差、器件参数的分散性及寄生参数等各种复杂的客观因素。此外，电路板安装中仍有可能存在没有查出来的错误。通过对电路板的测试和调整，可以发现和纠正设计方案的不足，并查出电路安装中的错误，然后采取措施加以改进和纠正，达到预定的技术要求。

（1）通电前的检查。

电路安装完毕后，必须在不通电的情况下，对电路板进行认真细致的检查，以便纠正安装错误。检查中，可借助指针式万用表 $R \times 1\Omega$ 挡或数字式万用表二极管测试挡的蜂鸣器来测量。测量时应直接测量元器件引脚，这样可以发现接触不良的地方。

（2）通电调试。

通电调试包括测试和调整两个方面。测试是对安装完成的电路板参数及工作状态进行测量，以便提供调整电路的依据，经过反复的测量和调整，就可使电路性能达到要求。最后应通过测试获得电路的各项主要性能指标，以作为撰写调试报告的依据。

为了使调试能顺利进行，应在电路原理图上标明元器件参数、主要测试点的电位值及相应的波形图。具体调试步骤如下。

① 通电检查。

把经过准确测量的电源电压接入电路，此时，不应急于测量数据，而应先观察有无异常现象，这包括电路中有无冒烟、有无异常气味以及元器件是否发烫，电源输出有无短路现象等。如出现异常现象，应立即切断电源，检查电路，排除故障，待故障排除后方可重新接通电源，然后再检查各元器件的引脚电源电压是否满足要求。

② 静态调试。

使放大电路接通直流电源，并令放大电路输入信号为零（必要时将输入端对"地"交流短路），用直流电压表（一般采用万用表直流电压挡）测量电路有关点的直流电位，并与理论估算值相比较。若偏差不大，则可调整电路有关电阻，使电位值达到所需值；若偏差太大或不正常，则应检查电路有没有故障，测量有没有错误以及读数是否看错等。

调整测量放大电路静态工作状态的目的是保证放大器能工作在线性状态，同时通过对直流电位的测量，可发现电路设计、电路安装以及电路元器件损坏等故障。因此，放大电路的静态调试是极为重要的。

③ 动态调试。

放大电路的动态调试应在静态调试已完成的基础上进行。动态调试的目的是使放大电路的增益、输出电压动态范围、波形失真、输入和输出电阻等性能达到要求。

在电路的输入端接入适当频率和幅度的信号，并循着信号的流向，逐级检测各有关点的波形、参数（或电位），并通过计算测量结果，估算电路性能指标，然后进行适当调整，使指标达到要求（若发现工作不正常，则应先排除故障后，再进行动态测量和调整）。电路性能经调整初测达到指标要求后，才可进行电路性能指标的全面测量。

测试过程中，不能凭感觉和印象进行操作，要始终借助仪器仔细观察，要边测量边记录，边分析边解决问题。

（3）故障的排除。

新电路板出现故障是常见的，每个学生都必须认真对待。查找故障时，首先要有耐心，还要细心，切忌马马虎虎，同时还要开动脑筋，认真进行分析、判断。故障查找的一般方法如下。

① 认真查线。

当电路不能正常工作时，应关断直流电源，再认真检查电路是否有接错、掉线、断线的现象，有没有接触不良、元器件损坏、元器件用错及元器件引脚接错等。查找时可借助万用表进行。

② 认真检查直流工作状态。

线路检查完毕后，若电路仍不能正常工作，则可将电路接通直流电源，测量被测电路主要点的直流电位，并与理论设计值进行比较，以便发现不正常的现象（很多故障原因可通过测量直流电位找到）。对于多级电路，则要逐级进行测量，并立即分析测量结果是否正确，以便发现故障点。

③ 动态检查。

在电路输入端加输入信号，用示波器由前级向后级逐级观察有关点的电压波形，并测量其大小是否正常。必要时可断开后级进行测量，以判断故障在前级还是在后级。

对于一个完整的系统电路，要想迅速而准确地排除故障，需要一定的实际工作经验。对于初学者来说，首先应该认真分析电路图，并善于将全电路分解成几个功能块，明确各部分信号传递关系及作用原理。然后，根据故障现象以及有关测试数据，分析和初步确定故障可能出现的部位，再按上述步骤仔细检查这一部分电路，就可能比较快地找到故障点及故障原因。

2. 实验内容

已知 $V_{CC} = 12V$，负载电阻 $R_L = 3.9k\Omega$，工作频率 $f = 2kHz$，要求 $A_u \geq 30$、$U_{om} \geq 1V$，不产生失真。试用 NPN 型小功率管设计一个共发射极放大电路。

3. 实验步骤

（1）查阅有关资料，决定放大电路的静态工作点，确定电路中所有元器件的参数，画出电路原理图。

（2）拟定调整测试内容、步骤及所需仪器，并画出测试电路，记录表格。

（3）独立完成电路的安装和调整测试，使放大电路达到性能要求。

（4）完成论据可靠、计算步骤清楚、测试数据齐全的设计报告。

要注意以下内容。

（1）通电前检查应特别注意以下方面。

- 元器件引脚之间有无短路。
- 电源的正、负极性有没有接反，正、负极之间有没有短路现象，电源线、地线是否接触可靠。
- 电解电容的极性有没有接反，三极管有没有接错。

（2）在进行静态调试时应注意以下方面。

- 电路中不应存在寄生振荡及干扰。
- 应考虑直流电压表内阻对测量结果的影响，因为直流电压表的内阻将对被测电路产生分流，使测量结果偏小。被测电路阻值越大，这种影响也就越大。
- 若要测量电路中的电流，一般不采用断开电路串入电流表的方法测量，而是用电压表测量已知电阻上的压降，然后通过换算得到电流。

（3）测试结果的正确性是保证调试效果的条件，要使调试过程快、效果好，就要在调试整个电路时注意以下方面。

- 调试前先要熟悉各种仪器的使用方法，并仔细加以检查，以避免由于仪器使用不当或仪器的性能达不到要求（如测量电压的仪器输入电阻比较低、频带过窄等）而造成测量结果不准，以致做出错误的判断等。
- 测量仪器的地线和被测电路的地线应连接在一起，并形成系统的参考地电位，这样才能保证测量结果的正确性。
- 接线要用屏蔽线，屏蔽线的外屏蔽层要接到系统的地线上。在频率比较高时，要使用带探头的测量线，以减小分布电容的影响。
- 要正确选择测量点和测量方法。
- 调试过程自始至终要保持严谨的科学作风，切不可急于求成。调试过程中，不但要认真观察测量，还要记录并善于进行分析、判断。切不可一遇到问题，就没有目的地乱调、乱测和乱改接线，甚至把电路拆掉重新安装。这样，不但不能解决问题，相反还会引起更多故障，甚至损坏元器件及测量仪器。

（4）在进行故障检查时，还需注意测量仪器所引起的故障。

- 测量仪器本身有故障或使用方法不当可造成仪器设备不能正常工作，或者造成测量数据错误。
- 仪器连接方法不当可造成仪器之间的故障。

习　题

1．填空题

（1）输入电压为400mV，输出电压为4V，则放大电路的电压增益为_____。

（2）多级放大器_____之间的连接叫耦合，常见的放大器耦合方式有_____、_____、_____3种。

（3）射极跟随器的特点是_____、_____、_____。

（4）分析交流放大电路的工作情况一般采用两种方法，即_____、_____。

（5）偏流 I_b 过大，工作点偏高引起的是_____失真；I_b 过小，工作点偏低引起的是_____失真。

2．判断题

（1）交流放大电路工作时，电路中同时存在直流分量和交流分量。直流分量表示静态工作点，交流分量表示信号的变化情况。（　　　）

（2）三极管出现饱和失真是由于静态电流 I_{CQ} 选得偏低。（　　　）

（3）晶体三极管放大电路接有负载 R_L 后，电压放大倍数将比空载时提高。（　　　）

（4）在共射极基本放大电路中，偏流电阻 R_b 对三极管的静态工作点有影响，集电极电阻 R_c 对静态工作点没影响。（　　　）

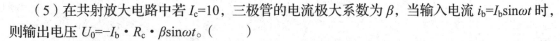

（5）在共射放大电路中若 I_c=10，三极管的电流极大系数为 β，当输入电流 $i_b=I_b\sin\omega t$ 时，则输出电压 $U_0=-I_b \cdot R_c \cdot \beta\sin\omega t$。（　　）

3. 选择题

（1）为了增大放大电路的动态范围，其静态工作点应选择（　　）。

A. 截止点　　　　　　　　　　　　　B. 饱和点

C. 交流负载线的中点　　　　　　　　D. 直流负载线的中点

（2）放大电路的交流通路是指（　　）。

A. 电压回路　　　　B. 电流通过的路径　　　C. 交流信号流通的路径

（3）共基极放大电路的输入信号加在三极管的（　　）之间。

A. 基极和发射极　　　　B. 基极和集电极　　　　C. 发射极和集电极

（4）共发射极放大电路的输入信号加在三极管的（　　）之间。

A. 基极和发射极　　　　B. 基极和集电极　　　　C. 发射极和集电极

（5）共集电极放大电路的输入信号加在三极管的（　　）之间。

A. 基极和发射极　　　　B. 基极和集电极　　　　C. 发射极和集电极

4. 分析和计算题

（1）为什么说三极管工作在放大区时具有恒流特性？

（2）放大器的构成原则有哪些？为什么要设置合适的静态工作点？

（3）图 3-45 所示的电路能否起到放大作用？如果不能，如何改正？

（4）试画图说明分压式偏置电路为什么能稳定静态工作点？

（5）某多级放大电路由三级构成，各级电压放大倍数分别为 40、60、20 倍，求总电压增益是多少。

（6）基本放大电路如图 3-46 所示，已知 V_{CC}=12V，β=50，其余参数见图，求静态工作点、电压放大倍数、输入电阻和输出电阻。

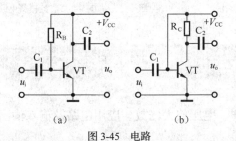

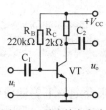

图 3-45　电路　　　　　　　　　　　　　　　　图 3-46　基本放大电路

（7）级间耦合电路应解决哪些问题？

（8）在图 3-9 所示的电路中，若分别出现下列故障，会产生什么现象？为什么？

① C_1 击穿短路或失效；② R_b 短路或开路；③ R_c 短路。

第4章 集成运算放大电路及其应用

集成电路在各种电子电路中被广泛应用，特别是在各种专用、高性能电路中应用得越来越多。集成电路内部多采用直接耦合方式，因为在集成电路中要制作耦合电容和电感元件相当困难。直接耦合放大电路不仅能放大交流信号，也能放大直流信号。因此，随着集成电路的发展，直接耦合放大电路正得到越来越广泛的应用。为改善放大电路的性能，在许多电路中几乎都引入了反馈。振荡电路应用也很广泛，如电子琴、音乐合成器等电子乐器奏出各种各样的声音，都是由振荡电路产生的低频信号合成的。

【学习目标】
- 了解直接耦合放大电路。
- 理解差动放大电路抑制零漂的过程，集成运放的理想特性及两个特点。
- 掌握差模信号、共模信号、共模抑制比的概念。
- 掌握集成运放的基本电路连接方法和运算功能。
- 理解反馈放大电路的分类与类型判别。
- 掌握反馈的概念及负反馈对放大电路性能的影响。

【观察与思考】

在生产过程中，经常需要对参数进行监控，这时就可以利用集成运放来实现。图4-1所示为一个监控报警电路。

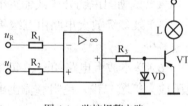

图4-1 监控报警电路

4.1 差动放大电路

下面先来介绍一下差动放大电路的原理、电压放大倍数、应用电路及输入输出方式。

4.1.1 直流放大电路的问题

在多级直接耦合的放大电路中，存在两个特殊问题：（1）级间静态工作点相互影响（前后级电位互相牵制）的问题；（2）零点漂移的问题。

1. 前后级电位互相牵制的问题

图4-2所示为两级直接耦合放大电路，VT_1的集电极和VT_2的基极是同电位。由于发射结压降很小，因此VT_1的集电极电位低，工作点接近饱和区，工作范围大受限制。

采用直接耦合方式后，各级静态工作点会发生互相牵制、互相影响问题。解决前后级电位互相牵制的问题，可采用有级间电位调节作用的电路。图4-3所示为后级发射极接电阻的直接耦合放大电路。

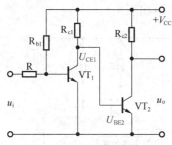 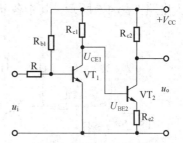

图 4-2 两级直接耦合放大电路   图 4-3 后级发射极接电阻的直接耦合放大电路

 要点提示 R_{e2} 在信号电流通过时，其动态电阻值不会变小，它所引起的信号损耗将会降低放大电路的放大能力。如果采用动态电阻很小的二极管或稳压管来代替 R_{e2}，就可以做到既兼顾前后级电位配合，又不降低电路放大倍数的要求。

 动画演示 观看"多级直接耦合的放大电路前后级电位互相牵制.swf"动画，该动画演示了直接耦合方式后各级静态工作点会发生互相牵制、互相影响问题。

2. 零点漂移的问题

直流放大电路输入电压为零时，输出电压发生缓慢地、无规则地变化的现象称为零点漂移，简称零漂，如图 4-4 所示。

（1）造成零漂的原因。

电源电压的变动、电路元器件参数的变化和晶体管参数随温度的变化是造成零漂的原因。一般情况下，温度的变化是造成零漂的主要原因。

（2）零漂的危害。

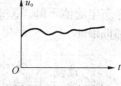

图 4-4 零点漂移

在直接耦合多级放大电路中，第一级因某种原因产生的零漂会被逐级放大，使末级输出端产生较大的漂移电压。严重时漂移电压甚至会把信号电压都淹没了，而且直接影响对输入信号测量的准确程度和分辨能力。所以要保证直流放大电路正常工作，必须设法抑制零点漂移。

 要点提示 在阻容耦合或变压器耦合的交流放大电路中，级间直流通路相互隔离，零点漂移只限制在本级放大电路内部，所以对整体放大电路影响不大。

（3）零漂的抑制。

① 引入直流负反馈。

② 使用差动放大电路。

4.1.2 差动放大电路

差动放大电路是抑制零点漂移最有效的电路结构。

1. 电路构成

差动放大电路如图 4-5 所示，其中各元器件的作用如下。

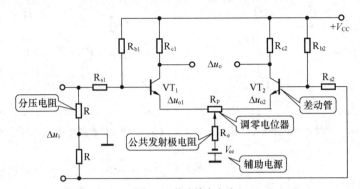

图 4-5　差动放大电路

（1）差动管：电路由两个完全对称的单管共射极放大电路结合而成，即 $R_{c1} = R_{c2}$，$R_{b1} = R_{b2}$，$R_{s1} = R_{s2}$，VT_1 和 VT_2 的特性与参数基本一致。

（2）电路有两个输入端（输入信号分别加到两差动管的基极）和两个输出端（输出信号取自两差动管的集电极）。输出电压 $\Delta u_o = \Delta u_{o1} - \Delta u_{o2}$。

（3）调零电位器：引入调零电位器来抵消元器件参数的不对称，从而弥补电路不对称造成的失调。

（4）公共发射极电阻 R_e：稳定静态工作点及抑制零漂。

（5）辅助电源 V_{ee}：R_e 越大，抑制零漂效果越好，但 R_e 过大会使其直流压降过大，造成静态电流值下降，差动管输出动态范围减小。为保证放大电路的正常工作，电路中需要接入辅助电源。

观看"差动放大电路的组成.swf"和"差动放大电路的原理.swf"动画，这两个动画演示了差动放大电路的构成及工作原理。

2. 电路输入方式

差动放大电路输入信号分为共模信号和差模信号两种。

（1）共模信号。

两个大小相等且极性相同的输入信号称为共模输入信号，即 $\Delta u_{i1} = \Delta u_{i2}$，如图 4-6 所示。

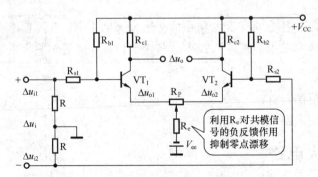

图 4-6　共模输入

（2）差模信号。

两个大小相等但极性相反的输入信号称为差模输入信号，即 $\Delta u_{i1} = -\Delta u_{i2}$，如图 4-7 所示。

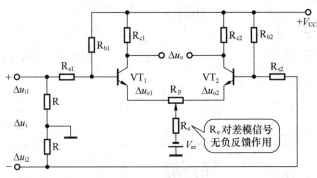

图 4-7　差模输入

为了全面衡量差动放大电路放大差模信号、抑制共模信号的能力，需引入一个新的量——共模抑制比，用 K_{CMR} 表示，其定义式为

$$K_{CMR} = \left| \frac{\Delta A_{ud}}{\Delta A_{uc}} \right|$$

此定义表示共模抑制比越大，差动放大电路放大差模信号（有用信号）的能力越强，抑制共模信号（无用信号）的能力也越强。

 要点提示　差动放大电路是利用电路的对称性和负反馈电阻 R_e 进行抑制零点漂移的，只有在输入差模信号时电路才进行放大，输出端才能输出放大了的信号，"差动"名称也由此而来。

 动画演示　观看"差动放大电路的输入信号.swf"动画，该动画演示了差动放大电路的共模信号和差模信号的特点和不同。

【例 4-1】　已知差动放大电路的输入信号 $u_{i1} = 1.01V$，$u_{i2} = 0.99V$，试求差模和共模输入电压?

解：差模输入电压：$u_{id} = u_{i1} - u_{i2} = 1.01 - 0.99 = 0.02V$。

共模输入电压：$u_{ic} = (u_i + u_{i2}) / 2 = (1.01 + 0.99) / 2 = 1V$。

【课堂练习】

已知差动放大电路的输入信号 $u_{i1} = 1.02V$，$u_{i2} = 0.98V$，试求差模和共模输入电压。

3. 差动放大电路的几种输入、输出方式

差动放大电路有两个对地输入端和两个对地输出端。在信号的输入、输出上，可接成 4 种方式，如表 4-1 所示。

表 4-1　　　　　　　　　　　　　差動放大電路的輸入、輸出方式

方　式	電　路	特　點
雙端輸入、雙端輸出	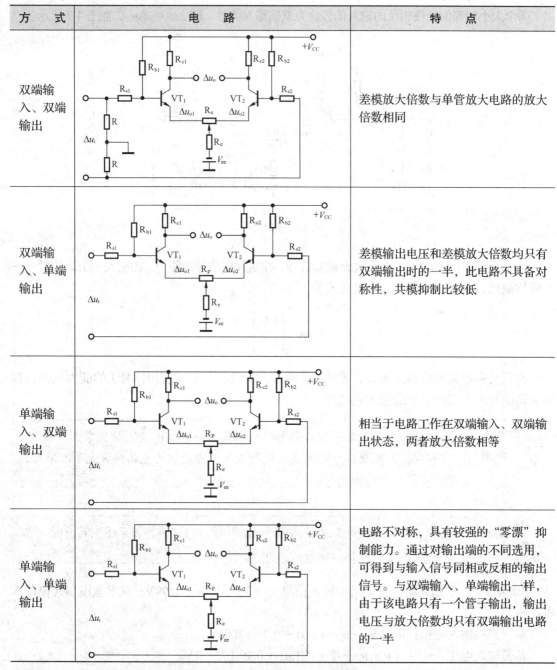	差模放大倍數與單管放大電路的放大倍數相同
雙端輸入、單端輸出		差模輸出電壓和差模放大倍數均只有雙端輸出時的一半，此電路不具備對稱性，共模抑制比較低
單端輸入、雙端輸出		相當於電路工作在雙端輸入、雙端輸出狀態，兩者放大倍數相等
單端輸入、單端輸出		電路不對稱，具有較強的"零漂"抑制能力。通過對輸出端的不同選用，可得到與輸入信號同相或反相的輸出信號。與雙端輸入、單端輸出一樣，由於該電路只有一個管子輸出，輸出電壓與放大倍數均只有雙端輸出電路的一半

 動畫演示

觀看"差動放大電路的輸入輸出方式.swf"動畫，該動畫演示了差動放大電路的 4 種輸入輸出方式的結構及特點。

4.1.3　差動放大電路的應用

在圖 4-5 所示的電路中，公共發射電阻 R_e 越大，抑制零點漂移效果越好，但輔助電源

V_{ee} 也越高，这对电路设计不利，因此需要设计一个具有恒流源的差动放大电路。

为了使 R_e 大时 V_{ee} 能低一些，可以用三极管代替 R_e，如图 4-8 所示，这种电路称为晶体管恒流源差动放大电路。

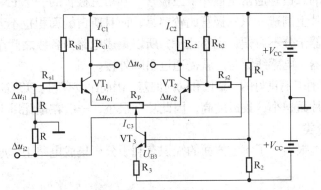

图 4-8　具有恒流源的差动放大电路

观看"差动放大电路的应用.swf"动画，该动画演示了差动放大电路的应用场合。

4.2　集成运算放大电路

随着电子技术的高速发展，继电子管、晶体管两代电子产品之后，于 20 世纪 60 年代，人们研制出第三代电子产品——集成电路，使电子技术的发展出现了新的飞跃。

4.2.1　集成电路的基本知识

集成电路是在一块半导体基片上做出许多电子元器件进行封装，做出引脚引线，从而构成一个不可分割的整体。由于集成电路中各元器件的连接线路短，元器件密度大，外部引线及焊点少，从而大大提高了电路工作的可靠性，使电子设备不仅体积缩小了，质量减轻了，而且组装和调试工作也简化了，产品成本大幅降低，因此得到了广泛应用。常用集成电路的外形如图 4-9 所示。

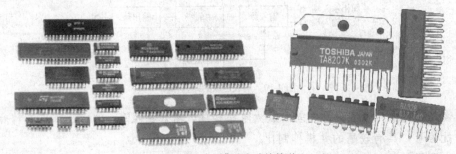

图 4-9　常用集成电路的外形

1. 集成电路特点

电阻占用硅片面积比晶体管大许多，阻值越大，占用硅片面积就越大。为此，常常使用一个三极管构成恒流源作为大电阻来使用，也可以通过引脚外接大电阻。

集成电路中用的二极管通常是造一个三极管，利用三极管的一个 PN 结作为二极管。

集成电路硅芯片上制造一只三极管比较容易，而且所占的面积也不大。但是在硅芯片制造大电容器、电感器十分不方便，也不经济，所以集成电路内各级之间全部采用直接耦合方式，如需要大电容器、电感线圈时，就需通过引脚外接。

集成电路的元器件具有良好的一致性和同向偏差，因而比较有利于实现需要对称结构的电路。

集成电路的芯片面积小，集成度高，因此功耗很小，一般在毫瓦以下。

2. 集成电路分类

集成电路的种类很多，了解这方面的知识有利于分析集成电路工作原理。集成电路的分类如表 4-2 所示。

表 4-2　　　　　　　　　　　　　集成电路的分类

划分方法及类型		说　明
按集成度划分	小规模集成电路	元器件数目在 100 以下，用字母 SSI 表示
	中规模集成电路	元器件数目为 100～1 000，用字母 MSI 表示
	大规模集成电路	元器件数目在 1 000 至数万之间，用字母 LSI 表示
	超大规模集成电路	元器件数目 10 万以上，用字母 VLSI 表示
按处理信号划分	模拟集成电路	用于放大或变换连续变化的电流和电压信号。它又分为线性集成电路和非线性集成电路两种
	数字集成电路	用于放大或处理数字信号
按制造工艺划分	半导体集成电路、薄膜集成电路、厚膜集成电路等	

4.2.2　集成运算放大电路的结构

集成运算放大电路简称集成运放，是一种具有很高放大倍数的多级直接耦合放大电路，是发展最早、应用最广泛的一种模拟集成电路，具有运算和放大作用。集成运放由输入级、中间级、输出级和偏置电路 4 部分构成，如图 4-10 所示。

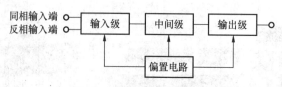

图 4-10　集成运放的结构框图

- 输入级：由具有恒流源的差动放大电路构成，输入电阻高，能减小零点漂移和抑制干扰信号，具有较高的共模抑制比。
- 中间级：由多级放大电路构成，具有较高的放大倍数。一般采用带恒流源的共发射极放大电路构成。

- 输出级：与负载相接，要求输出电阻低，带负载能力强，一般由互补对称电路或射极输出器构成。

- 偏置电路：由镜像恒流源等电路构成，为集成运放各级放大电路建立合适而稳定的静态工作点。

观看"集成运算放大电路的组成.swf"动画，该动画演示了集成运放的结构及基本组成。

【阅读材料】

集成运放的内部电路图

集成运放 F007 的内部电路如图 4-11 所示。集成运放 μA741 的电路原理如图 4-12 所示。

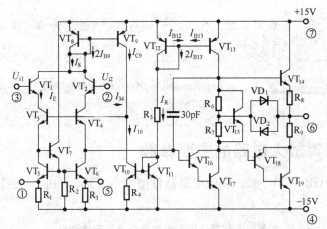

图 4-11　集成运放 F007 的内部电路图

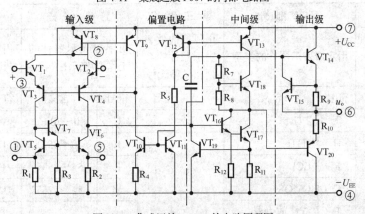

图 4-12　集成运放 μA741 的电路原理图

4.2.3　集成运算放大电路符号

集成运放的电路符号如图 4-13 所示。

- 反相输入端：表示输出信号和输入信号相位相反，即当同相端接地，反相端输入一个正信号时，输出端输出信号为负。

- 同相输入端：表示输出信号和输入信号相位相同，即当反相端接地，同相端输入一个正信号时，输出端输出信号也为正。

集成运放的电路符号含义对应的实际集成运放引脚图，如图 4-14 所示。

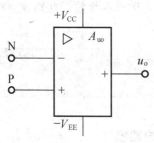

图 4-13　集成运放的电路符号

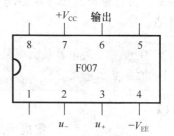

图 4-14　实际集成运放引脚图

观看"集成运算放大电路的符号.swf"动画，该动画演示了集成运放的电路符号及引脚含义。

集成运放电路符号中的"+"、"-"只是接线端名称，与所接信号电压的极性无关。

4.2.4　集成运算放大电路的主要参数

根据国家标准 GB 3430—82，集成电路器件型号由 5 部分构成，各部分的符号及意义如表 4-3 所示。

表 4-3　　　　　　　　　　集成电路器件型号组成部分的符号及意义

第 一 部 分		第 二 部 分		第 三 部 分	第 四 部 分		第 五 部 分	
用字母表示器件符号国家标准		用字母表示器件的类型		用阿拉伯数字表示器件的系列和品种代号	用字母表示器件的工作温度范围		用字母表示器件的封装	
符号	含义	符号	含义		符号	含义	符号	含义
C	中国制造	T	TTL		C	0～70℃	W	陶瓷扁平
		H	HTL		E	−40～85℃	B	塑料扁平
		E	ECL		R	−55～85℃	F	全密封扁平
		C	CMOS		M	−55～125℃	D	陶瓷直插
		F	线性放大器				P	塑料直插
		D	音响、电视电路				J	黑陶瓷直插
		W	稳压器				K	金属菱形
		J	接口电路				T	金属圆形
		B	非线性电路					
		U	微型机电路					

表征集成运放的电路性能的参数很多，主要性能参数及其含义如表 4-4 所示。

表 4-4 集成运算放大电路的性能参数及其含义

参数	名　　称	含　　义
U_{IO}	输入失调电压	为使集成运放的输入电压为零时，输出电压也为零，需在输入端施加的补偿电压称为输入失调电压，其值一般为几毫伏
I_{IB}	输入偏置电流	当集成运放输出电压为零时，两个输入端偏置电流的平均值称为偏置电流。若两个输入端电流分别为 I_{BN} 和 I_{BP}，则 $I_{\text{IB}} = (I_{\text{BN}} + I_{\text{BP}})/2$，一般 I_{IB} 为 10nA～1μA，其值越小越好
I_{IO}	输入失调电流	当集成运放输出电压为零时，两个输入端偏置电流之差称为输入失调电流，I_{IO} 越小越好，其值一般为 1nA～0.1μA
A_{uo}	开环差模电压增益	集成运放在无外加反馈的情况下，对差模信号的电压增益称为开环差模电压增益，其值可达 100～140dB
R_{id}	差模输入电阻	集成运放两输入端间对差模信号的动态电阻，其值为几十千欧到几兆欧
R_{od}	差模输出电阻	集成运放开环时，输出端的对地电阻，其值为几十到几百欧
K_{CMR}	共模抑制比	集成运放开环电压放大倍数与其共模电压放大倍数之比值的对数值称为共模抑制比，其值一般大于 80dB
U_{IdM}	最大差模输入电压	集成运放输入端间所承受的最大差模输入电压。超过该值，其中一只晶体管的发射结将会出现反向击穿现象
U_{IcM}	最大共模输入电压	集成运放所能承受的最大共模输入电压。超过该值，运算放大器的共模抑制比将明显下降

4.2.5　集成运算放大电路的理想特性

1. 理想特性

在分析集成运放电路时，一般将它看成是理想的运算放大器。理想化的主要条件如下。

- 开环差模电压放大倍数：$A_{\text{uo}} \rightarrow \infty$。
- 开环差模输入电阻：$r_{\text{i}} \rightarrow \infty$。
- 开环输出电阻：$r_{\text{o}} \rightarrow 0$。
- 共模抑制比：$K_{\text{CMR}} \rightarrow \infty$。
- 开环带宽：f_{bw} 为 $0 \rightarrow \infty$。

2. 理想运放的电路符号

理想运放的电路符号如图 4-15 所示。

3. 理想运放的两个重要特点

（1）两输入端电位相等，即 $u_{\text{P}} = u_{\text{N}}$。

放大电路的电压放大倍数为

$$A_{\text{uo}} = \frac{u_{\text{o}}}{u_{\text{PN}}} = \frac{u_{\text{o}}}{u_{\text{P}} - u_{\text{N}}} \tag{4-1}$$

在线性区，集成运放的输出电压 u_o 为有限值，根据集成运放的理想特性 $A_{uo} \to \infty$，有 $u_P = u_N$，即集成运放同相输入端和反相输入端电位相等，相当于短路，此现象称为虚假短路，简称虚短，如图 4-16 所示。

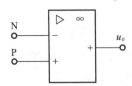

图 4-15　理想运放的电路符号

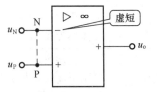

图 4-16　集成运放的虚假短路

 动画演示　观看"理想运算放大电路的虚短.swf"动画，该动画演示了理想运放的电路符号及理想运放虚短的原理、含义和特点。

（2）净输入电流等于零，即 $I'_{i+} = I'_{i-} \approx 0$。

在图 4-17 中，集成运放的净输入电流 I'_i 为

$$I'_i = \frac{u_P - u_N}{r_i} \qquad\qquad (4\text{-}2)$$

根据集成运放的理想特性 $r_i \to \infty$，有 $I'_{i+} = I'_{i-} \approx 0$，即集成运放两个输入端的净输入电流约为零，好像电路断开一样，但又不是实际断路，此现象称为虚假断路，简称虚断，如图 4-17 所示。

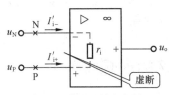

图 4-17　集成运放和虚断

 动画演示　观看"理想运算放大电路的虚断.swf"动画，该动画演示了理想运放虚断的原理、含义和特点。

由于实际集成运放的技术指标接近理想化条件，用理想集成运放分析电路可使问题大为简化。因此，对集成运放的分析一般都是按理想化条件进行的。

4.3　放大电路中的负反馈

电子设备中的放大电路通常要求其放大倍数非常稳定，输入/输出电阻的大小、通频带、波形失真等应满足实际使用的要求。为了改善放大电路的性能，就需要在放大电路中引入负反馈。

下面将介绍负反馈的定义及类型，负反馈对放大电路的影响，负反馈放大电路的应用。

4.3.1　反馈的基本概念

1. 反馈的定义

　　反馈是将放大电路输出量的一部分或全部按一定方式送回到输入端，与输入量一起参与控制，从而改善放大电路的性能。带有反馈的放大电路称为反馈放大电路。反馈的必要条件是要有反馈电路，并且要将输出量送回输入端。反馈电路是连接输出回路与输入回路的支路，多数由电阻元器件构成。

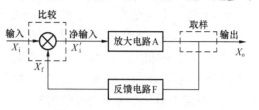

图 4-18　反馈放大电路方框图

　　反馈放大电路的一般形式如图 4-18 所示。

 动画演示　观看"反馈放大电路的构成.swf"动画，该动画演示了反馈放大电路的定义及一般形式。

 要点提示　当放大电路引入反馈后，反馈电路和放大电路就构成一个闭环系统，使放大电路的净输入量不仅受输入信号的控制，而且受放大电路输出信号的影响。

2. 反馈的分类

（1）直流反馈和交流反馈。

　　根据反馈量是交流量还是直流量，可将反馈分为直流反馈与交流反馈。

- 直流反馈：若电路将直流量反馈到输入回路，则称直流反馈。直流反馈多用于稳定静态工作点。
- 交流反馈：若电路将交流量反馈到输入回路，则称交流反馈。交流反馈多用于改善放大电路的动态性能。

【例 4-2】　判断图 4-19 中有哪些反馈回路，它们分别是交流反馈还是直流反馈？

　　解： R_f 构成交、直流反馈，C_2 构成交流反馈。

　　分析： 根据反馈到输入端的信号是交流、直流还是同时存在来进行判别，同时根据电容的"隔直通交"作用来判断。

【课堂练习】

　　说明图 4-20 所示电路的反馈元件，并说明是交流反馈还是直流反馈。如果将电容 C_e 去掉，结果如何？

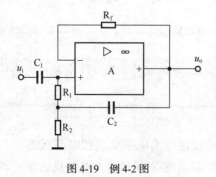

图 4-19　例 4-2 图　　　　　　　　　　　图 4-20　课堂练习图

（2）正反馈和负反馈。

- 负反馈：当输入量不变时，引入反馈后使净输入量减小、放大倍数减小的反馈称为负反馈。负反馈多用于改善放大电路的性能。
- 正反馈：当输入量不变时，引入反馈后使净输入量增加、放大倍数增加的反馈称为正反馈。正反馈多用于振荡电路和脉冲电路。

判别正、负反馈时，可以从判别电路各点对"地"交流电位的瞬时极性入手，即可直接在放大电路图中标出各点的瞬时极性来进行判别。瞬时极性为正，表示电位升高；瞬时极性为负，表示电位降低。判别的具体步骤如下。

① 设接"地"参考点的电位为零。

② 若电路中某点的瞬时电位高于参考点（对交流为电压的正半周），则该点电位的瞬时极性为正（用 + 表示）；反之为负（用 − 表示）。

③ 若反馈信号与输入信号加在不同输入端（或两个电极）上，两者极性相同时，净输入电压减小，为负反馈；反之，极性相反为正反馈。

④ 若反馈信号与输入信号加在同一输入端（或同一电极）上，两者极性相反时，净输入电压减小，为负反馈；反之，极性相同为正反馈。

 动画演示 观看"瞬时极性判断电路的正负反馈.swf"动画，该动画演示了瞬时极性判断电路正负反馈的方法和步骤。

【例 4-3】 判断图 4-21 所示的电路是正反馈还是负反馈。

解：R_f 是反馈元件，该反馈为负反馈。

分析：输入电压为正，各电压的瞬时极性如图 4-22 所示。

若反馈信号与输入信号加在不同输入端上，两者极性相同时，净输入电压减小，可判断此电路为负反馈。

【课堂练习】

判断图 4-23 所示电路是正反馈还是负反馈。

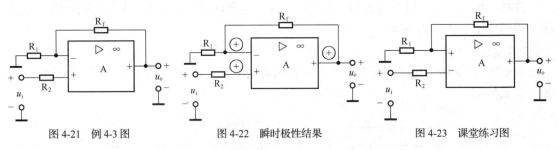

图 4-21 例 4-3 图　　　　图 4-22 瞬时极性结果　　　　图 4-23 课堂练习图

 要点提示 三极管的集电极电位与基极电位的瞬时极性相反，共发射极电路的发射极电位与基极电位瞬时极性相同。

（3）电压反馈和电流反馈。

根据取自输出端反馈信号的对象不同，可将反馈分为电压反馈和电流反馈。

- 电压反馈：反馈信号取自输出端的电压，即反馈信号和输出电压成正比，称为电压反馈。电压反馈电路如图 4-24 所示。电压反馈时，反馈网络与输出回路负载并联。

- 电流反馈：反馈信号取自输出端的电流，即反馈信号和输出电流成正比，称为电流反馈。电流反馈电路如图 4-25 所示。电流反馈时，反馈网络与输出回路负载串联。

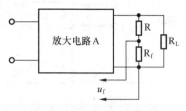

图 4-24　电压反馈

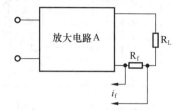

图 4-25　电流反馈

判断电压或电流反馈的方法是将反馈放大电路的输出端短接，即输出电压等于零，若反馈信号随之消失，则表示反馈信号与输出电压成正比，所以是电压反馈。如果输出电压等于零，而反馈信号仍然存在，则说明反馈信号与输出电流成正比，所以是电流反馈。

（4）串联反馈和并联反馈。

根据反馈电路把反馈信号送回输入端连接方式的不同，可将反馈分为串联反馈和并联反馈。

- 串联反馈：在输入端，反馈电路和输入回路串联连接，反馈信号与输入信号以电压形式相加减，如图 4-26 所示。
- 并联反馈：在输入端，反馈电路和输入回路并联连接，反馈信号与输入信号以电流形式相加减，如图 4-27 所示。

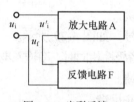

图 4-26　串联反馈

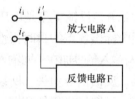

图 4-27　并联反馈

判断串联反馈或并联反馈的方法是将放大电路的输入端短接，即输入电压等于零，若反馈信号随之消失，则为并联反馈；若输入电压等于零，反馈信号依然能加到基本放大电路输入端，则为串联反馈。

4.3.2　负反馈的 4 种组态

负反馈的 4 种组态如表 4-5 所示。

表 4-5　　　　　　　　　　　　　负反馈的 4 种组态

反 馈 类 型	示　意　图	反 馈 类 型	示　意　图
电流串联 负反馈	u_i　u'_i　放大电路A　R_f　R_L　u_f　反馈电路F	电压串联 负反馈	R　R_L　u_i　u'_i　放大电路A　R_f　u_f　反馈电路F

续表

反馈类型	示意图	反馈类型	示意图
电流并联 负反馈	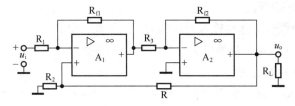	电压并联 负反馈	

 观看"负反馈的类型.swf"动画，该动画演示了负反馈 4 种组态的电路结构。

【例4-4】 试判别图4-28所示放大电路中从运算放大器 A_2 输出端引至 A_1 输入端的是何种类型的反馈电路。

图4-28 例4-4图

解：反馈元件是 R，反馈类型是电压串联负反馈。

分析：先在图中标出各点的瞬时极性及反馈信号，如图4-29所示。

根据反馈信号与输入信号加在不同输入端上，两者极性相同时，净输入电压减小，为负反馈。

将输出端短接，反馈信号消失，所以是电压反馈。

将输入端短接，反馈信号仍然存在，所以是串联反馈。

【课堂练习】

说明图4-30所示电路的反馈类型。

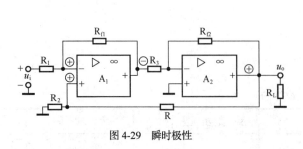

图4-29 瞬时极性

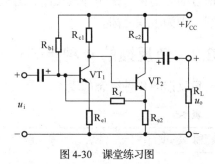

图4-30 课堂练习图

4.3.3 负反馈对放大电路性能的影响

1. 降低放大倍数

由图4-18可知，引入负反馈后的放大倍数为

$$A_\mathrm{f} = \frac{X_\mathrm{o}}{X_\mathrm{i}} = \frac{A}{1 + AF} \qquad\qquad (4\text{-}3)$$

式中，A 为基本放大电路的放大倍数，称为开环放大倍数，即未引入反馈时的放大倍数。A_f 为引入负反馈后的放大倍数，称为闭环放大倍数。

由于闭环放大倍数是开环放大倍数 A 的 $1/(1+AF)$ 倍，所以引入负反馈后放大电路的放大倍数下降了。

【阅读材料】

深度负反馈

$(1+AF)$ 称为反馈深度，$(1+AF)$ 越大，反馈深度越深，A_f 下降的就越多。当 $(1+AF) \gg 1$ 时，称为深度负反馈，此时

$$A_\mathrm{f} = \frac{A}{1 + AF} \approx \frac{1}{F} \qquad\qquad (4\text{-}4)$$

式（4-4）表明在深度负反馈时，放大电路的闭环放大倍数主要取决于反馈网络的反馈系数 F。

【例 4-5】　已知负反馈放大电路的开环放大倍数 $A = 10^5$，反馈系数 $F = 0.01$，求闭环放大倍数。

解：

$$A_\mathrm{f} = \frac{10^5}{1 + 10^5 \times 0.01} \approx 100$$

【课堂练习】

某开环放大电路在输入信号电压为 5mV 时，输出电压为 5V；加上负反馈网络后，达到同样的输出电压时需要输入电压为 50mV，求负反馈网络的反馈系数 F。

2. 提高放大倍数的稳定性

在基本放大电路中，由于电路元件的参数和电源电压不稳定，所以当温度、负载等变化时，将引起放大倍数的变化。这时就需要引入负反馈，可提高放大倍数的稳定性。

3. 展宽频带

无反馈的放大电路频率特性比较窄，而引入负反馈后，幅度特性就变得平坦，通频带展宽。

4. 减小非线性失真

由于三极管是非线性元器件，所以无负反馈放大电路虽然设置了静态工作点，但在输入信号较大时，也会因输入特性的非线性而产生非线性失真。引入负反馈后，非线性失真大幅减小。

5. 减小内部噪声

放大电路内部产生噪声和干扰，在无负反馈时，可以和有用信号一起由输出端输出，严重影响放大电路的工作质量。引入负反馈可以使有用信号电压、噪声及干扰同时减小。有用信号减小后可以用增大输入信号弥补，但噪声和干扰信号不会增加。

 要点提示　对于外部干扰以及与信号同时混入的噪声采用负反馈的办法是不能解决的。

6. 改变输入、输出电阻

负反馈类型对输入、输出电阻的影响如表 4-6 所示。

表 4-6　　　　　　　　　负反馈类型对输入、输出电阻的影响

反馈类型	输入端	输出端
	r_{if}	r_{of}
串联负反馈	增大	
并联负反馈	减小	
电压负反馈		减小
电流负反馈		增大

总之，负反馈对放大电路性能的改善有其共性，如所有的交流负反馈都能稳定放大倍数、展宽频带、减小失真等。而不同组态的负反馈对放大电路性能的改善又有其特殊性，如电压负反馈能稳定输出电压、减小输出电阻及提高带负载能力，串联负反馈能提高输入电阻。

 动画演示　观看"负反馈对放大电路性能的影响.swf"动画，该动画演示了负反馈对放大电路放大倍数、性能、稳定性及输入输出电阻等的影响。

4.3.4　负反馈放大电路的应用

放音机磁头放大电路如图 4-31 所示，它为二级直接耦合放大电路，整个电路有 4 个负反馈。

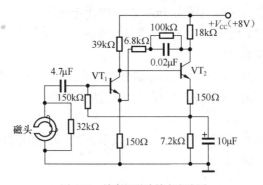

图 4-31　放音机磁头放大电路图

 动画演示　观看"负反馈放大电路的应用.swf"动画，该动画演示了负反馈放大电路的应用电路原理及特点。

4.4　集成运算放大电路的应用

集成运算放大电路与外部电阻、电容、半导体器件等构成闭环电路后，能对各种模拟信

号进行运算。

　　集成运算放大电路工作在线性区时，通常要引入深度负反馈，所以，它的输出电压和输入电压的关系基本决定于反馈电路和输入电路的结构和参数，而与运算放大器本身的参数关系不大。改变输入电路和反馈电路的结构形式就可以实现不同的运算。

　　下面将介绍集成运算放大电路的基本运算电路、波形整形电路、信号处理电路及集成运算放大电路的实际应用。

4.4.1　基本电路

1. 反相比例运算放大电路

　　图 4-32 所示为反相比例运算放大电路。

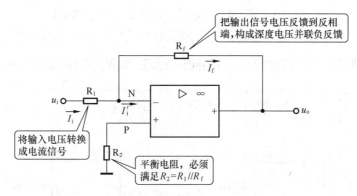

图 4-32　反相比例运算放大电路

 要点提示　根据虚短（$u_P = u_N$）且 P 点接地，可得 $u_P = u_N = 0$，N 点电位与地相等，所以 N 点称为"虚地"，如图 4-33 所示。

　　根据虚地可得输出电压与输入电压之间的关系为

$$u_o = -\frac{R_f}{R_1}u_i \qquad (4-5)$$

　　其中，$-\dfrac{R_f}{R_1}$ 为比例系数。

图 4-33　"虚地"示意图

　　由式（4-5）可知，输出电压与输入电压成正比例且相位相反。

　　利用反相比例运算放大电路完成反相器设计，设计的反相器如图 4-34 所示。反相器比例系数为-1，即 $R_1 = R_f$ 构成反相器。

 动画演示　观看"反相比例运算电路.swf"动画，该动画演示了反相比例运算电路的组成、特点、工作原理及应用。

2. 同相比例运算放大电路

　　图 4-35 所示为同相比例运算放大电路。

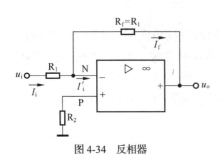

图 4-34　反相器

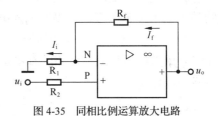

图 4-35　同相比例运算放大电路

输出电压与输入电压的关系为

$$u_o = \left(1 + \frac{R_f}{R_1}\right) u_i \qquad (4\text{-}6)$$

根据式（4-6）可知，输出电压与输入电压成正比例且相位相同。

利用同相比例运算放大电路完成电压跟随器设计，设计的电压跟随器如图 4-36、图 4-37 所示。电压跟随器可由比例系数为 $1 + \frac{R_f}{R_1}$ 的同相比例运算放大电路构成，一种情况是 R_f 短路、R_1 开路，这样 $1 + \frac{R_f}{R_1} = 1$；另一种情况是 R_1 开路，这样 $1 + \frac{R_f}{R_1} \approx 1$。

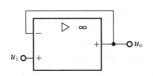

图 4-36　R_f 短路、R_1 开路时的电压跟随器

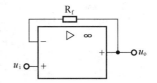

图 4-37　R_1 开路时的电压跟随器

要点提示　由集成运放电路构成的电压跟随器与分立元件射极输出器相比，具有高输入阻抗和低输出阻抗的特点，性能更加优良。

动画演示　观看"同相比例运算电路.swf"动画，该动画演示了同相比例运算电路的组成、特点、工作原理及应用。

3. 反相输入加法电路

反相输入加法电路如图 4-38 所示。

根据理想特性（$I'_I = 0$）及集成运放的反相输入端为虚地，得

$$u_o = -R_f \left(\frac{u_{i1}}{R_1} + \frac{u_{i2}}{R_2}\right) \qquad (4\text{-}7)$$

如果取 $R_1 = R_2 = R_f$，则

$$u_o = -(u_{i1} + u_{i2}) \qquad (4\text{-}8)$$

4. 减法运算电路

图 4-39 所示为减法运算电路（减法器），电路同相输入端和反相输入端均有输入信号。

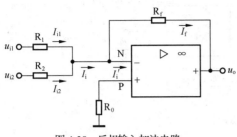

图 4-38 反相输入加法电路

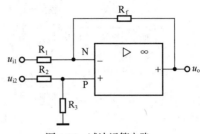

图 4-39 减法运算电路

当外电路电阻满足 $R_3 = R_f$、$R_1 = R_2$ 时，电路输出电压与输入电压之间的关系为

$$u_o = \frac{R_f}{R_1}(u_{i2} - u_{i1}) \tag{4-9}$$

【例 4-6】 在图 4-40 所示的电路中，运放 A_1 和 A_2 都是理想运放，写出输出电压 u_o 与输入电流 i_1 和 i_2 之间的关系式。

解： 设运放 A_1 的输出信号为 u_1，运放 A_1 的反相输入端信号为 u_{N1}，运放 A_2 的反相输入端信号为 u_{N2}。

由虚断，有

$$i_1 = -\left(\frac{u_1}{R_1} + \frac{u_o}{R_2}\right) \qquad\qquad i_2 = -\left(\frac{u_1}{R_1} + \frac{u_o}{R_3}\right)$$

$$i_1 - i_2 = -\frac{u_o}{R_2} + \frac{u_o}{R_3} = \frac{R_2 - R_3}{R_2 R_3}u_o \qquad\qquad u_o = \frac{R_2 R_3}{R_2 - R_3}(i_1 - i_2)$$

分析： 经判断两级运放均构成了负反馈，满足"虚短"、"虚断"的条件。

【课堂练习】

在图 4-41 所示的电路中，运放 A 是理想运放，写出输出电压 u_o 的表达式。

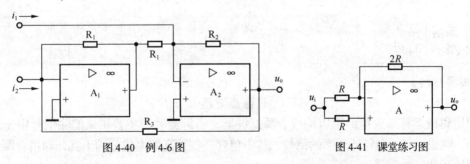

图 4-40 例 4-6 图   图 4-41 课堂练习图

4.4.2 信号处理电路

由运算放大电路可构成各种信号处理电路，如采样保持电路、电压比较器、滤波器等。

1. 采样保持电路

采样保持电路多用在模/数转换电路（A/D）的前面，其原理如图 4-42 所示。

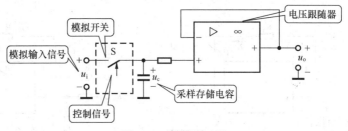

图 4-42　采样保持电路

观看"采样保持电路.swf"动画，该动画演示了采样保持电路的组成和工作原理。

2. 电压比较器

电压比较器用来比较输入信号与参考电压的大小。当两者幅度相等时，输出电压产生跃变，由高电平变成低电平或者由低电平变成高电平。由此来判断输入信号的大小和极性，用于数/模转换、数字仪表、自动控制、自动检测等技术领域以及波形产生和变换等场合。

根据电压比较器设计的过零电压比较器可以将正弦波变为方波。过零电压比较器的电路及波形如图 4-43 和图 4-44 所示。

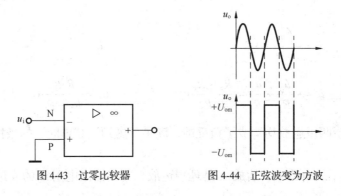

图 4-43　过零比较器　　　　　图 4-44　正弦波变为方波

观看"电压比较器.swf"动画，该动画演示了电压比较器的组成和工作原理。

【阅读材料】

有源滤波器

利用集成运算放大电路可以构成有源滤波器，有源滤波器主要用来滤除信号中无用的频率成分。例如，有一个较低频率的信号，其中包含一些较高频率成分的干扰，利用有源滤波器可以滤掉干扰，如图 4-45 所示。

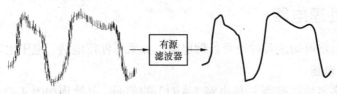

图 4-45　有源滤波器的效果

4.4.3 信号测量电路

在自动控制和非电测量等系统中，常用各种传感器将非电量（如温度、应变、压力、流量）的变化转换为电信号（电压或电流），然后输入系统。但这种非电量的变化是缓慢的，电信号的变化量常常很小（一般只有几毫伏到几十毫伏），所以需要将电信号放大。

测量放大电路的作用是将测量电路或传感器送来的微弱信号进行放大，再送到后面的电路去处理。

一般对测量放大电路的要求是输入电阻高，噪声低，稳定性好，精度及可靠性高，共模抑制比大，线性度好，失调小，并具有一定的抗干扰能力。

信号测量电路的原理如图 4-46 所示。

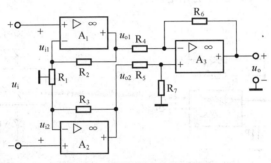

图 4-46 信号测量电路的原理图

4.4.4 集成运算放大电路的使用

集成运算放大电路在使用前必须进行测试，使用中应注意其电参数和极限参数要符合电路要求，同时还应注意集成运放的调零、保护及相位补偿问题。

1. 集成运算放大电路的调零

常用的 μA741 调零电路如图 4-47 所示，其中调零电位器 R_P 可选择 $10k\Omega$ 的电位器。

 要点提示

> 为了提高集成运放的精度，消除因失调电压和失调电流引起的误差，需要对集成运放进行调零。集成运放的调零电路有两类，一类是内调零，另一类是外调零。集成运放设有外接调零电路的引线端，按说明书连接即可。

2. 集成运算放大电路的保护

集成运算放大电路的保护包括输入端保护、输出端保护和电源保护。

（1）输入端保护。

输入端保护如图 4-48 所示，它可将输入电压限制在二极管的正向压降以内。当输入端所加电压过高时会损坏集成运放，可在输入端加入两个反向并联的二极管。

（2）输出端保护。

输出端保护如图 4-49 所示。为了防止输出电压过大，可利用稳压管来保护，将两个稳压管反向串联，就可将输出电压限制在稳压管的稳压值 U_Z 的范围内。

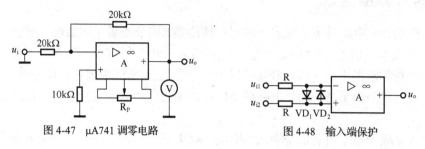

图 4-47　μA741 调零电路　　　　图 4-48　输入端保护

（3）电源保护。

为了防止正、负电源接反，可用二极管进行保护。电源保护如图 4-50 所示。若电源接错，二极管反向截止，则集成运放上无电压。

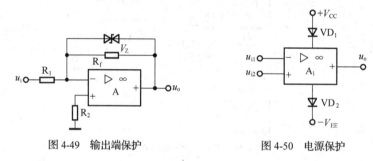

图 4-49　输出端保护　　　　图 4-50　电源保护

3. 集成运算放大电路的相位补偿

集成运放在实际使用中遇到最棘手的问题就是自激。要消除自激，通常是破坏自激形成的相位条件，这就是相位补偿，如图 4-51 所示。其中，图 4-51（a）是输入分布电容和反馈电阻过大（> 1MΩ）引起自激的补偿方法，图 4-51（b）中所接的 R_1、C 为输入端补偿法，常用于高速集成运放中。

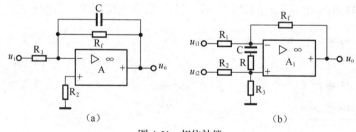

（a）　　　　　　　　　（b）

图 4-51　相位补偿

动画演示 观看"集成运算放大电路的使用.swf"动画，该动画演示了集成运算放大电路的调零、保护和相位补偿。

4.4.5　集成运算放大电路的实际应用

利用集成运放的特点及输入电压和输出电压的关系，外加不同的反馈网络不仅可以实现多种数学运算，而且在物理量的测量、自动调节系统、测量仪表及模拟运算等领域也得到了广泛应用。

1. 过温保护电路

图 4-52 所示为由运放构成的过温保护电路，其中 R 是热敏电阻，温度升高，阻值变小。KA 是继电器，当温度升高并超过规定值时，KA 动作，自动切断电源。

 观看"过温保护电路.swf"动画，该动画演示了过温保护电路的组成和工作原理。

2. 音频混频放大电路

μA741 是高增益通用型双电源集成运算放大电路，国内同类产品有 FX741、F007 等信号，它的外形和引脚示意图如图 4-53 和图 4-54 所示。

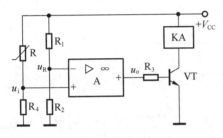

图 4-52　过温保护电路

图 4-53　μA741 外形

图 4-55 所示为 μA741 运放的应用电路——四输入音频、混频放大电路。

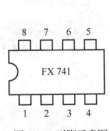

图 4-54　引脚示意图

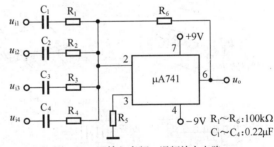

图 4-55　四输入音频、混频放大电路

 观看"音频混频放大电路.swf"动画，该动画演示了音频混频放大电路的组成和工作原理。

【阅读材料】

LM324 集成运算放大电路

LM324 是美国国家半导体公司生产的单电源四运放集成电路，它采用 14 脚双列直插式塑料封装，内部集成了 4 只独立的高增益运算放大器，使用电源范围为 5～30V，其引脚如图 4-56 所示。

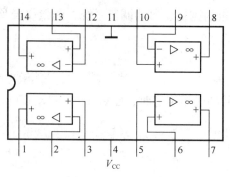

图 4-56 LM324 引脚

4.5 实验1 集成运算放大电路功能测试

【实验目的】

- 了解集成运算放大电路的测试及使用方法。
- 熟悉由集成运算放大电路构成的各种运算电路的特点、性能和测试方法。

1. 实验原理

（1）运算放大电路的封装。集成运算放大电路的外形如图 4-57 所示。集成运放常见的封装形式有金属圆形、双列直插式和扁平式等。封装所用的材料有陶瓷、金属和塑料等，陶瓷封装的集成电路气密性、可靠性高，使用的温度范围宽（-55℃～125℃），塑料封装的集成电路在性能上要比陶瓷封装稍差一些，不过由于其价格低廉而获得广泛应用。

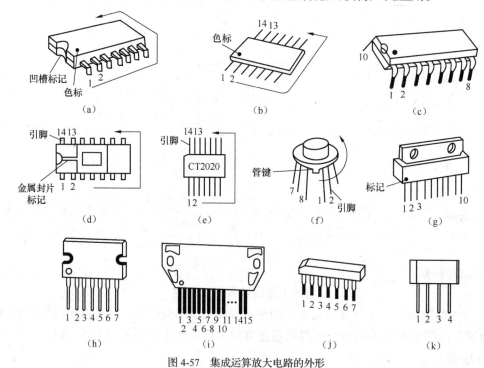

图 4-57 集成运算放大电路的外形

（2）集成运算放大电路的使用。

① 使用前应认真查阅有关手册，了解所用集成运放各引脚的排列位置。

② 集成运放接线要正确可靠。由于集成运放外接端点比较多，很容易接错，因此要求集成运放电路接线完毕后，应认真检查，确认没有接错后，方可接通电源，否则有可能损坏器件。另外，因集成运放工作电流很小，如输入电流只有纳安级，因此集成运放各端点接触应良好，否则电路将不能正常工作。接触是否可靠可用直流电压表测量各引脚与地之间的电压值来判定。

③ 输入信号不能过大。当输入信号过大时，输出升到饱和值，不再响应输入信号，即使输入信号为零，输出仍保持饱和而不回零，必须切断电源重新启动，才能重建正常关系，这种现象叫阻塞现象。输入信号过大可能造成阻塞现象或损坏器件。因此，为了保证正常工作，输入信号接入集成运放电路前应对其幅度进行初测，使之不超过规定的极限，即差模输入信号应远小于最大差模输入电压，共模输入信号也应小于最大共模输入电压。

④ 电源电压不能过高，极性不能接反。

⑤ 集成运放的调零。所谓调零，就是将运放应用电路的输入端短路，调节调零电位器，使运放输出电压等于零。集成运放作直流运算使用时，特别是在小信号高精度直流放大电路中，调零是十分重要的。因为集成运放存在失调电流和失调电压，当输入端短路时，会出现输出电压不为零的现象，从而影响到运算的精度，严重时会使放大电路不能工作。

2. 实验器材

直流稳压电源、低频信号发生器、示波器、万用表、毫伏表、实验电路板及各种元器件，如表 4-7 所示。

表 4-7　　　　　　　　　　　　　　　　元器件表

编　号	名　称	参　数	编　号	名　称	参　数
R_1	电阻	10kΩ	R_2	电阻	10kΩ
R_{f1}	电阻	100kΩ	R_{f2}	电阻	10kΩ
R_3	电阻	3.3kΩ	R_4	电阻	10kΩ
I_C	集成运放	μA741			

3. 实验步骤

（1）检测集成运放。

① 检查外观。型号是否与要求相符，引脚有无缺少或断裂及封装有无损坏痕迹等。

② 按图 4-58 接线，确定集成运放的好坏。

③ 将 3 脚与地短接（使输入电压为零），用万用表直流电压挡测量输出电压 u_o 应为零，然后接入 $u_i = 5V$，测得输出电压 u_o 为 5V，则说明该器件是好的。

④ 在接线可靠的条件下，若测得 u_o 始终等于 9V 或 −9V，则说明该器件已损坏。

（2）验证反相比例关系。

① 在实验电路板上，用 μA741 运算放大电路连接成图 4-59 所示的电路。

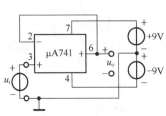

图 4-58　集成运放好坏判别电路

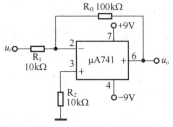

图 4-59　反相比例运算放大电路

② 检查无误后，将 ±9V 电源接入电路，并按表 4-8 所示的数据分别输入 u_i，用毫伏表测出此时电路输出电压 u_o 的值，填入表 4-8。

表 4-8　　　　　　　　　　　　　　　反相比例运算

电路参数		输入电压 u_i（有效值）（V）		1.0	0.8	0.6	0.3	0.0	−0.3	−0.6	−0.8	−1.0
R_{f1}	100kΩ	输入电压 u_o（V）	实测值									
R_1	10kΩ		计算值									
$\dfrac{R_{f1}}{R_1}$	10		$u_o = -\dfrac{R_{f1}}{R_1} u_i$									

（3）验证比例加法关系。

① 在实验电路板上，用 μA741 运算放大电路连接成图 4-60 所示的电路。

② 检查无误后，将 ±9V 电源接入电路，并按表 4-9 所示的数据分别输入 u_i，用毫伏表测出此时电路输出电压 u_o 的值，填入表 4-9。

表 4-9　　　　　　　　　　　　　　　比例加法运算

电路参数		输入电压 u_i（有效）（V）		$U_{i1} = 1V$	$U_{i2} = 0.5V$
R_{f2}	10kΩ	输入电压 u_o（V）	实测值		
$R_1 = R_2$	10kΩ		计算值		
R_3	3.3kΩ		$u_o = -\dfrac{R_{f1}}{R_1}(u_{i1} + u_{i2})$		

（4）验证比例减法关系。

① 在实验电路板上，用 μA741 运算放大电路连接成图 4-61 所示的电路。

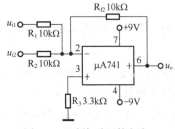

图 4-60　比例加法运算电路

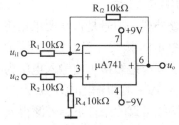

图 4-61　比例减法电路

② 检查无误后，将 ±9V 电源接入电路，并按表 4-10 所示的数据分别输入 u_i，用毫伏表

测出此时电路输出电压 u_o 的值，填入表 4-10。

表 4-10　　　　　　　　　　　　　　比例减法运算

电 路 参 数		输入电压 u_i （有效值）（V）	$U_{i2} = 0.6V$	$U_{i1} = 0.4V$	$U_{i2} = 1V$	$U_{i1} = 0.4V$
R_{f2}	10kΩ	输入 电压 u_o（V）	实测值			
R_1	10kΩ		计算值 $u_o = \dfrac{R_{f1}}{R_1}(u_{i2} - u_{i1})$			
$R_2 = R_3$	10kΩ					

4．实验报告

（1）整理反相比例、加法和减法运算电路测试数据，分析测试结果及产生误差的原因。

（2）总结集成运放的使用方法。

（3）说明实验中遇到的问题及解决办法。

5．思考题

分析内部调零和外部调零的区别。

要注意以下内容。

（1）集成运放在外接电路时，特别要注意正、负电源端，输出端及同相、反相输入端的位置。

（2）集成运放的输出端应避免与地、正电源、负电源短接，以免器件损坏。输出端所接负载电阻也不宜过小，其值应使集成运放输出电流小于其最大允许输出电流，否则有可能损坏器件或使输出波形变差。

（3）注意集成运放输入信号源能否给集成运放提供直流通路，否则应为集成运放提供直流通路。

（4）电源电压应按器件使用要求，先调整好直流电源输出电压，然后接入集成运放电路，且接入电路时必须注意极性，绝不能接反，否则器件容易受到损坏。

（5）装接集成运放电路或改接、插拔器件时，必须断开电源，否则器件容易受到极大的感应或电冲击而损坏。

（6）集成运放调零电位器应采用工作稳定、线性度好的多圈线绕电位器。

（7）集成运放的电路设计中应尽量保证两输入端的外接直流电阻相等，以减小失调电流、失调电压的影响。

（8）调零时需注意：调零必须在闭环条件下进行；输出端电压应用小量程电压挡测量；若调零电位器的输出电压不能达到零值或输出电压不变，则应检查电路接线是否正确。若经检查接线正确、可靠且仍不能调零，则说明集成运放损坏或质量有问题。

4.6　实验 2　二级放大电路的组装和调试

【实验目的】

● 掌握集成运算放大电路的使用方法。

- 了解多级放大电路的级间连接、总电压放大倍数。
- 巩固电子电路的测试方法，提高实际调整与测试能力。

1. 实验原理

集成运放应用电路按原理图安装完毕后，一般可按下列步骤进行调试。

（1）检查已安装的电路。

① 外观检查。检查是否有碰线、短路现象，元器件安装是否正确，器件引脚的接法是否正确。

② 用万用表欧姆挡检查电路安装有无断路、短路或接触不良等问题。

（2）静态测试检查。

① 经上述检查确认没有问题后，用万用表直流电压挡将直流电源输出电压调整到所需数值，电源关断后接入电路中，并认真检查，确保直流电源正确、可靠地接入电路，然后接通直流电源。

② 将电路的信号输入端对地短接，用万用表直流电压挡测量集成运放各引脚端对地直流电压是否符合要求。若输出端电压偏离零电平，应进行调零调节。若调节无效，输出电压接近电源电压（正电源电压或负电源电压），则可先检查调零电路是否接好，输入端接地是否可靠。若无问题，则可短接负反馈电阻；若输出仍不为零，则可初步判定该运放损坏。

（3）动态测试。

① 当静态检查正常后，切断直流电源，拆去电路输入端的对地短接线。

② 先对输入信号进行初测，使输入电压不超过规定的数值，然后将其接入被测电路的输入端，再接通直流电源，即可对电路进行动态测试。若为直流输入，则可用直流电压表进行测量；若为交流信号输入，则应采用交流毫伏表或示波器进行测量。

③ 一般情况下，动态测试结果均与理论估算值接近，误差很小。

2. 实验器材

直流稳压电源、低频信号发生器、示波器、万用表、毫伏表、实验电路板及各种元器件，如表4-11所示。

表 4-11　　　　　　　　　　　　元器件表

编　号	名　　称	参　数	编　号	名　　称	参　数
R_1	电阻	10kΩ	R_2	电阻	10kΩ
R_3	电阻	100kΩ	R_4	电阻	10kΩ
R_5	电阻	30kΩ	R_6	电阻	10kΩ
R_L	电阻	1kΩ	I_C	集成运放	LM385

集成运放 LM385 的内部结构和引脚图分别如图 4-62 和图 4-63 所示。

3. 实验步骤

（1）连接电路。

在实训电路板上，按图4-64所示连接实验电路。

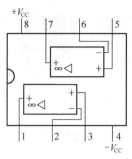

图 4-62　LM385 内部结构

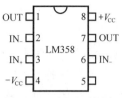

图 4-63　LM385 引脚图

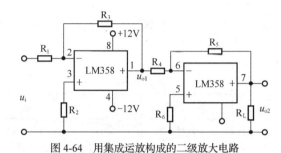

图 4-64　用集成运放构成的二级放大电路

（2）测量放大电路电压放大倍数。

① 连接好线路，检查无误后接通电源（直流电源的输出电压调到 12V）。

② 接通低频信号发生器，输入频率为 1kHz 的正弦波信号，并用示波器观察各级的输入、输出电压波形。若观察到波形为放大的正弦波信号，则说明电路工作正常。用万用表、毫伏表测量电路输入电压、各级输出电压值或用示波器测出各电压的峰值，记入表 4-12，并计算出各级电压放大倍数和总电压放大倍数。

表 4-12　　　　　　　　　　二级放大电路电压放大倍数的记录

$V_{CC} = 12V$　　　　f 为 1kHz 的正弦波信号					
输入电压 u_i	输出电压 u_{o1}	输出电压 u_{o2}	第一级 A_{u1}	第二级 A_{u2}	总电压放大倍数 A_u

4．实验报告

（1）整理实验数据。

（2）分析实验电路的原理。

（3）说明实验中遇到的问题及解决办法。

5．思考题

说明多级放大电路的电压放大倍数与各级电压放大倍数之间的关系。

要注意以下内容。

（1）重点检查运放正、负电源端及输出端的接线。

（2）运放输出端、电源端和接地端这几个端子之间不能短路，否则将损坏器件和电源。

（3）在更换运放时，应先关断直流电源，并对安装电路再仔细检查一遍，然后换上新片。

4.7 实验3 单级负反馈放大电路的测试

【实验目的】

- 进一步熟悉集成运算放大电路的应用。
- 研究负反馈放大电路的特点，熟悉负反馈对放大电路的影响。
- 熟悉负反馈放大电路的测试方法。

1. 实验器材

双路直流稳压电源、信号发生器、交流毫伏表、示波器、万用表、实训电路板和如表 4-13 所示的各种元器件。

表 4-13 元器件表

编 号	名 称	参 数	编 号	名 称	参 数
R_1	电阻	2kΩ	R_2	电阻	210kΩ
R_3	电阻	2kΩ	R_L	电阻	10kΩ
R_f	电阻	20kΩ	I_C	集成运放	μA741

2. 实验步骤

（1）电压串联负反馈放大电路。

① 按图 4-65 所示接线，检查接线无误后，接通正、负电源电压±9V。

② 输入端 u_i 接入频率为 1kHz、有效值为 0.2V 的正弦信号，用示波器观察输入电压 u_i 及输出电压 u_o 的波形。

③ 用交流毫伏表分别测出 u_i、u_p、u_f 和 u_o 的有效值并记录于表 4-14 中，维持输入电压 u_i 不变，断开 R_L 测出开路输出电压 u_{ot}，记录于表 4-14 中。根据测量数据求出 A_{uf}、R_{if}、R_{of}，记录于表 4-14 中。

表 4-14 电压串联负反馈的数据

内 容	u_i（V）	u_p（V）	u_f（V）	u_o（V）	u_{ot}（V）	A_{uf}	R_{if}	R_{of}
测量值								
理论值								

（2）电流串联负反馈放大电路。

① 按图 4-66 所示接线，检查接线无误后，接通正、负电源电压±9V。

② 输入端 u_i 接入频率为 1kHz、有效值为 0.2V 的正弦信号，用示波器观察 u_i、u'_o 波形。

③ 用交流毫伏表分别测出 u_i、u_p、u_f 和 u'_o 的有效值并记录于表 4-15 中。

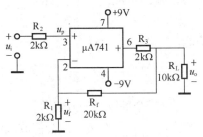

图 4-65　电压串联负反馈放大电路

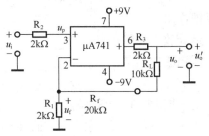

图 4-66　电流串联负反馈放大电路

④ 维持输入电压 u_i 不变，将 R_L 改接为 5.1kΩ 和 2kΩ，分别测出 u_i、u_p、u_f 和 u'_o 的有效值并记录于表 4-15 中。根据测量数据求出 A_{uf} 并记录于表 4-15 中。

表 4-15　　　　　　　　　　　　电流联负反馈的数据

内　容		u_i（V）	u_p（V）	u_f（V）	u'_o（V）	u_o（V）（= $u'_o - u_f$）
R_L	10kΩ					
	5.1kΩ					
	2kΩ					

3. 实验报告

（1）整理实训数据。

（2）根据测试结果总结电压串联负反馈放大电路、电流串联负反馈放大电路的特点。

（3）说明实训中遇到的问题及解决办法。

4. 思考题

（1）说明负反馈对放大电路的影响。

（2）对于电流串联负反馈放大电路，改变不同 R_L，说明了什么问题？

要注意以下内容。

测试结果与理论估算值产生误差的主要原因如下。

（1）集成运放的特性与理论值相差较多，主要是集成运放的开环增益不高，使实测输出电压值偏小。另外，共模抑制比比较低，也会引起同相运算电路的输出值产生误差。

（2）运算电路外接元件的标称值与实际值有误差。

（3）调零没有调好或调零电位器发生变动。

（4）电路接错或测量点接错，电压表换挡误差或读数错误，电压表内阻较低等。

（5）输入信号过大，集成运放工作在非线性状态。

习　题

1. 填空题

（1）当加在差动放大电路两个输入端的信号＿＿＿＿和＿＿＿＿时，称为差模输入。

（2）在差动放大电路中，R_e 对_____信号呈现很强的负反馈作用，而对_____信号则无负反馈作用。

（3）运算放大电路具有_____和_____功能。

（4）理想集成运放的 $A_u =$ _____，$r_i =$ _____，$r_o =$ _____，$K_{CMR} =$ _____，$f_{bw} =$ _____。

（5）电子技术中的反馈是将_____端信号的一部分或全部以某一方式送_____端。

（6）_____负反馈会使放大电路的输入电阻增大；_____负反馈会使放大电路的输出电阻减小；_____负反馈会使放大电路既有较大的输入电阻又有较大的输出电阻。

2. 选择题

（1）直流放大电路级间耦合方式采用（ ）。

A. 阻容耦合　　　　　B. 变压器耦合　　　　C. 直接耦合

（2）集成运算放大电路是一个（ ）。

A. 直接耦合的多级放大电路　　　　B. 单级放大电路

C. 阻容耦合的多级放大电路　　　　D. 变压器耦合的多级放大电路

（3）集成运放能处理（ ）。

A. 交流信号　　　　B. 直流信号　　　　C. 交流信号和直流信号

（4）下面说法正确的是（ ）。

A. 反馈是指将输出信号通过反馈电路送还到输入端

B. 反馈的作用是为了提高放大倍数

C. 反馈的作用是为了提高电路的稳定性

D. 以上说法都不对

（5）下面说法正确的是（ ）。

A. 零点漂移是指 $I_b = 0$ 时的三极管集电极与发射极的电位差

B. 直流放大器的零漂比交流放大器的影响大

C. 对零点漂移可以采取措施减少

D. 以上说法都不对

3. 判断题

（1）交流放大电路中没有零点漂移现象，直流放大电路中存在零点漂移现象。（　　）

（2）注意选择元件，使电路尽可能对称，可以减小差动放大电路的零漂。（　　）

（3）电压负反馈可以稳定输出电压，因此，流过负载的电流也必稳定。（　　）

（4）当运算放大电路单端输入时，另一端要通过电阻接地，为了满足对称差动放大电路参数对称的要求，要求两个输入端的外接电阻相等。（　　）

（5）运算电路的关系式只决定于外电路的参数，与基本的运算放大电路无关，所以设计电路时要精确设置外电阻参数，对基本运算放大电路不必过高要求。（　　）

4. 分析计算题

（1）为什么差动放大电路的零漂比单管放大电路小，而接有 R_e 的差动放大电路的零漂又比未接的差动放大电路小。

（2）在图 4-67 所示的电路中找出反馈元件并判断反馈类型。

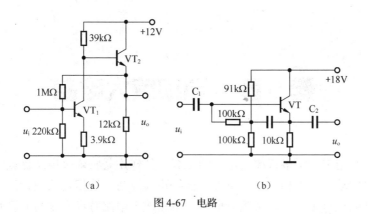

图 4-67　电路

（3）试求图 4-68 所示集成运放的输出电压。

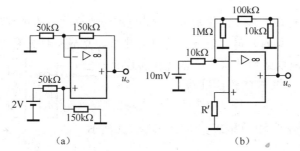

图 4-68　集成运放

（4）画出输出电压与输入电压满足下列关系式的集成运放电路。

$$\frac{u_{\mathrm{o}}}{u_{\mathrm{i}1} + u_{\mathrm{i}2} + u_{\mathrm{i}3}} = -20$$

第5章 功率放大电路

功率放大电路通常位于多级放大电路的末级，其作用是将前级电路已放大的电压信号进行功率放大，以推动执行机构工作。例如，让扬声器发音，使偏转线圈扫描，令继电器动作等。从能量控制的观点来看，功率放大电路与电压放大电路并没有本质的区别，实质上都是能量转换电路，只是各自要完成的任务不同。

【学习目标】

- 了解甲类功放电路、乙类推挽功放电路和 OCL 功放电路的结构、工作过程和效率。
- 理解功率放大电路的分类、任务、特点与要求，克服交越失真的措施等。
- 掌握 OTL 功放电路的结构、工作过程和最大输出功率的计算，复合管的连接原则。

【观察与思考】

先来看一个应用功率放大电路的扩音系统，如图 5-1 所示。

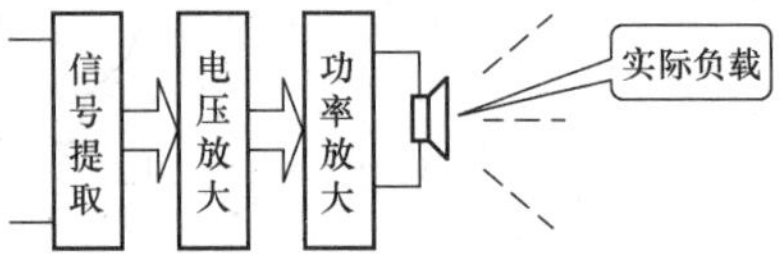

图 5-1 扩音系统

5.1 功率放大电路的基本概念

能输出较大功率的放大电路称为功率放大电路。本节将介绍功率放大电路的特点、要求和分类。

5.1.1 功率放大电路的特点

功率放大电路与电压放大电路都属于能量转换电路，它们是将电源的直流功率转换成被放大信号的交流功率，从而起功率和电压放大的作用。但在放大电路中它们各自的功能是不同的，电压放大电路主要使负载得到不失真的电压信号，所以研究的主要指标是电压放大倍数、输入电阻和输出电阻等。功率放大电路除了对信号进行足够的电压放大之外，还要求对信号进行足够的电流放大，从而获得足够的功率输出。因此，功率放大电路多工作于大信号放大状态，具有动态工作范围大的特点。

5.1.2 功率放大电路的要求

功率放大电路作为放大电路的输出级，必须满足如下要求。

1. 尽可能大的输出功率

输出功率等于输出交变电压和交变电流的乘积。为了获得最大的输出功率，担任功率放大任务的三极管工作参数往往接近极限状态，这样在允许的失真范围内才能得到最大的输出功率。

2．尽可能高的效率

从能量观点看，功率放大电路是将集电极电源的直流功率转换成交流功率输出。放大器向负载所输出的交流功率与从电源吸取的直流功率之比，用η表示，即

$$\eta = \frac{P_\text{o}}{P_\text{V}} \times 100\% \tag{5-1}$$

式中，P_V为集电极电源提供的直流功率，P_o是负载获得的交流功率。该比值越大，效率越高。

3．较小的非线性失真

功率放大电路往往在大的动态范围内工作，电压、电流变化幅度大。这样，就有可能超越输出特性曲线的放大区，进入饱和区和截止区而造成非线性失真。因此必须将功率放大电路的非线性失真限制在允许的范围内。

4．较好的散热装置

功率放大管工作时，在功率放大管的集电结上将有较大的功率损耗，使管子温度升高，严重时可能毁坏三极管。因此多采用散热板或其他散热措施降低管子温度，保证足够大的功率输出。

总之，只有在保证三极管安全工作的条件下和允许的失真范围内，功率放大电路才能充分发挥其潜力，输出尽量大的功率，同时减小功率放大管的损耗以提高效率。

5.1.3　功率放大电路的分类

根据所设静态工作点的不同状态，常用功率放大电路可分为甲类、乙类、甲乙类等。

（1）甲类功率放大电路在输入信号的整个周期内，功率放大管都有电流通过，如图 5-2（a）所示。

（2）乙类功率放大电路只在输入信号的正半周导通，负半周截止，如图 5-2（b）所示。

（3）甲乙类功率放大电路三极管导通的时间大于信号的半个周期，即介于甲类和乙类中间，如图 5-2（c）所示。

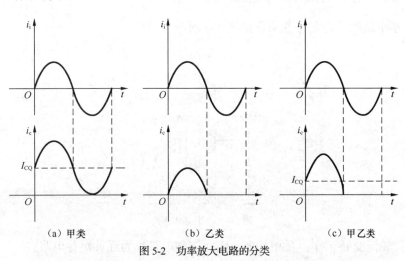

（a）甲类　　　　　　　（b）乙类　　　　　　　（c）甲乙类

图 5-2　功率放大电路的分类

要点 提示 在甲类状态下效率只有 30%左右，最高不超过 50%。在乙类状态下效率提高到 78.5%，但输出信号在越过功率放大管死区时得不到正常放大，从而产生交越失真，如图 5-3 所示。

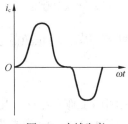

图 5-3 交越失真

 动画 演示 观看"功率放大电路的分类.swf"动画，该动画演示了常用甲类、乙类、甲乙类功率放大电路的特点和原理。

 动画 演示 观看"变压器耦合推挽功率放大电路.swf"动画，该动画演示了变压器耦合推挽功率放大电路的组成和工作原理。

5.2 双电源互补对称电路

互补对称功率放大电路按电源供给的不同，分为双电源互补对称电路（OCL 电路）和单电源互补对称电路（OTL 电路）。本节将介绍双电源互补对称电路的结构、工作原理及典型应用电路。

5.2.1 OCL 基本电路结构与工作原理

OCL 基本电路的结构与工作原理如图 5-4 所示。

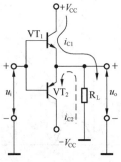

图 5-4 OCL 基本电路

由于两管轮流交替工作，互相补充，因此这种电路称为互补对称电路。

要点提示

VT$_1$、VT$_2$分别为 NPN 管和 PNP 管，从该电路的交流通路可以看出，两管的基极连在一起，为信号的输入端；射极连在一起作为信号的输出端，而集电极则是输入输出信号公共端，即两只三极管均为射极输出器的组合形式。

5.2.2　典型实用电路

乙类放大电路静态 I_C 为零，具有效率高的特点。但有时信号输入时，必须要求信号电压大于死区电压时才能导通。显然在死区范围内是无电压输出的，以至于在输出波形正负半周交界处造成交越失真，如图 5-5 所示。

为了消除交越失真，可将电路设计在甲乙类放大状态，其电路如图 5-6 所示。

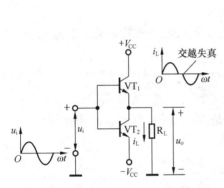

图 5-5　乙类放大电路的交越失真

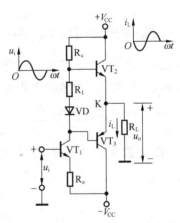

图 5-6　加偏置电路的 OTL 电路

动画演示

观看"双电源互补对称电路.swf"动画，该动画演示了双电源互补对称电路的组成和工作原理。

5.3　单电源互补对称电路

OCL 电路具有线路简单、效率高等特点，但若要用两个电源供电，会给使用和维修带来不便。在现行功放电路中，使用更为广泛的单电源互补对称电路，又称为 OTL 电路。本节将介绍单电源互补对称电路的结构和工作原理、电源输出功率与效率、复合管单电源互补对称电路及应用等知识。

5.3.1　OTL 基本电路及工作原理

OTL 基本电路如图 5-7 所示。

这种电路由于工作于乙类放大状态，不可避免地存在着交越失真。为克服这一缺点，多采用工作于甲乙类放大状态的 OTL 电路，如图 5-8 所示。

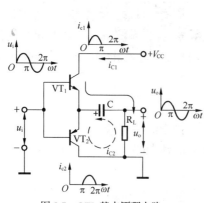

图 5-7　OTL 基本原理电路

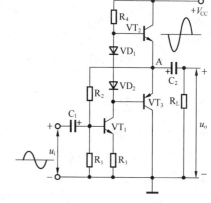

图 5-8　OTL 功放电路

5.3.2　电路输出功率与效率

该电路设计为甲乙类而又接近乙类放大状态，可按乙类进行估算。其输出功率为功率放大管电压有效值和电流有效值的乘积，即

$$P_o = \frac{I_{om}}{\sqrt{2}} \cdot \frac{U_{cem}}{\sqrt{2}} = \frac{U_{cem}}{\sqrt{2}R_L} \cdot \frac{U_{cem}}{\sqrt{2}} = \frac{1}{2}\frac{U_{cem}^2}{R_L} \approx \frac{1}{2}\frac{V_{CC}^2}{R_L} \qquad (5\text{-}2)$$

但在 OTL 电路中，每个管子的工作电压不是 V_{CC}，而只有 $V_{CC}/2$，因此有

$$P_o = \frac{1}{2}\frac{\left(\frac{1}{2}V_{CC}\right)^2}{R_L} = \frac{1}{8}\frac{V_{CC}^2}{R_L} \qquad (5\text{-}3)$$

电路在理想情况下的效率可达 78.5%。

 要点提示　电路最大理想效率为电路输出最大不失真功率与直流电源供给功率之比。

【课堂练习】

在图 5-9 所示的 OTL 电路中，若负载 $R_L = 4\Omega$，电路的最大输出功率为 2W，电源电压应为多大？若电源电压不变，把负载 R_L 换为 16Ω，则功率放大电路输出功率是多少？

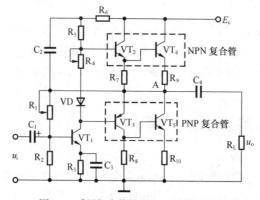

图 5-9　采用复合管的 OTL 功率放大电路

观看"单电源互补对称电路.swf"动画,该动画演示了单电源互补对称电路的组成和工作原理。

5.3.3 采用复合管的 OTL 电路

在输出功率较大时,由于大功率管的电流放大系数 β 较小,而且很难找到特性接近的 PNP型和 NPN 型大功率三极管,因此实际电路中采用复合管来解决这个问题。

把两个或两个以上三极管的电极适当地连接起来,等效为一个使用,即为复合管。复合管的类型取决于第一只三极管,其电流放大系数近似等于各只三极管 β 值的乘积。图 5-9 所示为采用复合管的 OTL 功率放大电路。

 复合管的管连接原则:小功率管在前,大功率管在后,两子管子的各极电流都能顺着各自的正常工作方向流动。

 观看"采用复合管的单电源互补对称电路.swf"动画,该动画演示了采用复合管的单电源互补对称电路的特点和原则。

5.3.4 OTL 电路的应用

集成运放驱动的 OTL 功率放大电路如图 5-10 所示。

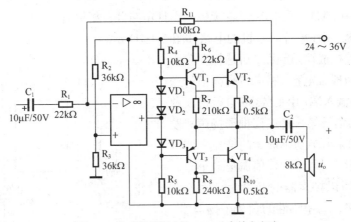

图 5-10 集成运放驱动的 OTL 功率放大电路

 观看"OTL 扩音机电路中的功放电路.swf"动画,该动画演示了 OTL 扩音机电路中的功放电路的组成和工作原理。

5.4 集成功率放大电路

本节将简单介绍集成功率放大电路中 LM386 小功率音频放大集成电路的简单应用。

目前集成功放电路已大量涌现，其内部电路一般均为 OTL 或 OCL 电路，集成功放除了具有分立元件 OTL 或 OCL 电路的优点外，还具有体积小、工作稳定可靠、使用方便等优点，因而获得了广泛的应用。低频集成功放的种类很多，美国国家半导体公司生产的 LM386 就是一种小功率音频放大集成电路。该电路功耗低、允许的电源电压范围宽、通频带宽、外接元件少，广泛应用于收录机、对讲机、电视伴音等系统中，其内部电路如图 5-11 所示，引脚如图 5-12 所示。

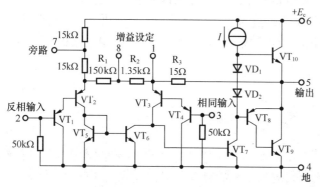

图 5-11 LM386 集成功率放大电路的内部结构图

图 5-12 LM386 集成功率放大电路引脚图

 动画演示 观看"LM386 集成功率放大电路的结构.swf"动画，该动画演示了 LM386 集成功率放大电路的内部和引脚组成。

【例 5-1】 用 LM386 制作单片收音机，设计电路并分析原理。

解：用 LM386 制作单片收音机的电路如图 5-13 所示。

分析：L 和 C_1 构成调谐回路，可选择要收听的电台信号；C_2 为耦合电容，将电台高频信号送至 LM386 的同相输入端；由 LM386 进行检波及功率放大，放大后信号第 5 脚输出推动扬声器发声。电位器 R_P 用来调节功率放大的增益，即可调节扬声器的音量大小。当 R_P 值调至最小时，电路增益最大，所以扬声器的音量大。R_1、C_5 构成串联补偿网络，与呈感性的负载（扬声器）相并联，最终使等效负载近似呈纯阻性，以防止高频自激和过压现象。C_4 为去耦电容，用以提高纹波抑制能力，消除低频自激。

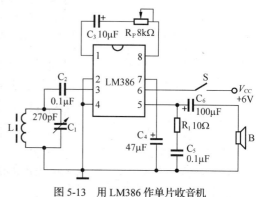

图 5-13 用 LM386 作单片收音机

 动画演示 观看"单片收音机电路.swf"动画，该动画演示了用 LM386 作单片收音机电路的组成及工作原理。

【阅读材料】

DG4100 集成功率放大电路

DG4100 集成功率放大器具有输出功率大、噪声小、频带宽、工作电源范围宽及具有保护电路等优点，是通常使用的标准集成音频功率放大器。它由输入级、中间级、输出级、偏置电路及过压、过热保护电路等构成。

　　DG4100 集成功率放大器的典型应用电路如图 5-14 所示。

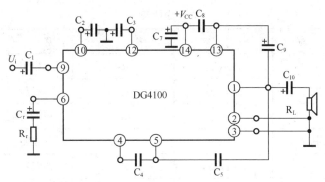

图 5-14　DG4100 典型应用电路

 观看"DG4100 集成功率放大器典型应用电路.swf"动画，该动画演示了 DG4100 集成功率放大器典型应用电路的组成及特点。

5.5　实验 1　OTL 电路的组装、调试与测量

【实验目的】

- 了解 OTL 电路的调试方法。
- 了解交越失真及改善措施。
- 测量 OTL 电路的最大输出功率。

1. 实验原理

OTL 实验电路如图 5-15 所示。

该实验电路 VT_1 为推动级（前置放大级），VT_2、VT_3 为两只异性功放管。R_{P2} 和 VD 为 VT_2、VT_3 设置合适的静态工作点，达到克服（或减小）交越失真的目的。R_1 和 R_2 是 VT_1 的偏置电阻，与 VT_2、VT_3 的射极相连。电位器 R_{P1} 起交直流负反馈作用，稳定工作点和放大倍数。调节电位器 R_{P1} 可以改变"中点电压"（两功放管发射极的连接点 A，称为"中点"，该点的直流电位约为电源电压的一半）。C_2 和 R_5 构成"自举电路"，其作用是改善输出波形。输入耦合电容 C_1 和输出耦合电容 C_4 起隔直通交流的作用。输出耦合电容 C_4 两端由于充电而有直流电压 U_C（等于 V_{CC} 的一半，且左端为正，右端为负），因此它作为 VT_3 管的直流电源。

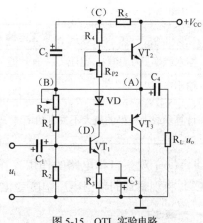

图 5-15　OTL 实验电路

2. 实验器材

直流稳压电源、低频信号发生器、示波器、万用表、毫伏表、实验电路板和如表 5-1 所示的若干元器件。

表 5-1　　　　　　　　　　　　　　　　　　元器件表

编　号	名　　称	参　数	编　号	名　　称	参　数
R_1	电阻	120Ω	R_2	电阻	5.1kΩ
R_3	电阻	100Ω	R_4	电阻	470Ω
R_5	电阻	150Ω	R_{P1}	可调电阻	100kΩ
R_{P2}	可调电阻	1kΩ	R_L	电阻	20Ω
C_1	电容	10μF/16V	C_2	电容	100μF/16V
C_3	电容	47μF/16V	C_4	电容	220μF/16V
VT_1	三极管	9013NPN	VT_2	三极管	8050NPN
VT_3	三极管	8550PNP	VD	二极管	1N4148

3. 实验步骤

（1）用万用表检查元器件，确保质量完好。

（2）在实验电路板或其他电路板上连接图 5-15 所示的电路。

（3）检测无误后，接入 12V 的直流电源电压 E_C，并调节 R_{P1}，使 $U_A = V_{CC}/2$。

（4）输入 1kHz 的正弦交流信号，用示波器观察输出信号的波形是否有交越失真或输出波形正、负半周是否对称？若出现失真，缓慢调节 R_{P2}。

（5）用示波器观察逐渐增加输入信号电压幅度后输出信号的波形，直到输出电压信号刚好不失真为止，用毫伏表测出此时输入信号电压 U_i、输出信号 U_o 数值，填入表 5-2 中，同时将所测出的波形描绘在表 5-2 中。

表 5-2　　　　　　　　　　　　　　OTL 功率放大电路实测数据

直流电源 $V_{CC} = 12V$　　　　　中点电压 $U_A =$	
输入频率 f 为 1kHz，电压 U_i（有效值）为 10mV 的信号	
输出电压 $U_o =$	输出电压波形
计算负载上获得的最大不失真功率　　$P_{om} = \dfrac{U_o{}^2}{R_L} =$	

（6）观察自举电路的作用：在不改变输入信号和示波器接法时，断开或接通自举电容 C_2，将观察到的输出电压幅度变化波形绘制在表 5-3 中。

表 5-3　　　　　　　　　　　　　　自举电路的作用

直流电源 $V_{CC} = 12V$ 中点电压 $U_A =$	输入频率 f 为 1kHz，电压 u_i 幅值为 10mV 的信号
断开自举电容 C_2 时的输出电压波形	接通自举电容 C_2 时的输出电压波形

4. 实验报告

（1）整理表 5-2 和表 5-3。

（2）对实测负载上获得的最大不失真功率与理论值进行比较。

（3）说明实验中遇到的问题及解决办法。

（4）说明自举电路对改善 OTL 电路性能所起的作用。

要注意以下内容。

（1）调试前先要熟悉各种仪器的使用方法，并仔细加以检查，以避免由于仪器使用不当或仪器的性能达不到要求（如测量电压的仪器输入电阻比较低、频带过窄等）而造成测量结果不准，以致做出错误的判断。

（2）测量仪器的地线和被测电路的地线连接在一起，并形成系统的参考地电位，这样才能保证测量结果的正确性。

（3）要正确选择测量点和测量方法。

5.6 实验 2 LM386 集成功率放大器的应用

【实验目的】

- 熟悉集成功放的功能及应用。
- 掌握集成功率放大器应用电路的调整与测试。

1. 实验原理

集成功放 LM386 应用电路如图 5-16 所示。

2. 实验器材

直流稳压电源、低频信号发生器、示波器、万用表、毫伏表、实验电路板、扬声器和话筒及若干元器件的数量和品种如表 5-4 所示。

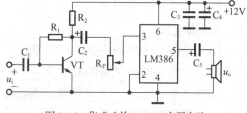

图 5-16 集成功放 LM386 应用电路

表 5-4 元器件表

编 号	名 称	参 数	编 号	名 称	参 数
R_L	电阻	1MΩ	R_2	电阻	4.7kΩ
R_P	可调电阻	100kΩ	R_1	电容	1μF/16V
C_2	电解电容	10μF/16V	C_3	电容	0.1μF/16V
C_4	电解电容	100μF/16V	C_5	电解电容	100μF/16V
VT	三极管	9013NPN		集成功率放大器	LM386

3. 实验步骤

（1）测试电路如图 5-16 所示，分析电路的工作原理，估算 VT 管的静态工作点电流和电压。

（2）按图 5-16 所示的电路及表 5-4 所示配置元器件，并对所有元器件进行检测。

（3）按图 5-16 所示在实验电路板进行组装。经检查接线没有错误后，接通 12V 直流电源。

（4）用万用表的直流电压挡，测量三极管的直流工作点电压以及集成功放第 5 脚对地电压，均应符合要求。否则，应切断直流电源进行检查。查出原因后，方可再次接通直流电源进行测试。

（5）输入端用信号发生器输入 800Hz、10mV 左右的音频电压，在扬声器中就会有声音发出。调节 R_P，声音的强弱会跟随变化。用示波器观察输出波形为正弦波后，再用交流毫伏表测量放大电路的电压增益，$A_u = U_o/U_i$，同时测出最大不失真功率的大小，并与理论值进行比较。

（6）将话筒置于输入端，模拟扩音机来检验该电路的放大效果。

4. 实验报告

（1）整理实训数据。

（2）电路工作原理分析。

（3）静态工作点、电压放大倍数、最大不失真功率的估算、测量值及其分析比较。

要注意以下内容。

（1）注意 LM386 的引脚连接方式。

（2）接线要用屏蔽线，屏蔽线的外屏蔽层要接到系统的地线上。

（3）进行故障检查时，需注意测量仪器所引起的故障。

习　题

1. 填空题

（1）功率放大电路主要的作用是_____，以供给负载_____。

（2）对功率放大电路的要求是_____尽可能大、_____尽可能高、_____尽可能小，同时还要考虑_____管的散热问题。

（3）提高功率放大器输出功率的途径有_____，_____。

（4）乙类功率放大器的静态工作点（Q）是选在三极管的_____，信号的作用范围一半在_____，另一半在_____，此时只在输入信号的_____周期内，放大器有集电极电流；甲乙类功率放大器的静态工作点（Q）是选在晶体管的_____，信号的作用范围大部分在放大区，少部分在截止区，此时在输入信号的_____周期内，放大器有集电极电流。

（5）互补对称放大电路是由一只_____型三极管和一只_____型三极管组合而成的，它实际上是_____对接在一起，共同向一个负载输出功率，一般要求两只三极管的特性必须_____。OTL 是指_____功率放大电路，OCL 是指_____功率放大电路。

2. 判断题

（1）放大电路通常工作在小信号状态下，功放电路通常工作在极限状态下。（　　　）

（2）采用适当的静态起始电压，可达到消除功放电路中交越失真的目的。（　　　）

（3）功放电路与电压、电流放大电路都有功率放大作用。（　　　）

（4）输出功率越大，功放电路的效率就越高。（　　　）

（5）功放电路负载上获得的输出功率包括直流功率和交流功率两部分。（　　　）

3. 选择题

（1）功放首先考虑的问题是（　　）。

A. 管子的工作效率　　　　　B. 不失真问题　　　　C. 管子的极限参数

（2）功放电路易出现的失真现象是（　　）。

A. 饱和失真　　　　　　　　B. 截止失真　　　　　C. 交越失真

（3）功率放大电路输出功率大是由于（　　）。

A. 输出电压变化幅值大，而且输出电流变化幅值大

B. 输出电压最大值，而且输出电流最大值

（4）OTL 功放电路中，功放管静态工作点设置在（　　），以克服交越失真。

A. 放大区　　　　　　　　　B. 饱和区

C. 截止区　　　　　　　　　D. 微导通区

（5）OCL 功率放大电路采用的电源是（　　）。

A. 单电源　　　　　　　　　B. 双电源

C. 两个电压大小相等且极性相反的正、负直流电源

4. 分析计算题

（1）试说明甲类、乙类和甲乙类功率放大器的区别。

（2）乙类功率放大器产生交越失真的原因是什么，怎样改进？

（3）现有一台用 OTL 电路作功率输出级的录音机，最大输出功率为 20W。机内扬声器（阻抗 8Ω）已损坏，为了提高放音质量，拟改接音箱。现只有 10W、16Ω 和 20W、4Ω 两种规格的音箱出售，选用哪种好？

（4）电路如图 5-17 所示，其中 $R_L = 16\Omega$，C_L 容量很大。

① 若 $V_{CC} = 12V$，$U_{CE(sat)}$ 可忽略不计，试求 P_{om} 与 P_{cm1}。

② 若 $P_{om} = 2W$，$U_{CE(sat)} = 1V$，求 V_{CC} 最小值并确定管子参数 P_{CM}、I_{CM1} 和 $U_{(BR)CEO}$。

（5）OTL 电路如图 5-18 所示，$R_L = 8\Omega$，$V_{CC} = 12V$，C_1、C_2 容量很大。

① 静态时电容 C_L 两端电压应是多少？调整哪个电阻能满足这一要求？

② 动态时，若 u_o 出现交越失真，应调整哪个电阻？是增大还是减小？

③ 若两管的 $U_{CE(sat)}$ 皆可忽略，求 P_{om}。

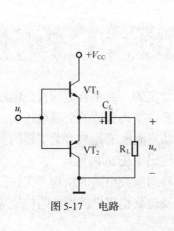

图 5-17　电路

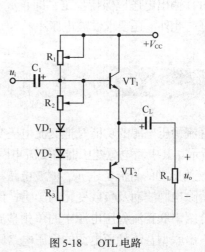

图 5-18　OTL 电路

第6章 模拟电路的应用

交流电在电能的输送和分配方面有很多优点，因此发电厂生产的是交流电，电力网供给的也是交流电。但是，在某些场合必须使用直流电。例如，电解、电镀、蓄电池充电、直流电动机运行、交流发电机的励磁、日常生活中使用的便携式收音机和 CD 机等都需要直流电源供电，这就需要在这些设备中设计电源电路。能够将交流电压转变成稳定直流电压输出的电路称为直流稳压电源。直流稳压电源由电源变压器、整流电路、滤波电路和稳压电路构成。

由于集成稳压器具有体积小、重量轻、使用方便及工作可靠等优点，应用越来越广泛。国产稳压器种类很多，主要可以分成两大类，即线性稳压器和开关稳压器。稳压器中调整元件工作在线性放大状态的称为线性稳压器，调整元件工作在开关状态的称为开关稳压器。

【学习目标】
- 了解单相半波、全波整流电路与滤波电路的工作过程。
- 理解硅稳压管稳压电路的稳压过程，三端集成稳压器的应用常识。
- 掌握桥式整流电容滤波电路的结构及输出电压的估算，带放大环节晶体管串联型稳压电路的结构、稳压过程及输出电压的调节范围。
- 掌握直流稳压电源的装配和调试、模拟式万用表的装配及故障的排除。

【观察与思考】
图 6-1 所示为直流稳压电源。

直流稳压电源是电子设备中的重要组成部分，用来将交流电网电压变为稳定的直流电压。对直流稳压电源的主要要求是：输入电压变化以及负载变化时，输出电压应保持稳定，即直流电源的电压调整率及输出电阻越小越好。此外，还要求纹波电压小。

图 6-1 直流稳压电源

6.1 串联直流稳压电源

小功率直流稳压电源的功能是把交流电压变成稳定的、大小合适的直流电压，其基本结构如图 6-2 所示。其中，电源变压器将交流电网电压 u_1 变为合适的交流电压 u_2，整流电路将交流电压 u_2 变为脉动的直流电压 u_3，滤波电路将脉动直流电压 u_3 转变为平滑的直流电压 u_4，稳压电路将清除电网波动及负载变化的影响，保持输出电压 u_o 的稳定。

下面将介绍串联直流稳压电源中的单相整流电路与滤波电路的结构、工作原理及参数的分析和计算，串联型直流稳压电源的稳压电路原理及提高稳压电源性能的措施等。

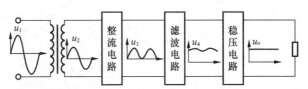

图 6-2　小功率直流稳压电源的结构

 观看"小功率直流稳压电源的组成.swf"动画，该动画演示了小功率直流稳压电源的组成以及各个组成部分的作用及波形。

6.1.1　单相整流电路

把交流电转变成直流电的过程称为整流，能完成此过程的电路称为整流电路。整流电路的类型如表 6-1 所示。

表 6-1　　　　　　　　　　　　　　整流电路的类型

按其整流的相数分	单相整流电路	
	三相整流电路	
按整流后的输出波形分	半波整流电路	
	全波整流电路	变压器抽头式整流电路
		桥式整流电路

小功率直流电源因为功率比较小，通常采用单相交流供电，因此这里只讨论单相整流电路。利用二极管的单向导电性，可以将交流电变为直流电，常用的二极管整流电路有单相半波整流电路和桥式整流电路。

1. 单相半波整流电路

单相半波整流电路如图 6-3 所示。图中，T 为电源变压器，用来将市电 220V 交流电压变换为整流电路所要求的交流低电压，同时保证直流电源与市电电源有良好的隔离，VD 为整流二极管，R_L 为要求直流供电的负载等效电阻。半波整流电路的工作波形如图 6-4 所示。

由图 6-4 可见，在负载上可以得到单方向的脉动电压。由于电路加上交流电压后，交流电压只有半个周期能够产生与二极管箭头方向一致的电流，这种电路称为半波整流电路。

半波整流电路输出电压的平均值 U_o 为

$$U_o = \frac{\sqrt{2}U_2}{\pi} = 0.45U_2 \tag{6-1}$$

流过二极管的平均电流 I_D 为

$$I_D = I_o = \frac{U_o}{R_L} = 0.45\frac{U_2}{R_L} \tag{6-2}$$

二极管承受的反向峰值电压 U_{RM} 为

$$U_{RM} = \sqrt{2}U_2 \tag{6-3}$$

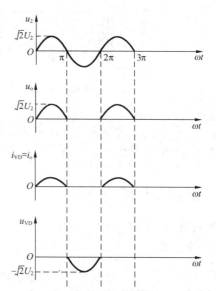

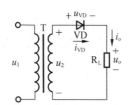

图 6-3　单相半波整流电路的电路图　　　　图 6-4　半波整流电路的工作波形

半波整流电路结构简单，使用元件少，但整流效率低，输出电压脉动大。因此，它只适用于对效率要求不高的场合。

 观看"单相半波整流电路.swf"动画，该动画演示了单相半波整流电路的组成、工作原理及波形。

2. 单相桥式整流电路

为了克服单相半波整流电路的缺点，常常采用图 6-5 所示的单相桥式整流电路。图中，$VD_1 \sim VD_4$ 4 只整流二极管接成电桥形式，因此称为桥式整流。桥式整流电路的波形如图 6-6 所示。

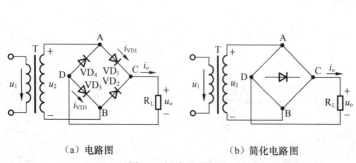

（a）电路图　　　　　　　　（b）简化电路图

图 6-5　桥式整流电路

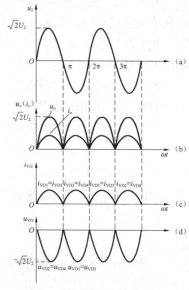

图 6-6　桥式整流电路的波形

由图 6-6 可知，桥式整流电路输出电压平均值为

$$U_o = 2 \times 0.45U_2 = 0.9U_2 \qquad (6-4)$$

桥式整流电路中，因为每两只二极管只导通半个周期，所以流过每只二极管的平均电流仅为负载电流的一半，如图 6-6（c）所示，即

$$I_D = \frac{1}{2}I_o = \frac{1}{2}\frac{U_o}{R_L} = 0.45\frac{U_2}{R_L} \qquad (6-5)$$

其承受的反向峰值电压为

$$U_{RM} = \sqrt{2}U_2 \qquad (6-6)$$

桥式整流电路与半波整流电路相比较，具有输出直流电压高，脉动较小，二极管承受的最大反向电压较低等特点，在电源变压器中得到充分利用。

将桥式整流电路的 4 只二极管制作在一起，封装成为一个器件就称为整流桥，其外形和实物分别如图 6-7 和图 6-8 所示。A、B 端接输入电压，C、D 为直流输出端，C 为正极性端、D 为负极性端。

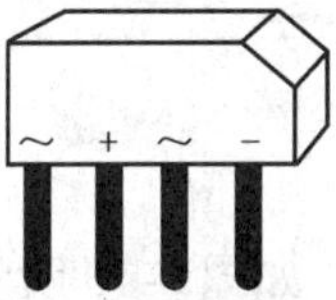

图 6-7　整流桥外形

图 6-8　整流桥实物

观看"单相桥式整流电路.swf"动画，该动画演示了单相桥式整流电路的组成、工作原理及波形。

【例 6-1】　图 6-5 所示为单相桥式整流电路，负载电阻 $R_L = 50\Omega$，负载电压 $U_o = 100V$，试求变压器副边电压，并根据计算结果选择整流二极管的型号。

解：

$$U_2 = \frac{U_o}{0.9} = \frac{100}{0.9} = 111 \text{ V}$$

每只二极管承受的最高反向电压：$U_{RM} = \sqrt{2}U_2 = \sqrt{2} \times 111 = 157 \text{ V}$

整流电流的平均值：$I_o = \frac{U_o}{R_L} = \frac{100}{50} = 2 \text{ A}$

流过每只二极管电流的平均值：$I_{VD} = \frac{1}{2}I_o = 1 \text{ A}$

根据每只二极管承受的最高反向电压和流过二极管电流的平均值可选择整流二极管的型号为 2CZ11C。

分析：2CZ11C 整流二极管的最大整流电流为 1A，反向工作峰值电压为 300V。

【例 6-2】　一个纯电阻负载单相桥式整流电路接好以后，通电进行实验，一接通电源，二极管马上冒烟。试分析产生这种现象的原因。

解： 二极管冒烟说明流过二极管的电流太大，二极管损坏。从电源变压器副边与二极管负载构成的回路来看，出现大电流的原因有以下两个方面。

（1）负载短路。如果负载短路，那么变压器副边电压经过二极管构成通路，二极管应过流烧坏。

（2）如果负载没有短路，那就可能是桥路中的二极管接反了。

【课堂练习】

（1）某电阻性负载需要一个直流电压为110V、直流电流为3A的供电电源，现采用桥式整流电路和半波整流电路，试求变压器的副边电压，并根据计算结果选择整流二极管的型号。

（2）试分析桥式整流电路中的二极管 VD_2 或 VD_4 断开时负载电压的波形。如果 VD_2 或 VD_4 接反，后果如何？如果 VD_2 或 VD_4 因击穿或烧坏而短路，后果又如何？

3. 单相整流电路的应用

图6-9所示为采用集成运放的全波整流电路。

 动画演示 观看"集成运放的全波整流电路.swf"动画，该动画演示了集成运放全波整流电路的组成及工作原理。

【阅读材料】

三相桥式整流电路

三相变压器的原绕组接成三角形，副绕组接成星形，如图6-10所示。

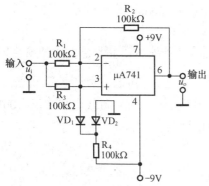

图6-9 采用集成运放的全波整流电路

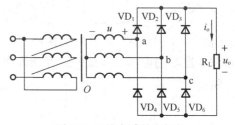

图6-10 三相桥式整流电路

6.1.2 滤波电路

交流电压经整流电路整流后输出的是脉动直流，其中既有直流成分又有交流成分。这种输出电压用来向电镀、电解等负载供电还是可以的，但不能作为电子仪器、电视机、计算机等设备的直流电源，原因是这些设备需要平滑的直流电。

要获得平滑的直流电，需要对整流后的波形进行整形。用来对波形整形的电路称为滤波电路。滤波电路利用储能元件电容两端的电压（或通过电感中的电流）不能突变的特性，滤掉整流电路输出电压中的交流成分，保留其直流成分，达到平滑输出电压波形的目的。

常用的滤波电路具有图6-11所示的5种形式，其中比较常用的是电容滤波电路和电感滤波电路。

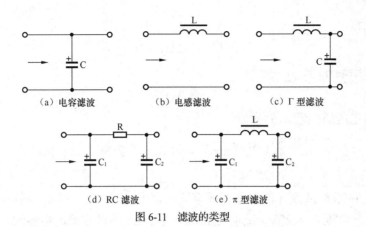

（a）电容滤波　　　　　（b）电感滤波　　　　　（c）Γ 型滤波

（d）RC 滤波　　　　　　　（e）π 型滤波

图 6-11　滤波的类型

> **动画演示**　观看"滤波电路的类型.swf"动画，该动画演示了常用滤波电路的种类、组成及特点。

1. 电容滤波电路

单相半波整流电容滤波电路如图 6-12 所示。图 6-12 中电容 C 的作用是滤除单向脉动电流中的交流成分，它是根据电容两端电压在电路状态改变时不能突变的原理制成的。单相半波整流电容滤波电路的工作过程如图 6-13 所示。

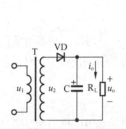

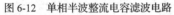

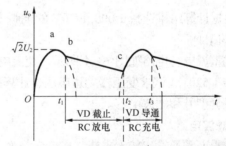

图 6-12　单相半波整流电容滤波电路　　　图 6-13　单相半波整流电容滤波电路的工作过程

桥式整流加接滤波电容电路和输出电压 u_o 的波形分别如图 6-14 和图 6-15 所示。

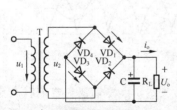

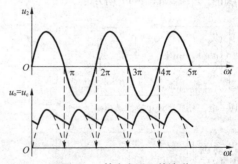

图 6-14　桥式整流加接滤波电容电路　　　　图 6-15　输出电压 u_o 的波形

在整流电路中接入滤波电容时，输出电压的平均值如下。

半波整流电路

$$U_o = U_2 \tag{6-7}$$

桥式整流电路

$$U_o = 1.2 U_2 \qquad\qquad (6\text{-}8)$$

空载时（输出端开路，$R_L = \infty$）

$$U_o = 1.4 U_2 \qquad\qquad (6\text{-}9)$$

即此时输出电压值接近 u_2 的峰值。

 观看"电容滤波电路.swf"动画，该动画演示了电容滤波电路的特点及工作过程。

【例 6-3】 在图 6-14 所示的单相桥式整流电容电路中，交流电源频率 $f = 50\text{Hz}$，负载电阻 $R_L = 40\Omega$，负载电压 $U_o = 20\text{V}$，试求变压器副边电压，并计算滤波电容的耐压值和电容量。

解：（1）由式（6-8）可得 $U_2 = \dfrac{U_o}{1.2} = \dfrac{20}{1.2} = 17\,\text{V}$。

（2）当负载空载时，电容器承受最大电压，所以电容器的耐压值为

$$U_{cm} = \sqrt{2}U_2 = \sqrt{2} \times 17 = 24\,\text{V}$$

电容器的电容量应满足 $R_L C \geqslant (3\sim5)T/2$，取 $R_L C = 2T$，$T = 1/f$，因此

$$C = \frac{2T}{R_L} = \frac{2}{40 \times 50} = 1\,000\mu\text{F}$$

分析：根据计算结果选择 1 000μF/50V 的电解电容。

【课堂练习】

单相桥式整流电容电路如图 6-14 所示，交流电源频率 $f = 50\text{Hz}$，负载电阻 $R_L = 100\Omega$，输出电压 $U_o = 1\,520\text{V}$，试求变压器副边电压，计算滤波电容的耐压值和电容量，并根据计算结果选择二极管型号和滤波电容。

2. 电感滤波电路

在负载较重而需要输出较大电流，或者负载变化大又要求输出比较稳定的场合，电容滤波无法满足要求。这时可以采用电感滤波电路。电感滤波电路和桥式整流电感滤波电路的波形分别如图 6-16 和图 6-17 所示。

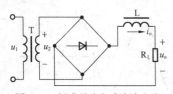

图 6-16 桥式整流电感滤波电路

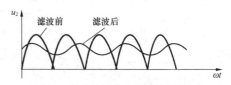

图 6-17 桥式整流电感滤波电路的波形

 观看"电感滤波电路.swf"动画，该动画演示了电感滤波电路的特点及工作过程。

6.1.3 稳压电路

整流滤波电路可以把交流电转变为较平滑的直流电，但当电网电压发生波动或负载电流

变化比较大时，其输出电压仍会不稳定。为此，在整流滤波电路后面需要加上稳压电路，构成稳压电源。常用的直流稳压电路按电压调整元件与负载 R_L 连接方式的不同分为两类。一类是用硅稳压管作为调整元件的并联型稳压电路，如图 6-18 所示；另一类是用三极管作为调整元件的串联型稳压电路，如图 6-19 所示。

1. 硅稳压管稳压电路

硅稳压管稳压电路是利用稳压管反向击穿电流在较大范围内变化时,稳压管两端电压变化很小的特性进行稳压的。它的电路结构是将硅稳压管并联在负载两端，如图 6-20 所示。

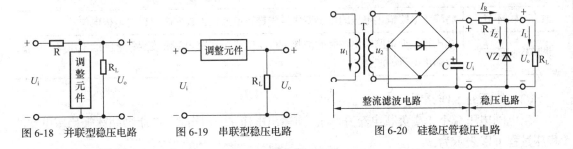

图 6-18　并联型稳压电路　　　图 6-19　串联型稳压电路　　　图 6-20　硅稳压管稳压电路

硅稳压管稳压电路的稳压过程可以用符号表示为

$$U_o\downarrow \to U_{VZ}\downarrow \to I_Z\downarrow \to I_R\downarrow \to U_R\downarrow \to U_o\uparrow（稳定输出电压）$$

硅稳压管稳压电路结构简单，元件少，成本低，只能用于稳定电压要求不高且不可调、稳定度差的场合。

 动画演示　观看"硅稳压管稳压电路.swf"动画，该动画演示了硅稳压管稳压电路的特点及工作原理。

2. 串联型晶体管稳压电路

所谓串联型稳压电路，就是在输入直流电压和负载之间串入一个三极管。当输入直流电压或负载发生变化而使输出电压变化时，通过某种反馈形式使三极管的集电极和发射极之间的电压也随之变化，从而调整输出电压，保持输出电压基本稳定。

（1）电路基本结构。

串联型晶体管稳压电路是目前比较通用的稳压电路，其结构如图 6-21 所示，各部分的功能如表 6-2 所示。

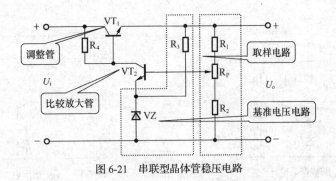

图 6-21　串联型晶体管稳压电路

动画演示 观看"串联型稳压电路的组成.swf"动画，该动画演示了串联型稳压电路的组成及各部分的功能。

表 6-2 串联型晶体管稳压电路结构及功能

电 路 结 构	功　　能
取样电路	取出一部分输出电压的变化量，加到比较放大管 VT_2 的基极，供 VT_2 管进行比较放大
基准电压电路	VZ 的稳定电压作为基准电压，加到 VT_2 的发射极上
放大比较环节	将稳压电路输出电压的微小变化量先进行放大，再去控制 VT_1 的基极电位
调整控制环节	在比较放大电路输出信号的控制下自动调节 VT_1 集电极和发射极之间的电压降，以抵消输出电压的波动

（2）稳压的工作原理。

当电网电压减小（或负载电流升高），使输出电压 U_o 下降时，串联型晶体管稳压电路的稳压过程可以表示为：

$U_o\downarrow\rightarrow U_{B2}$（$VT_2$ 的基极电压）$\downarrow\rightarrow U_{BE2}$（$VT_2$ 的发射极电压被稳压管稳住基本不变，$U_{BE2}=U_{B2}-U_{E2}$）$\downarrow\rightarrow I_{B2}$（$VT_2$ 的基极电流）$\downarrow\rightarrow I_{C2}$（$VT_2$ 的集电极电流）$\downarrow\rightarrow U_{C2}$（$VT_2$ 的发射极集电极电压，$U_{C2}=U_{B1}$）$\uparrow\rightarrow U_{BE1}$（$U_{BE1}=U_{B1}-U_{E1}=U_{C2}-U_o$）$\uparrow\rightarrow I_{B1}$（$VT_1$ 的基极电流）$\uparrow\rightarrow I_{C1}$（$VT_1$ 的集电极电流）$\uparrow\rightarrow U_{CE1}\downarrow\rightarrow U_o\uparrow$（稳定输出电压）

 动画演示 观看"串联型晶体管稳压电路的工作原理.swf"动画，该动画演示了串联型晶体管稳压电路的工作原理。

【课堂练习】

当电网电压不变，负载增大，负载电流减小，使输出电压 U_o 升高时，分析串联型晶体管稳压电路的稳压过程。

（3）提高稳压电源性能的措施。

为了进一步提高稳压电源的质量，保证电路安全可靠地运行，必须对基本的串联型晶体管稳压电路进行改进。调整管采用复合管的电路如图 6-22 所示。采用辅助电源的稳压电路如图 6-23 所示。比较放大电路采用差动放大电路如图 6-24 所示。比较放大电路采用恒流源负载的电路如图 6-25 所示。

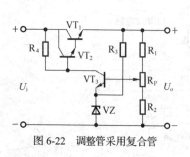

图 6-22　调整管采用复合管

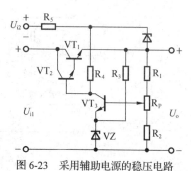

图 6-23　采用辅助电源的稳压电路

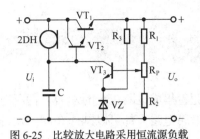

图 6-24　比较放大电路采用差动放大电路　　　　图 6-25　比较放大电路采用恒流源负载

　动画演示

观看"提高串联型稳压电源性能的措施.swf"动画，该动画演示了提高串联型稳压电源性能的措施、改进电路的结构及原理。

【阅读材料】

限流型过流保护电路

在串联型稳压电路中，在出现过载特别是输出端短路的情况下，输入电压几乎全部加在调整管两端，这会使调整管和二极管损坏。因此，必须有较好的过流保护电路。

在限流型保护电路中，当负载电流超过规定值时，电源的输出电压会下降，以保证输出电流不再增加。

限流型保护电路如图 6-26 所示。

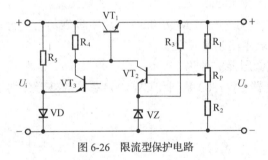

图 6-26　限流型保护电路

6.1.4　串联型稳压电源的应用

用分立元件构成的串联型稳压电源，由于取样电阻构成稳压电源输出阻抗的一部分，因此影响了稳压电源的性能。同时，分压比的存在也减小了放大电路的反馈深度，降低了输出电压的稳定度，而且这种电路输出电压的调节范围有限，不能低于基准电压值。

集成运算放大电路具有开环增益高、输出阻抗低等优点，因此用它制作稳压电源中的比较放大电路是十分理想的。由集成运放构成的串联型稳压电源如图 6-27 所示。

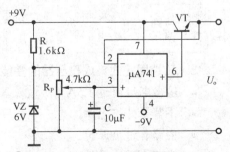

图 6-27　由集成运放构成的串联型稳压电源

　动画演示

观看"串联型稳压电源的应用.swf"动画，该动画演示了串联型稳压电源应用电路的组成及工作原理。

6.2 集成稳压电源

随着集成电路工艺的发展，稳压电源中的调整环节、放大环节、基准环节、取样环节和其他附属电路大都可以制作在同一块硅片内，形成集成稳压组件，称为集成稳压电路或集成稳压器。目前生产的集成稳压器很多，但使用比较广泛的是三端集成稳压器。三端集成稳压器根据输出电压是否可调，可分成三端固定式集成稳压器和三端可调式集成稳压器。

下面将介绍三端固定式集成稳压器和三端可调式集成稳压器的引脚、性能特点和应用电路。

6.2.1 三端固定式集成稳压器

1. 三端固定式集成稳压器的型号

三端固定式集成稳压器 CW78L×× 的含义如下。

- C——代表国标。
- W——稳压器。
- 78——产品序号：78 输出正电压；79 输出负电压。
- L——输出电流：L 为 0.1A；M 为 0.5A；无字母表示电流为 1.5A。
- ××——用数字表示输出电压值。

2. 三端固定式集成稳压器的外形

三端固定式集成稳压器 CW7800 系列和 CW7900 系列的外形分别如图 6-28 和图 6-29 所示。

图 6-28   CW7800 系列集成稳压器    图 6-29   CW7900 系列集成稳压器

 观看"三端固定式集成稳压器的外形与管脚.swf"动画，该动画演示了三端固定式集成稳压器的外形与管脚名称。

3. 三端固定式集成稳压器的性能特点

- 输出电流超过 1.5A（加散热器）。
- 不需要外接元件。
- 内部有过热保护。
- 内部有过流保护。
- 调整管设有安全工作区保护。
- 输出电压容差为 4%。
- 输出电压额定值有 5V、6V、9V、12V、15V、18V、24V 等。

4．三端固定式集成稳压器的基本应用电路

（1）固定输出电压电路。

固定输出电压电路如图 6-30 所示。电容 C_1 的作用是防止自激振荡，而 C_2 的作用是滤除噪声干扰。

为了保护稳压器，图 6-30 所示的电路可修改为图 6-31 所示的形式。

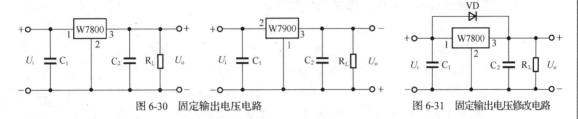

图 6-30　固定输出电压电路　　　图 6-31　固定输出电压修改电路

（2）输出电压的提高电路。

W7800 系列的最高输出电压为 24V。如果想提高输出电压，可以采用图 6-32 所示的电路。

（3）输出电流的扩流电路。

当负载所需电流大于稳压器的最大负载电流时，可采用外接电阻或功率管的方法来扩大输出电流，如图 6-33 所示。

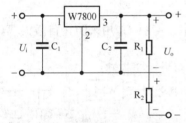

图 6-32　输出电压的提高电路

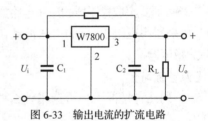

图 6-33　输出电流的扩流电路

5．三端固定式集成稳压器的实际应用电路

输出 ±15V 电压的电路如图 6-34 所示。

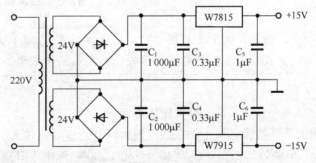

图 6-34　输出 ±15V 电压的电路

观看"三端固定式集成稳压器的基本应用电路.swf"动画，该动画演示了三端固定式集成稳压器基本应用电路的组成、特点及工作原理。

6.2.2 三端可调式集成稳压器

三端可调式集成稳压器是第二代三端集成稳压器，其电压调整范围为 1.2～37V，最大输出电流为 1.5A。

1. 三端可调式集成稳压器的型号

三端可调式集成稳压器 CW117L 的含义如下。

- C——代表国标。
- W——稳压器。
- 1——产品类型：1 为军工；2 为工业；3 为一般民用。
- 17——产品序号：17 为输出正电压；37 为输出负电压。
- L——输出电流：L 为 0.1A；M 为 0.5A；无字母表示电流为 1.5A。

2. 三端可调式集成稳压器的特点

三端可调式集成稳压器与固定式集成稳压器相比，除电压连续可调外，还具有输出电压稳定度、电压调整率、电流调整率及纹波抑制比等都比固定式集成稳压器的相应参数高的特点。

 要点提示 三端可调式集成稳压器的引脚不能接错，接地端不能悬空，否则会损坏稳压器。

3. 三端可调式集成稳压器的应用电路

三端可调式集成稳压器的应用电路如图 6-35 所示。其中，电容 C_1 用来防止自激振荡，电容 C_2 用来减小电阻 R_2 上的电压波动，而 VD_1、VD_2 用来保护稳压器。

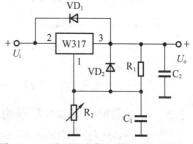

图 6-35 三端可调式集成稳压器的应用电路

【课堂练习】

在下列几种情况下，可选用什么型号的三端集成稳压器？

（1）$U_o = 15V$，R_L 最小值为 20Ω；（2）$U_o = -5V$，最大负载电流为 $I_{omax} = 350mA$；（3）$U_o = -12V$，输出电流范围为 $I_o = 10～80mA$。

 要点提示 观看"三端可调式集成稳压器的应用电路.swf"动画，该动画演示了三端可调式集成稳压器应用电路的组成、特点及工作原理。

【阅读材料】

开关稳压电源

串联型稳压电源由于调整管必须工作在线性放大区，管压降比较大，同时要通过全部负载电流，所以管耗大，电源效率低，一般为 40%～60%。在输入电压升高、负载电流很大时，管耗会更大。这样不但电源效率很低，同时使调整管的工作可靠性降低。开关稳压电源的调整管工作在开关状态，依靠调节调整管导通时间来实现稳压。由于调整管主要工作在截止和饱和两种状态，管耗很小，所以使稳压电源的效率明显提高，可达 80%～90%，而且这一效率几乎不受输入电压大小的影响，即开关稳压电源有很宽的稳压范围，由于效率高，使得电源体积小、重量轻。开关稳压电源的主要缺点是输出电压中含有较大的纹波。

6.3　实验　三端集成稳压器的应用

【实验目的】

- 熟悉三端集成稳压器的使用方法。
- 了解集成稳压器的性能和特点。

1．实验器材

示波器、万用表、自耦变压器、实验电路板，所用元器件的名称和参数如表 6-3 所示。

表 6-3　　　　　　　　　　　　　　元器件表

编　号	名　　称	参　　数	编　　号	名　　称	参　　数
T	变压器	220V/24V	$VD_1 \sim VD_6$	整流二极管	1N4007
C_1	电解电容	2 200μF/50V	C_2	电解电容	10μF
C_3	电解电容	470μF/25V	R_1	电阻	200Ω
R_2	电阻	510Ω	CW7815	三端集成稳压器	输出+15V
R_{P1}	可调电阻	4.7kΩ	R_{P2}	可调电阻	1kΩ

2．实验步骤

（1）用万用表检查元器件，确保元器件完好。

（2）在实验电路板上连接图 6-36 所示的三端集成稳压器实验电路。

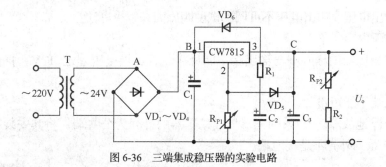

图 6-36　三端集成稳压器的实验电路

（3）测量稳压电源输出直流电压 U_o 的可调范围。

① 用示波器观察 A、B、C 各点的电压波形，并绘制在表 6-4 中，并分析其波形的合理性。

表 6-4　　　　　　　　　　　稳压电源各点的电压波形图

A 点电压波形	B 点电压波形	C 点电压波形

② 将负载接入电路，调节自耦变压器，使输入电压 $U_i = 220V$；再调节 R_{P1}，测输出电压 U_o 的最大值 U_{omax} 和最小值 U_{omin}，填入表 6-5。

表 6-5　　　　　　　　　　　稳压电源输出直流电压 U_o 可调范围

输入电压 U_i	输出电压 U_o	U_{omax}	U_{omin}

（4）测量电路的稳压性能。

① 调节自耦变压器，使 $U_i = 220V$，调节 R_{P1} 使 $U_o = 18V$，再调节 R_{P2}，使 $I_L = 100mA$。

② 重新调节自耦变压器，使 U_i 在（198～242）[(220±220×10%)]V 的范围变化，测出相应的输出电压值，填入表 6-6。

表 6-6　　　　　　　　　　　稳压电源输出直流电压的稳压性能

额定输入电压 U_i	220V	
额定输出电压 U_o	18V	
输入电压 U_i		
输出电压 U_o		

3. 实验报告

（1）整理实验数据并分析各点波形。

（2）分析电路的稳压性能。

（3）说明实验中遇到的问题和解决办法。

（4）写出调整测试过程。

4. 思考题

如果无输出电压或输出电压不可调，试说明原因和解决办法。

要注意以下内容。

（1）集成稳压器的输入端与输出端不能反接。若反接电压超过 17V，将会损坏集成稳压器。

（2）输入端不能短路。

（3）防止浮地故障。78 系列三端集成稳压器的外壳为公共端，将其安装在设备上时应可靠接地。79 系列外壳不是接地端。

习　　题

1. 填空题

（1）将交流电转变为直流电的过程称为_____。

（2）采用电容滤波时，电容必须与负载_____，它常用于_____的情况。

（3）硅稳压管并联型稳压电路由_____、_____、_____构成。

（4）带有放大环节的串联型晶体管稳压电路一般由_____、_____、_____和_____4 个部分构成。

（5）三端集成稳压器的三端是_____、_____、_____。

2．判断题

（1）直流电源是一种能量转换电路，它将交流能量转换为直流能量。（　　）

（2）稳压二极管也具有单向导电性，因此可作为整流器件使用。（　　）

（3）因为电容和电感都是储能元件，所以都可以用来组成滤波电路。（　　）

（4）交流电经过整流电路后，大小依然随时间的变化而发生变化，所以经过整流电路后的信号还是交流电。（　　）

（5）在单相桥式整流电容滤波电路中，若有一只整流管断开，则输出电压的平均值将变为原来的一半。（　　）

3．选择题

（1）在单相桥式整流电路中，如果电源变压器副边感应电压为 100V，则负载电压将是（　　）。

A．100V　　　　　B．45V　　　　　C．50V　　　　　D．90V

（2）在单相桥式整流电路中，如果一只整流二极管接反，则（　　）。

A．将引起电源短路　　　　　　　B．将成为半波整流电路

C．仍为桥式整流电路

（3）单相桥式整流电路中，如果任意一只二极管虚焊或脱焊，那么输出电压 U_o（　　）。

A．为正常情况下的一半　　　　　B．与正常情况下相同

C．比正常情况下的电压值稍大

（4）串联型稳压电路中的调整管必须工作在（　　）状态。

A．截止　　　　　B．饱和　　　　　C．放大

（5）要获得 9V 的稳定电压，集成稳压器的型号应选用（　　）。

A．W7812　　　　　　　　　　　B．W7909

C．W7912　　　　　　　　　　　D．W7809

4．分析计算题

（1）串联型稳压电源主要由哪几部分构成？调整管是如何使输出电压稳定的？

（2）在串联型稳压电源中，调整管用复合管有哪些优点？缺点是什么，如何改进？

（3）半波整流电容滤波电路及波形如图 6-37 所示，变压器二次电压 $U_2 = 12V$。① 正常工作情况下，$U_o = ?$ ② 若电容断开，$U_o = ?$

（4）已知负载电阻 $R_L = 100\Omega$，交流电源频率为 50Hz，设计一个单相桥式整流、电容滤波电路，要求输出电压 $U_o = 48V$，试选择整流二极管和滤波电容器。

（5）下列各种情况下，稳压电源采取什么措施？请分别说明。

① 电网电压波动大。

② 环境温度变化大。

③ 负载电流大。

④ 稳压精度要求较高。

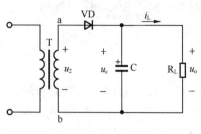

（a）电路原理图

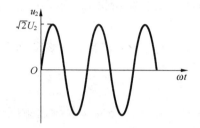

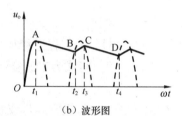

（b）波形图

图 6-37 半波整流电容滤波电路及波形

第 7 章　数字电路的基础知识

微型计算机的广泛应用和迅速发展，使数字电子技术进入了一个新的阶段。数字电子技术不仅广泛应用于现代数字通信、自动控制、测控及数字计算机等各个领域，而且已经进入了千家万户的日常生活。可以预料，在人类迈向信息社会的进程中，数字技术将起到越来越重要的作用。

【学习目标】

- 了解数字电路、数制与编码的基本概念。
- 掌握基本逻辑运算方法。
- 掌握逻辑代数和逻辑函数的化简方法。

【观察与思考】

有线电视传输的信号有两种，即模拟电视信号和数字电视信号。世界通信与信息技术的迅猛发展将引发整个电视广播产业链的变革，数字电视是这一变革中的关键环节。数字电视是指拍摄、剪辑、制作、播出、传输及接收等全过程都使用数字技术的电视系统，是广播电视发展的方向。

那么，数字电视与模拟电视有何区别呢？数字电路将告诉大家答案。

7.1　数字电路概述

下面将介绍模拟信号和数字信号、模拟电路和数字电路的基本概念，同时还将介绍数字信号的数制表示方式以及数制之间的转换方法。

7.1.1　数字电路的基本概念

1. 模拟信号和数字信号

电子电路中的信号可以分为模拟信号和数字信号两大类。

（1）模拟信号是指时间连续、数值也连续的信号。例如，正弦交流电压就是一种典型的模拟信号，如图 7-1 所示。

（2）数字信号是指时间和数值都是"离散"的信号。例如，电子表的秒信号、生产流水线上记录零件个数的计数信号等，它们的变化发生在一系列离散的瞬间，它们的值也是离散的。

数字信号只有两个离散值，常用数字 0 和 1 来表示。数字信号在电路中往往表现为突变的电压或电流，如图 7-2 所示。

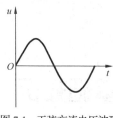

图 7-1　正弦交流电压波形

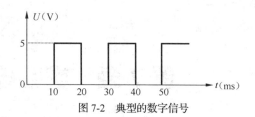

图 7-2　典型的数字信号

 动画演示　观看"模拟信号和数字信号.swf"动画，该动画演示了模拟信号和数字信号的波形和特点。

 要点提示　数字信号的 0 和 1 没有大小之分，只代表两种对立的状态，称为逻辑 0 和逻辑 1，也称为二值数字逻辑。

【阅读材料】

正逻辑与负逻辑

数字信号是一种二值信号，用两个电平（高电平和低电平）分别来表示两个逻辑值（逻辑 1 和逻辑 0）。那么究竟用哪个电平来表示哪个逻辑值呢？

在数字信号中一般规定以下两种逻辑体制。

（1）正逻辑体制规定，高电平为逻辑 1，低电平为逻辑 0。

（2）负逻辑体制规定，低电平为逻辑 1，高电平为逻辑 0。

2. 模拟电路和数字电路

模拟信号是时间和幅度上都连续的信号，如收音机信号和电话里的声音信号等。所谓模拟电路，就是用来处理模拟信号的电路。与模拟电路相对应的是数字电路，但是模拟电路是数字电路的基础，数字电路的器件都是由模拟电路构成的。

与模拟电路相比，数字电路主要有下列优点。

（1）由于数字电路是以二值数字逻辑为基础的，只有 0 和 1 两个基本数字，易于用电路来实现。例如，可以用二极管、三极管的导通和截止这两个对立的状态来表示数字信号的逻辑 0 和逻辑 1。

（2）由数字电路构成的数字系统工作可靠，精度较高，抗干扰能力强。它可以通过整形，很方便地去除叠加在传输信号中的噪声和干扰，还可以利用差错控制技术对信号进行查错和纠错。

（3）数字电路不仅能完成数值运算，而且能进行逻辑判断和运算，这在控制系统中是不可缺少的。

（4）数字信息便于长期保存。例如，可以将数字信息存入磁盘和光盘中长期保存。

（5）数字集成电路产品系列多，通用性强，成本低。

7.1.2　数制与编码

人们在生产和生活中创造了各种不同的计数方法，采用哪一种方法计数，根据人们的需要而定。由数字符号构成而且表示物理量大小的数字和数字组合，称为数码。多位数码中每一位的构成方法以及从低位到高位的进制规则，称为计数制，简称数制。常用的计数制有十进制、二进制、八进制及十六进制等。

1. 十进制

十进制数是日常生活中使用最广泛的计数制。组成十进制数的符号有 0，1，2，3，4，5，6，7，8，9 十个数字符号，按"逢十进一"、"借一当十"的原则计数，10 是它的基数。

十进制数中，数码的位置不同，所表示的值就不相同。例如

$$(6834)_{10} = (6 \times 10^3 + 8 \times 10^2 + 3 \times 10^1 + 4 \times 10^0)_{10}$$

式中，脚标 10 表示十进制，也就是说以 10 为基数，每个位对应的数码有一个系数 $10^3, 10^2, 10^1, 10^0$ 与之相对应，这个系数就叫做权或位权。十进制各位数的权为 10 的幂。

2. 二进制

在数字系统中，广泛采用二进计数制。这是因为数字电路工作时，通常只有两种基本状态，如电位高或低、脉冲有或无、导通或截止等。二进制中只有 0 和 1 两个数字符号，按"逢二进一"、"借一当二"的原则计数，2 是它的基数。二进制各位数的权为 2 的幂。

例如

$$(1011\ 1001)_2 = (1 \times 2^7 + 0 \times 2^6 + 1 \times 2^5 + 1 \times 2^4 + 1 \times 2^3 + 0 \times 2^2 + 0 \times 2^1 + 1 \times 2^0)_{10} = (185)_{10}$$

3. 十六进制

二进制数在计算机系统中处理很方便，但当位数较多时，比较难记忆而且书写也不方便。为了减小位数，通常将二进制数用十六进制表示。

十六进制是计算机系统中除二进制数之外，使用较多的数制。它遵循的两个规则如下。

（1）十六进制有 0～9，A，B，C，D，E，F 这 16 个数码，分别对应于十进制数的 0～15。

（2）十六进制数按照"逢十六进一"、"借一当十六"的原则计数，16 是它的基数，各位数的权为 16 的幂。

例如

$$(3EC)_{16} = (3 \times 16^2 + 14 \times 16^1 + 12 \times 16^0)_{10} = (1\ 004)_{10}$$

 要点提示　在使用中，常将各种数制用简码来表示。例如，十进制数用 D 表示或省略；二进制用 B 表示；十六进制数用 H 表示。

十六进制、十进制、二进制之间的关系如表 7-1 所示。

表 7-1　　　　　　　　　　数制之间的关系

十　进　制	二　进　制	十　六　进　制
0	0000	0
1	0001	1
2	0010	2
3	0011	3
4	0100	4
5	0101	5
6	0110	6

续表

十 进 制	二 进 制	十 六 进 制
7	0111	7
8	1000	8
9	1001	9
10	1010	A
11	1011	B
12	1100	C
13	1101	D
14	1110	E
15	1111	F
16	1 0000	10

【阅读材料】

八进制

在八进制计数中，采用 0～7 八个数字符号，按照"逢八进一"、"借一当八"的原则计数，其基数是 8，各位数的权为 8 的幂。

例如

$$(237)_8 = (2 \times 8^2 + 3 \times 8^1 + 7 \times 8^0)_{10} = (159)_{10}$$

4. 数制转换

（1）二进制、十六进制转换为十进制。

将二进制、十六进制按权位展开，然后各项相加，就得到相应的十进制数。

【例 7-1】 将二进制数 1 0011 转换成十进制数。

解：

$$(1\ 0011)_2 = (1 \times 2^4 + 0 \times 2^3 + 0 \times 2^2 + 1 \times 2^1 + 1 \times 2^0)_{10} = (19)_{10}$$

分析：将每一位二进制数乘以位权，然后相加。

（2）十进制转换为二进制、十六进制。

十进制转换为二进制、十六进制的方法是把要转换的十进制的数除以新进制的基数，把余数作为新进制的最低位；把上一次得的商再除以新的进制基数，把余数作为新进制的次低位；继续上一步，直到最后的商为零，这时的余数就是新进制的最高位。这种方法称为取余数法。

【例 7-2】 将十进制数 23 转换成二进制数。

解：

余数

$$
\begin{array}{r}
2\ \underline{|\ 23} \quad \cdots\cdots 1 \\
2\ \underline{|\ 11} \quad \cdots\cdots 1 \\
2\ \underline{|\ 5} \quad \cdots\cdots 1 \\
2\ \underline{|\ 2} \quad \cdots\cdots 0 \\
2\ \underline{|\ 1} \quad \cdots\cdots 1 \\
0
\end{array}
$$

低位 ↑ 高位

$$(23)_{10} = (1\ 0111)_2$$

分析：采用除二取余倒记的方法。

【课堂练习】

将 128 转换成十六进制数。

（3）二进制数和十六进制数之间的转换。

由于十六进制数的基数为 $16 = 2^4$，所以一个四位二进制数相当于一位十六进制数。二进制数转换为十六进制数的方法，是将一个二进制数从低位向高位，每 4 位分成一组，每组对应转换成一位十六进制数。十六进制数转换为二进制数的方法，是从高位向低位，将每一位十六进制数转换成四位二进制数。

【例 7-3】 将二进制数 11 0010 1111 转换成十六进制数。

解：

$$(11\ 0010\ 1111)_2 = (32F)_{16}$$

分析：将一个二进制数从低位向高位，每 4 位分成一组，每组对应转换成一位十六进制数，不够 4 位前面补零凑够 4 位。

【课堂练习】

将十六进制数 B10 转换成二进制数。

5. 二进制数的四则运算

二进制数的四则运算法则如表 7-2 所示。

表 7-2　　　　　　　　　　二进制数的四则运算法则

运 算 类 型	运 算 法 则
加法运算	逢二进一
减法运算	加法的逆运算，借一当二
乘法运算	各数相乘后再作加法运算
除法运算	各数相除后再作减法运算

【例 7-4】 求 $(10\ 1010)_2 + (1\ 0111)_2$。

解：

$$
\begin{array}{r}
1\,0\,1\,0\,1\,0 \\
+\quad 1\,0\,1\,1\,1 \\
\hline
1\,0\,0\,0\,0\,0\,1
\end{array}
$$

$(10\ 1010)_2 + (1\ 0111)_2 = (100\ 0001)_2$

分析：利用逢二进一的运算法则。

【课堂练习】

求 $(11100)_2 - (101)_2$。

【例 7-5】 求 $(1010)_2 \times (101)_2$。

解：

$$
\begin{array}{r}
1\,0\,1\,0 \\
\times\quad 1\,0\,1 \\
\hline
1\,0\,1\,0 \\
0\,0\,0\,0 \\
1\,0\,1\,0 \\
\hline
1\,1\,0\,0\,1\,0
\end{array}
$$

$(1010)_2 \times (101)_2 = (11\ 0010)_2$

分析：各数相乘再作加法运算。

【课堂练习】

求$(1\ 1100)_2 \div (101)_2$。

6. 编码

数字系统是以二值数字逻辑为基础的。因此，数字系统中的信息（包括数值、文字、控制命令等）都是用一定位数的二进制码表示的，这个二进制码称为代码。

二进制编码方式有多种，二—十进制码，又称 BCD 码，是其中一种常用的编码。BCD 码就是用二进制代码来表示十进制的 0～9 这 10 个数。

要用二进制代码来表示十进制的 0～9 十个数，至少要用 4 位二进制数。4 位二进制数有 16 种组合，可以从这 16 种组合中选择 10 种组合分别来表示十进制的 0～9 十个数。选哪 10 种组合，有多种方案，这就形成了不同的 BCD 码。

几种常见的 BCD 码如表 7-3 所示。

表 7-3　　　　　　　　　　　　几种常见的 BCD 码

十　进　制	8 4 2 1	2 4 2 1	5 4 2 1	余　三　码
0	0 0 0 0	0 0 0 0	0 0 0 0	0 0 1 1
1	0 0 0 1	0 0 0 1	0 0 0 1	0 1 0 0
2	0 0 1 0	0 0 1 0	0 0 1 0	0 1 0 1
3	0 0 1 1	0 0 1 1	0 0 1 1	0 1 1 0
4	0 1 0 0	0 1 0 0	0 1 0 0	0 1 1 1
5	0 1 0 1	1 0 1 1	1 0 0 0	1 0 0 0
6	0 1 1 0	1 1 0 0	1 0 0 1	1 0 0 1
7	0 1 1 1	1 1 0 1	1 0 1 0	1 0 1 0
8	1 0 0 0	1 1 1 0	1 0 1 1	1 0 1 1
9	1 0 0 1	1 1 1 1	1 1 0 0	1 1 0 0
位权	8 4 2 1	2 4 2 1	5 4 2 1	无权

【阅读材料】

格雷码

格雷码是一种常用的 4 位无权码。这种码看似无规律，它是按照"相邻性"编码的，即相邻两码之间只有一位数字不同。格雷码常用在模拟量的转换中，当模拟量发生微小变化而可能引起数字量变化时，格雷码仅改变一位，这与其他码同时改变两位或多位的情况相比更为可靠，可以减小出错的可能性。

要点提示

BCD 码用 4 位二进制码表示的只是十进制数的一位。如果是多位十进制数，应该先将每一位用 BCD 码表示，然后组合起来。

7.2　逻　辑　运　算

数字电路实现的是逻辑关系。逻辑关系是指某事物的条件或原因与结果之间的关系。逻辑关系常用逻辑函数来描述。

下面将介绍与、或、非 3 种基本逻辑运算，逻辑变量、逻辑函数以及它们之间的关系。

7.2.1　基本逻辑运算

逻辑代数中有与、或、非 3 种基本逻辑运算。

1. 与

只有当决定一件事情的条件全部具备之后，这件事情才会发生，这种因果关系称为与逻辑关系。

例如，在图 7-3 中，只有开关 A 与开关 B 都合上时，灯 L 才会亮，所以对灯 L 亮这件事情来说，开关 A 和开关 B 闭合是与的逻辑关系。

2. 或

当决定一件事情的几个条件中，只要有一个或一个以上条件具备，这件事情就会发生，这种因果关系称为或逻辑关系。

例如，在图 7-4 中，只要开关 A 闭合或者开关 B 闭合，灯 L 都会亮，所以对灯 L 亮这件事情来说，开关 A 和开关 B 闭合是或的逻辑关系。

3. 非

一件事情是否发生，仅取决于一个条件，而且是对该条件的否定。即条件具备时事情不发生；条件不具备时事情才发生，这种逻辑关系称为非逻辑关系。

例如，在图 7-5 所示的电路中，当开关 A 闭合时，灯不亮；而当 A 不闭合时，灯亮。

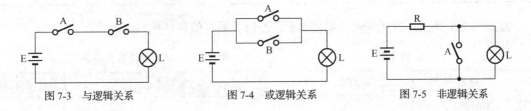

图 7-3　与逻辑关系　　　　图 7-4　或逻辑关系　　　　图 7-5　非逻辑关系

7.2.2　逻辑函数及其表示方法

数字电路是一种开关电路，开关的两种状态“开通”与“关断”，常用电子器件的“导通”与“截止”来实现，并用二元常量 0 和 1 表示。数字电路的输入量和输出量一般用高电位或低电位来表示。高低电位也可以用二元常量 0 和 1 表示。就整体而言，数字电路的输出量与输入量之间的关系是一种因果关系，因此数字电路又称为逻辑电路。输入量与输出量之间的因果关系可以用一种函数表示。将这种输入量、输出量之间的函数关系称为逻辑函数关系，一般写作 $y = f(A, B, C, D, \cdots)$。任何一种具体事物的因果关系都可以用一种逻辑函数来描述。

表示逻辑函数的方法有真值表、逻辑函数表达式、逻辑图及卡诺图等。

1. 真值表

真值表是将输入逻辑变量的所有可能取值与相应的输出变量函数值排列在一起而组成的表格。每个输入变量有 0 和 1 两种取值，n 个输入变量就有 2^n 个不同的取值组合。将输入变量全部取值组合以及相应的输出函数全部列出来，就可以得到逻辑函数的真值表。

根据图7-3，可以得到与运算逻辑关系表7-4。

用二值逻辑0和1来表示与运算逻辑关系，设1表示开关闭合或灯亮；0表示开关不闭合或灯不亮，则得到与运算逻辑关系的逻辑关系真值表7-5。

表7-4　　　　与逻辑关系

开关A	开关B	灯L
不闭合	不闭合	不亮
闭合	不闭合	不亮
不闭合	闭合	不亮
闭合	闭合	亮

表7-5　　　　与逻辑关系真值表

A	B	L
0	0	0
1	0	0
0	1	0
1	1	1

根据图7-4得到或运算逻辑关系表7-6和逻辑关系真值表7-7。

表7-6　　　　或逻辑关系

开关A	开关B	灯L
不闭合	不闭合	不亮
闭合	不闭合	亮
不闭合	闭合	亮
闭合	闭合	亮

表7-7　　　　或逻辑关系真值表

A	B	L
0	0	0
1	0	1
0	1	1
1	1	1

根据图7-5得到非运算逻辑关系表7-8和逻辑关系真值表7-9。

表7-8　　　　非逻辑关系

开关A	灯L
不闭合	亮
闭合	不亮

表7-9　　　　非逻辑关系真值表

A	L
0	1
1	0

真值表具有如下特点。

（1）直观明了。输入变量取值一旦确定，即可在真值表中查出相应的函数值。

（2）把一个实际的逻辑问题抽象成一个逻辑函数时，使用真值表是最方便的。所以，在设计逻辑电路时，总是先根据设计要求列出真值表。

（3）真值表的缺点是，当变量比较多时，表比较大，显得过于繁琐。

2. 逻辑函数表达式

按照对应的逻辑关系，把输出量表示为输入量的组合，称为逻辑函数表达式。

由表7-5可以得到与运算的逻辑函数表达式为：$L = AB$。

由表7-7可以得到或运算的逻辑函数表达式为：$L = A + B$。

由表7-9可以得到非运算的逻辑函数表达式为：$L = \overline{A}$。

逻辑函数表达式也可以转换成真值表，方法为：画出真值表的表格，将变量及变量的所有取值组合按照二进制递增的次序列入表格左边；然后按照逻辑函数表达式，依次对变量的各种取值组合进行运算，求出相应的逻辑函数值，填入表格右边对应的位置，即得真值表。

3. 逻辑图

用相应的逻辑符号将逻辑表达式的逻辑运算关系表示出来，就可以画出逻辑函数的逻辑图。

与运算、或运算、非运算的逻辑符号分别如图7-6、图7-7、图7-8所示。

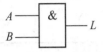
图7-6 与运算逻辑符号

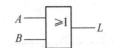
图7-7 或运算逻辑符号

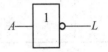
图7-8 非运算逻辑符号

 观看"与运算的逻辑关系.swf"动画，该动画演示了与运算的逻辑关系电路、逻辑关系表、逻辑表达式和逻辑符号。

 观看"或运算的逻辑关系.swf"，该动画演示了或运算的逻辑关系电路、逻辑关系表、逻辑表达式和逻辑符号。

 观看"非运算的逻辑关系.swf"动画，该动画演示了非运算的逻辑关系电路、逻辑关系表、逻辑表达式和逻辑符号。

【例7-6】 设计一个楼上、楼下开关的控制逻辑电路来控制楼梯上的路灯，使之在上楼前，用楼下开关打开电灯，上楼后，用楼上开关关灭电灯；或者在下楼前，用楼上开关打开电灯，下楼后，用楼下开关关灭电灯。写出该逻辑电路的真值表，写出该逻辑电路的逻辑函数表达式和逻辑图。

A	B	Y
0	0	0
0	1	1
1	0	1
1	1	0

解：设楼上开关为 A，楼下开关为 B，灯泡为 Y。并设 A、B 闭合时为 1，断开时为 0；灯亮时 Y 为 1，灯灭时 Y 为 0。根据逻辑要求列出真值表。

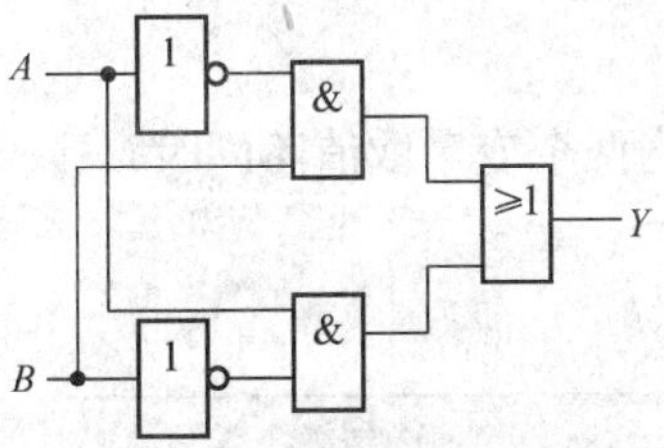

根据真值表得出逻辑函数表达式为

$$Y = \overline{A}B + A\overline{B}$$

根据逻辑函数表达式 $Y = \overline{A}B + A\overline{B}$ 得到逻辑图7-9。

图7-9 逻辑图

【课堂练习】

（1）3个人表决一件事情，结果按"少数服从多数"的原则决定，试建立该逻辑函数。

（2）画出逻辑函数 $L = A \cdot B + \overline{A} \cdot \overline{B}$ 的逻辑图。

4. 其他逻辑运算

任何复杂的逻辑运算都可以由与、或、非这3种基本逻辑运算组合而成。在实际应用中，为了减少逻辑门的数目，使数字电路的设计更方便，还常常使用其他几种常用逻辑运算。

（1）与非。

与非是由与运算和非运算组合而成，与非运算的逻辑关系真值表如表 7-10 所示。

与非运算的逻辑符号如图 7-10 所示。根据表 7-10 得到与非运算的逻辑函数表达式为 $Y = \overline{AB}$。

表 7-10   与非逻辑关系真值表

A	B	Y
0	0	1
1	0	1
0	1	1
1	1	0

（2）或非。

或非是由或运算和非运算组合而成，或非运算的逻辑关系真值表如表 7-11 所示。

表 7-11   或非逻辑关系真值表

A	B	Y
0	0	1
1	0	0
0	1	0
1	1	0

根据表 7-11 得或非运算的逻辑函数表达式为 $Y = \overline{A+B}$。

或非运算的逻辑符号如图 7-11 所示。

图 7-10   与非运算的逻辑符号

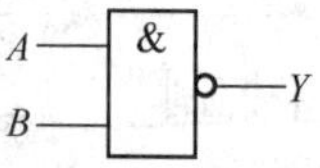

图 7-11   或非运算的逻辑符号

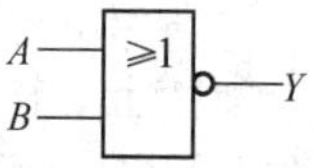

动画演示   观看"其他逻辑运算.swf"动画，该动画演示了与非、或非和异或运算关系。

【阅读材料】

异或

异或运算表示当两个变量取值相同时，逻辑函数值为 0；当两个变量取值不同时，逻辑函数值为 1。异或运算的逻辑关系真值表如表 7-12 所示。

表 7-12   异或逻辑关系真值表

A	B	Y
0	0	0
1	0	1
0	1	1
1	1	0

【阅读材料】

卡诺图

将逻辑函数真值表中的各行排列成矩阵形式，在矩阵的左方和上方按照格雷码的顺序写

上输入变量的取值，在矩阵的各个小方格内填入输入变量各组取值所对应的输出函数值，这样构成的图形就是卡诺图。如函数

$$F = \overline{A}\overline{B}\overline{C} + \overline{A}BC + A\overline{B}C + AB\overline{C}$$

在变量 A、B、C 的取值分别为 000、011、101、110 所对应的小方格内填入 1，其余小方格内填入 0（也可以空着不填），便得到该函数如图 7-12 所示的卡诺图。

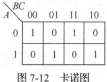

A \ BC	00	01	11	10
0	1	0	1	0
1	0	1	0	1

图 7-12　卡诺图

动画演示　观看“逻辑函数的卡诺图表示.swf”动画，该动画演示了逻辑函数的卡诺图表示方法和步骤。

7.3　逻辑代数及逻辑函数的化简

逻辑代数又称布尔代数，它是分析设计逻辑电路的数学工具。虽然它和普通代数一样也用字母表示变量，但变量的取值只有“0”和“1”两种，分别称为逻辑“0”和逻辑“1”。这里“0”和“1”并不表示数量的大小，而是表示两种相互对立的逻辑状态。逻辑代数所表示的是逻辑关系，而不是数量关系。这是它与普通代数的本质区别。

由逻辑状态表直接写出逻辑式并由此画出逻辑图，一般是比较复杂的。如果先经过简化，则可使用较少的逻辑门实现同样的逻辑功能，从而节省器件，降低成本，提高电路工作的可靠性。逻辑函数化简法主要有代数化简法和卡诺图化简法。

下面将介绍逻辑代数的基本公式、基本规则、逻辑函数化简的公式法等内容。

7.3.1　逻辑代数的基本公式

逻辑代数的基本公式如表 7-13 所示。

表 7-13　　逻辑代数的基本公式

名　称	公式 1	公式 2
0—1 律	$A \cdot 1 = A$ $A \cdot 0 = 0$	$A + 0 = A$ $A + 1 = 1$
互补律	$A\overline{A} = 0$	$A + \overline{A} = 1$
重叠律	$AA = A$	$A + A = A$
交换律	$AB = BA$	$A + B = B + A$
结合律	$A(BC) = (AB)C$	$A + (B + C) = (A + B) + C$
分配律	$A(B + C) = AB + AC$	$A + BC = (A + B)(A + C)$
反演律	$\overline{AB} = \overline{A} + \overline{B}$	$\overline{A + B} = \overline{A}\,\overline{B}$
吸收律	$A(A + B) = A$ $A(\overline{A} + B) = AB$ $(A + B)(\overline{A} + C)(B + C) = (A + B)(\overline{A} + C)$	$A + AB = A$ $A + \overline{A}B = A + B$ $AB + \overline{A}C + BC = AB + \overline{A}C$
还原律	$\overline{\overline{A}} = A$	

反演律又称摩根定律，是非常重要又非常有用的公式，它经常用于逻辑函数的变换。以下是它的两个变形公式，也是比较常用的。

$$AB = \overline{\overline{A} + \overline{B}} ; \quad A + B = \overline{\overline{A}\,\overline{B}}$$

7.3.2 逻辑代数的基本规则

1. 代入规则

代入规则的基本内容：对于任何一个逻辑等式，以某个逻辑变量或逻辑函数同时取代等式两端任何一个逻辑变量后，等式依然成立。

利用代入规则可以方便地扩展公式。例如，在反演律 $\overline{AB} = \overline{A} + \overline{B}$ 中用 BC 去代替等式中的 B，则新的等式仍成立，即

$$\overline{ABC} = \overline{A} + \overline{BC} = \overline{A} + \overline{B} + \overline{C}$$

2. 对偶规则

将一个逻辑函数 Y 进行下列变换

$$•（乘法）→+，+→•（乘法）；0→1，1→0$$

这样所得新函数表达式叫做 Y 的对偶式，用 Y' 表示。

对偶规则的基本内容是：如果两个逻辑函数表达式相等，那么它们的对偶式也一定相等。

利用对偶规则可以帮助大家减少公式的记忆量。例如，表 7-14 中的公式 1 和公式 2 就互为对偶，只需要记住一边的公式就可以了。利用对偶规则，不难得出另一边的公式。

3. 反演规则

将一个逻辑函数 Y 进行下列变换

$$•→+，+→•；0→1，1→0；原变量→反变量，反变量→原变量$$

所得新函数表达式称为 Y 的反函数，用 $\overline{Y}$ 表示。

利用反演规则，可以非常方便地求得一个函数的反函数。

动画演示　观看"反演律.swf"动画，该动画演示了逻辑函数的反演规则。

7.3.3 逻辑函数的代数化简法

1. 逻辑函数式的常见形式

一个逻辑函数的表达式不是唯一的，可以有多种形式，并且能互相转换。常见的逻辑式主要有以下 5 种形式。

与—或表达式：$Y = AC + \overline{A}B$ 。

或—与表达式：$Y = (A + B)(\overline{A} + C)$ 。

与非—与非表达式：$Y = \overline{\overline{AC} \cdot \overline{AB}}$ 。

或非—或非表达式：$Y = \overline{\overline{A + B} + \overline{\overline{A} + C}}$ 。

与—或非表达式：$Y = \overline{A\overline{C} + \overline{A}B}$ 。

在上述多种逻辑函数表达式中，与—或表达式是逻辑函数最基本的表达形式。在化简逻

辑函数时，通常是将逻辑式化简成最简与一或表达式，然后再根据需要转换成其他形式。

2. 最简与一或表达式的标准

（1）或项最少，即表达式中"+"号最少。

（2）每个与项中的变量数最少，即表达式中"•"号最少。

3. 用代数法化简逻辑函数

用代数法化简逻辑函数，就是直接利用逻辑代数的基本公式和基本规则进行化简。代数法化简没有固定的步骤，常用的化简方法有以下几种。

（1）并项法。

运用公式 $A + \overline{A} = 1$，将两项合并为一项，消去一个变量。如

$$Y = AB\overline{C} + ABC = AB(\overline{C} + C) = AB$$

（2）吸收法。

运用吸收律 $A + AB = A$ 消去多余的与项。如

$$Y = A\overline{B} + A\overline{B}(C + DE) = A\overline{B}$$

（3）消去法。

运用吸收律 $A + \overline{A}B = A + B$ 消去多余的因子。如

$$Y = \overline{A} + AB + \overline{B}E = \overline{A} + B + \overline{B}E = \overline{A} + B + E$$

（4）配项法。

先通过乘以 $A + \overline{A}$（$=1$）或加上 $A\overline{A}$（$=0$），增加必要的乘积项，再用以上方法化简。如

$$Y = AB + \overline{A}C + BCD = AB + \overline{A}C + BCD(A + \overline{A})$$
$$= AB + \overline{A}C + ABCD + \overline{A}BCD$$
$$= AB + \overline{A}C$$

【例 7-7】 化简逻辑函数 $Y = AD + A\overline{D} + AB + \overline{A}C + BD + A\overline{B}EF + \overline{B}EF$。

解：

$$Y = AD + A\overline{D} + AB + \overline{A}C + BD + A\overline{B}EF + \overline{B}EF$$
$$= A + AB + \overline{A}C + BD + A\overline{B}EF + \overline{B}EF$$
$$= A + \overline{A}C + BD + A\overline{B}EF + \overline{B}EF$$
$$= A + C + BD + \overline{B}EF$$

分析：第一步，利用 $A + \overline{A} = 1$ 进行化简。

第二步，利用 $A + AB = A$ 进行化简。

第三步，利用 $A + \overline{A}B = A + B$ 进行化简。

习 题

1. 填空题

（1）二进制的计数原则是_____。

（2）表示逻辑函数的方法有_____、_____、_____、_____。

习题

（3）在时间上和数值上均作连续变化的电信号称为_____信号；在时间上和数值上离散的信号称为_____信号。

（4）在正逻辑的约定下，"1"表示_____电平，"0"表示_____电平。

（5）数字电路中，输入信号和输出信号之间的关系是_____关系，所以数字电路也称为_____电路。在_____关系中，最基本的关系是_____、_____和_____。

2. 判断题

（1）输入全为低电平"0"，输出也为"0"时，必为"与"逻辑关系。（　　　）

（2）或逻辑关系是"有0出0，见1出1"。（　　　）

（3）8421码、2421码和余3码都属于有权码。（　　　）

（4）二进制计数中各位的基是2，不同数位的权是2的幂。（　　　）

（5）$\overline{A+B}=\overline{A}\cdot\overline{B}$是逻辑代数的"非非"定律。（　　　）

3. 选择题

（1）逻辑函数中的逻辑"与"和它对应的逻辑代数运算关系为（　　　）。

A. 逻辑加　　　　　　　B. 逻辑乘　　　　　　　C. 逻辑非

（2）十进制数100对应的二进制数为（　　　）。

A. 1011110　　　　　　B. 1100010　　　　　　C. 1100100　　　　　D. 11000100

（3）和逻辑式$\overline{AB}$表示不同逻辑关系的逻辑式是（　　　）。

A. $\overline{A}+\overline{B}$　　　　　　B. $\overline{A}\cdot\overline{B}$　　　　　　C. $\overline{A}\cdot B+\overline{B}$　　　　D. $A\overline{B}+\overline{A}$

（4）数字电路中机器识别和常用的数制是（　　　）。

A. 二进制　　　　　　　B. 八进制　　　　　　　C. 十进制　　　　　D. 十六进制

4. 分析计算题

（1）将11 0101 0111二进制转换成十进制数。

（2）将405十进制数转换成二进制数。

（3）将1100 1111 0001 1101二进制转换成十六进制数。

（4）将A5FC十六进制转换成二进制数。

（5）将3D十六进制转换成十进制数。

（6）列出函数$L=A\cdot B+\overline{A}\cdot\overline{B}$的真值表。

（7）写出图7-13所示的逻辑式。

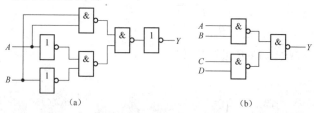

（a）　　　　　　　　　　　　　　　　（b）

图7-13　电路图

（8）化简逻辑函数$L=(AB+A\overline{B}+\overline{A}B)(A+B+D+\overline{AB}D)$。

（9）化简逻辑函数$L=ABC+\overline{A}+\overline{B}+\overline{C}+D$。

（10）保险柜的两层门上各装有一个开关，当任何一层门打开时，报警灯亮，试用一逻辑函数表达式实现。要求写出真值表，画出逻辑图。

第8章 组合逻辑电路

第7章介绍了与、或、非3种基本逻辑运算和与非、或非、异或等常用逻辑运算。这些运算关系都是用逻辑符号来表示的。而在工程中，每一个逻辑符号都对应着一种电路，并通过集成工艺做成一种集成器件，称为集成逻辑门电路，逻辑符号仅是这些集成逻辑门电路的"黑匣子"。

【学习目标】

- 了解二极管和三极管的开关特性。
- 掌握各种门电路的外部特性和参数以及使用时的注意事项。
- 掌握组合逻辑电路的分析和设计方法。
- 掌握常用组合逻辑电路的外部特性和参数以及使用时的注意事项。

【观察与思考】

频率计是用来测量周期信号频率的。图 8-1 所示为频率计的方框图。频率计为了把被测信号的频率用数字直接显示出来，首先要经过放大与整形电路，使被测信号变为频率与它相同的矩形脉冲信号，然后把它送到门电路的一个输入端 A，门电路的开与关是由加到 B 端的秒脉冲信号控制的。秒脉冲把门打开 1s，在这段时间内，矩形脉冲通过门电路进入计时器，计数器累积的信号个数就是被测信号在 1s 内重复的次数，也就是信号的频率。最后通过数字显示电路直接显示出来。频率计中就包含本章要学习的组合逻辑电路。

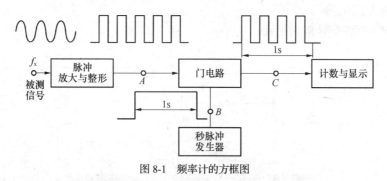

图 8-1　频率计的方框图

8.1　集成门电路

能够实现逻辑运算的电路称为逻辑门电路。在用电路实现逻辑运算时，用输入端的电压或电平表示自变量，用输出端的电压或电平表示因变量。下面将介绍基本逻辑门电路的原理和特性及 TTL 逻辑门电路的工作原理。

8.1.1　基本逻辑门电路

一个理想的开关在接通时，其接触电阻为零，在开关上不产生压降；开关断开时，其电阻为无穷大，开关中没有电流流过，而且开关接通与断开的速度非常高时，仍能保持上述特性。

由于二极管具有外加正向电压时导通，加反向电压时截止的单向导电特性，所以在数字电路中二极管可以作为受外加电压控制的开关来使用。

1. 二极管与门、或门电路

二极管与门、或门电路和逻辑符号如图 8-2 和图 8-3 所示。

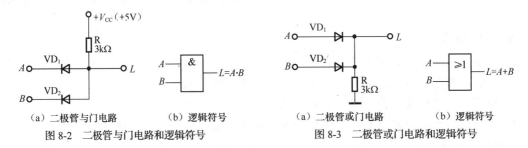

（a）二极管与门电路　　　（b）逻辑符号　　　　　（a）二极管或门电路　　　（b）逻辑符号

图 8-2　二极管与门电路和逻辑符号　　　　　图 8-3　二极管或门电路和逻辑符号

 动画演示　观看"二极管或门电路.swf"动画，该动画演示了二极管或门电路的电路组成、工作原理及逻辑符号。

 动画演示　观看"二极管或门电路.swf"动画，该动画演示了二极管或门电路的电路组成、工作原理及逻辑符号。

2. 三极管非门电路

三极管非门电路如图 8-4 所示。

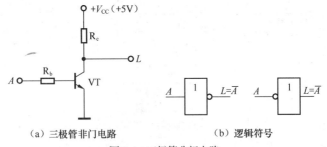

（a）三极管非门电路　　　　　　　　　（b）逻辑符号

图 8-4　三极管非门电路

三极管有 3 种工作状态，即放大状态、截止状态和饱和状态。在数字电路中，三极管是作为一个开关来使用的，它不允许工作在放大状态，而只能工作在饱和状态或截止状态。

 动画演示　观看"三极管非门电路.swf"动画，该动画演示了三极管非门电路的电路组成、工作原理及逻辑符号。

3. DTL 与非门电路

前面介绍的二极管与门和或门电路虽然结构简单，逻辑关系明确，但却不实用。例如，在图 8-5 所示的两级二极管与门电路中，会出现低电平偏离标准数值的情况。

可以将二极管与门、或门和三极管非门组合成与非门和或非门电路，以消除在串接时产生的电平偏离，并提高带负载能力。

【例 8-1】 设计 3 输入端的二极管与门和三极管非门组合而成的与非门电路，并分析其功能。

解：设计的与非门电路如图 8-6 所示。

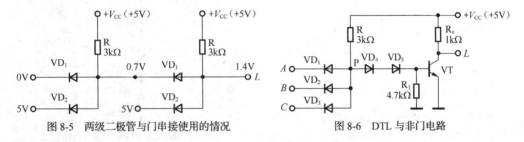

图 8-5 两级二极管与门串接使用的情况　　　　图 8-6 DTL 与非门电路

这个电路的逻辑关系如下。

（1）当 3 输入端都接高电平时（即 $V_A = V_B = V_C = 5V$），二极管 $VD_1 \sim VD_3$ 都截止，而 VD_4、VD_5 和 VT 导通。可以验证，此时三极管饱和，$V_L = V_{CES} \approx 0.3V$，即输出低电平。

（2）在 3 输入端中只要有一个为低电平 0.3V 时，阴极接低电平的二极管导通，由于二极管正向导通时的钳位作用，$V_P \approx 1V$，从而使 VD_4、VD_5 和 VT 都截止，$V_L = V_{CC} = 5V$，即输出高电平。

可见这个电路满足与非逻辑关系，即

$$L = \overline{A \cdot B \cdot C}$$

分析：此电路做了两处必要的修改。

（1）将三极管非门电路的电阻 R_b 换成两个二极管 VD_4、VD_5，作用是提高输入低电平的抗干扰能力，即当输入低电平有波动时，保证三极管可靠截止，以输出高电平。

（2）增加了 R_1，目的是当三极管从饱和向截止转换时，给基区存储电荷提供一个泻放回路。

 观看"DTL 与非门电路.swf"动画，该动画演示了 DTL 与非门电路的组成、工作原理。

把一个电路中的所有元件，包括二极管、三极管、电阻及导线等都制作在一片半导体芯片上，封装在一个管壳内，就是集成电路。早期的简单集成与非门电路，称为二极管—三极管逻辑门电路，简称 DTL 电路，如图 8-6 所示。

8.1.2　三极管—三极管逻辑门电路（TTL）

DTL 电路虽然结构简单，但因工作速度低而很少应用。由此改进而成的 TTL 电路，问世几十年来，经过电路结构的不断改进和集成工艺的逐步完善，至今仍被广泛应用。

1. TTL与非门的基本结构及工作原理

根据电路功能的需要，对DTL与非门电路加以改进，可以得到TTL与非门的电路结构，如图8-7所示。

当TTL与非门输入全为高电平（3.6V）时，输出为低电平，工作情况如图8-8所示。

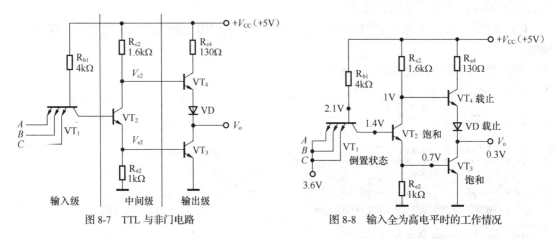

图8-7　TTL与非门电路　　　　　　　图8-8　输入全为高电平时的工作情况

当TTL与非门输入有低电平（0.3V）时，输出为高电平，工作情况如图8-9所示。

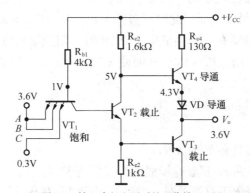

图8-9　输入有低电平时的工作情况

 动画演示　观看"三极管—三极管逻辑门电路（TTL）.swf"动画，该动画演示了TTL与非门的结构及工作原理。

【阅读材料】

TTL与非门提高工作速度

（1）TTL与非门采用多发射极三极管，加快了存储电荷的消散过程。

（2）TTL与非门采用了推拉式输出级，输出阻抗比较小，可迅速给负载电容充放电。

2. TTL与非门的电压传输特性

与非门的电压传输特性曲线，是指与非门的输出电压与输入电压之间的对应关系曲线，即 $V_o = f(V_i)$。它反映了电路的静态特性。

TTL与非门的电压传输特性曲线如图8-10所示。

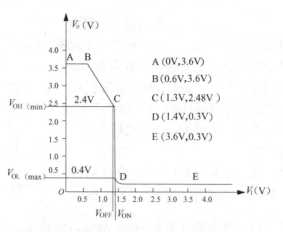

图 8-10 TTL 与非门的电压传输特性曲线

 观看 "TTL 与非门的电压传输特性.swf" 动画，该动画演示了 TTL 与非门的输出电压与输入电压之间的对应关系曲线。

3. TTL 与非门的参数

TTL 与非门的参数如表 8-1 所示。

表 8-1   TTL 与非门的参数

参　　数	说　　明
输出高电平电压 V_{OH}	V_{OH} 的理论值为 3.6V，产品规定输出高电压的最小值 $V_{OH(min)}=2.4V$，即大于 2.4V 的输出电压就可称为输出高电压 V_{OH}
输出低电平电压 V_{OL}	V_{OL} 的理论值为 0.3V，产品规定输出低电压的最大值 $V_{OL(max)}=0.4V$，即小于 0.4V 的输出电压就可称为输出低电压 V_{OL}
关门电平电压 V_{OFF}	关门电平电压是指输出电压下降到 $V_{OH(min)}$ 时对应的输入电压。显然只要 $V_i<V_{OFF}$，V_o 就是高电压，所以 V_{OFF} 就是输入低电压的最大值，在产品手册中常称为输入低电平电压，用 $V_{IL(max)}$ 表示。从电压传输特性曲线上看 $V_{IL(max)}、V_{OFF}≈1.3V$，产品规定 $V_{IL(max)}=0.8V$
开门电平电压 V_{ON}	开门电平电压是指输出电压下降到 $V_{OL(max)}$ 时对应的输入电压。显然只要 $V_i>V_{ON}$，V_o 就是低电压，所以 V_{ON} 就是输入高电压的最小值，在产品手册中常称为输入高电平电压，用 $V_{IH(min)}$ 表示。从电压传输特性曲线上看 $V_{IH(min)}、V_{ON}$ 略大于 1.3V，产品规定 $V_{IH(min)}=2V$
阈值电压 V_{th}	它是决定电路截止和导通的分界线，也是决定输出高、低电压的分界线。从电压传输特性曲线上看，V_{th} 的值界于 V_{OFF} 与 V_{ON} 之间，而 V_{OFF} 与 V_{ON} 的实际值又差别不大，所以，近似为 $V_{th}≈V_{OFF}≈V_{ON}$。V_{th} 是一个很重要的参数，在近似分析和估算时，常把它作为决定与非门工作状态的关键值，即 $V_i<V_{th}$，与非门开门，输出低电平；$V_i>V_{th}$，与非门关门，输出高电平。V_{th} 又常被形象地称为门槛电压，V_{th} 的值为 1.3～1.4V

【阅读材料】

TTL 与非门抗干扰能力

TTL 门电路的输出高低电平不是一个值，而是一个范围。同样，它的输入高低电平也有一个范围，即它的输入信号允许一定的容差，称为噪声容限。噪声容限表示门电路的抗干扰能力。显然，噪声容限越大，电路的抗干扰能力越强。二值数字逻辑中的"0"和"1"都是允许有一定的容差的，这也是数字电路的一个突出特点。

4．TTL 与非门的应用

7400 是一种典型的 TTL 与非门器件，内部含有 4 个 2 输入端与门，共有 14 个引脚，引脚排列图如图 8-11 所示。

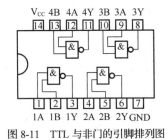

图 8-11　TTL 与非门的引脚排列图

 动画演示　观看"TTL 与非门的应用.swf"动画，该动画演示了 TTL 与非门的具体使用。

【阅读材料】

TTL 门电路的其他类型

TTL 非门电路如图 8-12 所示。TTL 或非门电路如图 8-13 所示。

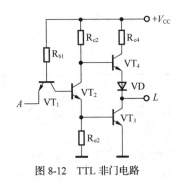

图 8-12　TTL 非门电路

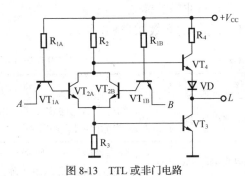

图 8-13　TTL 或非门电路

8.2　组合逻辑电路的分析和设计

前面介绍了基本逻辑门。在实际应用时，大都使用这些逻辑门的组合形式。例如，在数字计算机系统中使用的编码器、译码器、数据分配器等都是复杂的组合逻辑电路。

组合逻辑电路通常使用集成电路产品。无论是简单的或复杂的组合门电路，它们都遵循各组合门电路的逻辑函数因果关系。

下面将介绍组合逻辑电路的分析方法与设计方法。

1．组合逻辑电路的特点

按逻辑电路结构和工作原理的不同，数字电路可分为两大类：组合逻辑电路和时序逻辑电路。组合逻辑电路是数字电路中最简单的一类逻辑电路，其特点是功能上无记忆，结构上无反馈，即电路任一时刻的输出状态只决定于该时刻各输入状态的组合，而与电路的原状态无关。

组合电路就是由门电路组合而成的，电路中没有记忆单元，没有反馈通路。每一个输出变量是全部或部分输入变量的函数。组合逻辑电路框图如图 8-14 所示。

描述组合逻辑电路逻辑功能的方法主要有逻辑函数表达式、真值表、卡诺图及逻辑图等。

2．组合逻辑电路的分析方法

组合逻辑电路的分析方法如图 8-15 所示。

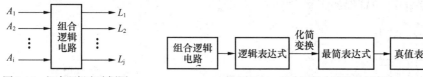

图 8-14　组合逻辑电路框图　　　图 8-15　组合逻辑电路的分析方法

组合逻辑电路的分析过程如下。

（1）由逻辑图逐级写出逻辑表达式。

（2）化简与变换。

（3）由表达式列出真值表。

（4）分析逻辑功能。

【例 8-2】　组合逻辑电路如图 8-16 所示，分析该电路的逻辑功能。

解：（1）为了写表达式方便，借助中间变量 P，如图 8-17 所示。

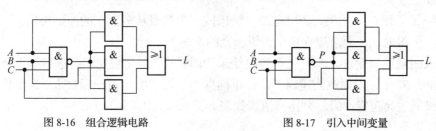

图 8-16　组合逻辑电路　　　　　图 8-17　引入中间变量

$$P = \overline{ABC}$$
$$L = AP + BP + CP$$
$$= A\overline{ABC} + B\overline{ABC} + C\overline{ABC}$$

（2）因为下一步要列真值表，所以要通过化简与变换，使表达式有利于列真值表。

$$L = \overline{ABC}(A + B + C) = \overline{\overline{ABC} + \overline{A + B + C}} = \overline{ABC + \overline{ABC}}$$

（3）利用化简与变换的表达式列出真值表 8-2。

表 8-2　　　　　　　　　　　　　　　　真值表

A	B	C	L
0	0	0	0
0	0	1	1
0	1	0	1
0	1	1	1
1	0	0	1
1	0	1	1
1	1	0	1
1	1	1	0

分析：由真值表可知，当 A、B、C 这 3 个变量不一致时，电路输出为"1"，所以这个电路称为"不一致电路"。

【课堂练习】

分析图 8-18 所示逻辑电路的逻辑功能。

3. 组合逻辑电路的设计方法

组合逻辑电路的设计流程如图 8-19 所示。

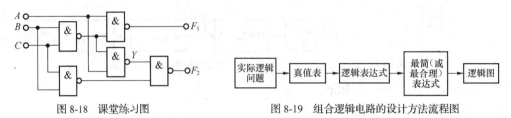

图 8-18　课堂练习图　　　　图 8-19　组合逻辑电路的设计方法流程图

组合逻辑电路的设计过程如下。

（1）根据设计要求建立这个逻辑函数的真值表。

（2）由真值表写出逻辑表达式。

（3）化简。

（4）画出逻辑图。

【例 8-3】　设计一个 3 人表决电路，结果按"少数服从多数"的原则决定。

解：（1）根据设计要求建立这个逻辑函数的真值表。

设 3 人的意见为变量 A、B、C，表决结果为函数 L。对变量及函数进行如下状态赋值：对于变量 A、B、C，设同意为逻辑"1"；不同意为逻辑"0"。对于函数 L，设事情通过为逻辑"1"；没通过为逻辑"0"。列出真值表如表 8-3 所示。

表 8-3　　　　　　　　　　　　　　真值表

A	B	C	L
0	0	0	0
0	0	1	0
0	1	0	0
0	1	1	1
1	0	0	0
1	0	1	1
1	1	0	1
1	1	1	1

（2）由真值表写出逻辑表达式：$L = \overline{A}BC + A\overline{B}C + AB\overline{C} + ABC$。

（3）化简得出最简与—或表达式：$L = AB + BC + AC$。

（4）画出逻辑图，如图 8-20 所示。

分析：如果要求用与非门实现这个逻辑电路，就应该将表达式转换成与非—与非表达式

$$L = AB + BC + AC = \overline{\overline{AB} \cdot \overline{BC} \cdot \overline{AC}}$$

画出逻辑图，如图 8-21 所示。

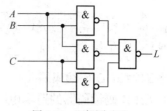

图 8-20 逻辑图（1）　　　　　　图 8-21 逻辑图（2）

组合逻辑电路的设计一般应以电路简单、所用器件最少为目标，并尽量减少所用集成器件的种类，因此在设计过程中要用到前面介绍的代数法和卡诺图法来化简或转换逻辑函数。

【阅读材料】

组合逻辑电路中的竞争冒险

前面在分析和设计组合逻辑电路时，都没有考虑门电路延迟时间对电路的影响。实际上，因为延迟时间的存在，当一个输入信号经过多条路径传送后又重新会合到某个门上，由于不同路径上门的级数不同，或者门电路延迟时间的差异，所以会导致到达会合点的时间有先有后，从而产生瞬间的错误输出，这一现象称为竞争冒险。

【课堂练习】

用与非门设计一个交通报警控制电路。交通信号灯有红、绿、黄 3 种，3 种灯分别单独工作或黄、绿灯同时工作时属于正常情况，其他情况都属于故障，出现故障时输出报警信号。

8.2.1　常用组合逻辑电路

随着微电子技术的发展，现在许多常用的组合逻辑电路都有现成的集成模块，而不需要用门电路设计。下面将介绍编码器、译码器、数据选择器、加法器等常用组合逻辑集成器件，并且重点介绍这些器件的逻辑功能、实现原理和应用方法。

8.2.2　编码器

将符号或数码按规律编排，使其代表某种特定含义的过程，称为编码。能够实现编码操作过程的器件称为编码器，其输入为被编信号，输出为二进制代码。

1. 二进制编码器

用 n 位二进制代码对 2^n 个信号进行编码的电路，称为二进制编码器。

3 位二进制编码器的逻辑电路如图 8-22 所示。它有 8 个输入端和 3 个输出端，所以通常称为 8 线—3 线编码器，输入为高电平有效。

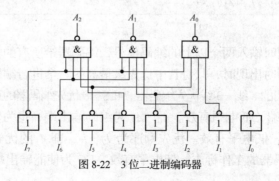

图 8-22 3 位二进制编码器

动画演示 观看"二进制编码器.swf"动画，该动画演示了二进制编码器的结构及工作原理。

2. 键控 8421BCD 码编码器

键控 8421BCD 码编码器的逻辑电路如图 8-23 所示。

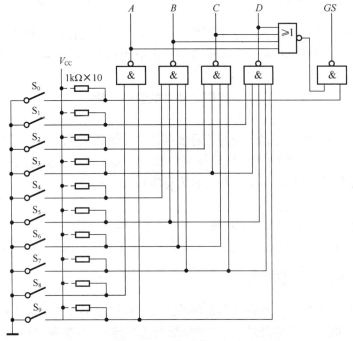

图 8-23 键控 8421BCD 码编码器逻辑电路图

左端的 10 个按键 $S_0 \sim S_9$ 代表输入的 10 个十进制数符号 $0 \sim 9$，输入为低电平有效，即某一按键按下，对应的输入信号为 0。输出对应的 8421 码为 4 位，所以有 4 个输出端 A、B、C、D。

 动画演示 观看"键控 8421BCD 码编码器.swf"动画，该动画演示了键控 8421BCD 码编码器的电路结构及工作原理。

 要点提示 GS 为控制使能标志，当按下 $S_0 \sim S_9$ 任意一个键时，$GS = 1$，表示有信号输入；当 $S_0 \sim S_9$ 都没按下时，$GS = 0$，表示没有信号输入，此时的输出代码 0000 为无效代码。

3. 优先编码器

优先编码器允许同时输入两个以上的编码信号，编码器给所有的输入信号规定了优先顺序，当多个输入信号同时出现时，只对其中优先级最高的一个进行编码。

74LS148 是一种常用的 8 线—3 线优先编码器。74LS148 优先编码器的逻辑电路如图 8-24 所示。$I_0 \sim I_7$ 为编码输入端，低电平有效。$A_0 \sim A_2$ 为编码输出端，也为低电平有效，即反码输出。EI 为使能输入端，低电平有效。优先顺序为 $I_7 \to I_0$，即 I_7 的优先级最高，然后是 I_6，I_5，…，I_0。GS 为编码器的工作标志，低电平有效。EO 为使能输出端，高电平有效。

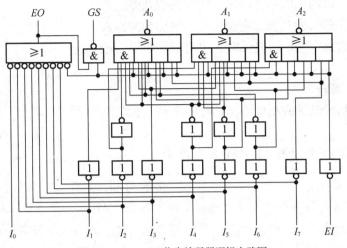

图 8-24 74LS148 优先编码器逻辑电路图

 动画演示

观看"优先编码器.swf"动画,该动画演示了优先码编码器的电路结构及工作原理。

4. 编码器的应用

集成编码器输入输出端的数目都是一定的,利用编码器的使能输入端 EI、使能输出端 EO 和优先编码工作标志 GS 可以扩展编码器的输入输出端。

图 8-25 所示为用两片 74LS148 优先编码器串行扩展实现的 16 线—4 线优先编码器。

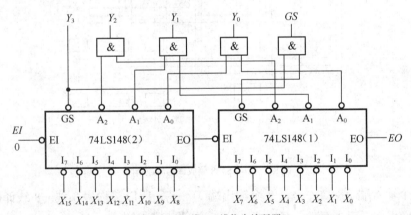

图 8-25 16 线—4 线优先编码器

【课堂练习】

利用 74LS148 和门电路构成 8421BCD 编码器,输入仍为低电平有效,输出为 8421BCD 码,试分析其工作原理。

8.2.3 译码器

译码是编码的逆过程。编码是将含有特定意义的信息编成二进制代码,译码则是将表示特定意义信息的二进制代码翻译出来。实现译码功能的电路称为译码器。译码器输入为二进制代码，输出为与输入代码对应的特定信息，它可以是脉冲，也可以是电平，根据需要而定。

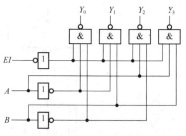

图 8-26　2 线—4 线译码器逻辑图

1. 二进制译码器

将输入二进制代码译成相应输出信号的电路，称为二进制译码器。

2 线—4 线译码器的逻辑电路如图 8-26 所示。

 要点提示　译码器有 n 个输入信号和 N 个输出信号，如果 $N=2^n$，就称为全译码器，常见的全译码器有 2 线—4 线译码器、3 线—8 线译码器、4 线—16 线译码器等。如果 $N<2^n$，称为部分译码器，如二—十进制译码器（也称作 4 线—10 线译码器）。

 动画演示　观看"二进制译码器.swf"动画，该动画演示了二进制译码器的电路结构及工作原理。

2. 集成译码器 74LS138

74LS138 是一种典型的二进制译码器，其逻辑图如图 8-27 所示。

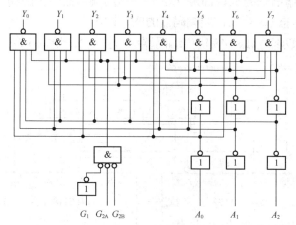

图 8-27　74LS138 集成译码器逻辑图

它有 3 个输入端 A_2、A_1、A_0，8 个输出端 $Y_0 \sim Y_7$，所以常称为 3 线—8 线译码器，属于全译码器。输出为低电平有效，G_1、G_{2A}、G_{2B} 为使能输入端。

 动画演示　观看"集成译码器74138.swf"动画，该动画演示了集成译码器 74138 的电路结构及工作原理。

3. 译码器的应用

（1）译码器的扩展。

利用译码器的使能端可以方便地扩展译码器的容量。图 8-28 所示为将两片 74LS138 扩展为 4 线—16 线译码器。

（2）构成数据分配器。

数据分配器的功能是将一路输入数据根据地址选择码，分配给多路数据输出中的某一路输出。

由于译码器和数据分配器的功能非常接近，所以译码器一个很重要的应用就是构成数据分配器。也正因为如此，市场上没有集成数据分配器产品，只有集成译码器产品。当需要数据分配器时，可以用译码器改接。用译码器设计的一个"1 线—8 线"数据分配器如图 8-29 所示。

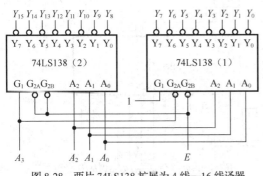

图 8-28　两片 74LS138 扩展为 4 线—16 线译器

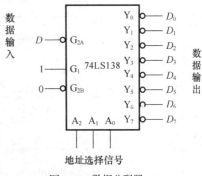

图 8-29　数据分配器

8.2.4　数据选择器

数据选择器的功能是根据地址选择码从多路输入数据中选择一路，送到输出。它的作用与图 8-30 所示的单刀多掷开关相似。

常用的数据选择器有 4 选 1、8 选 1、16 选 1 等多种类型。

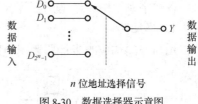

图 8-30　数据选择器示意图

1. 4 选 1 数据选择器

4 选 1 数据选择器的逻辑电路如图 8-31 所示。

 动画演示　观看"4 选 1 数据选择器.swf"动画，该动画演示了 4 选 1 数据选择器的电路结构及工作原理。

2. 集成数据选择器

74LS151 是一种典型的集成 8 选 1 数据选择器，其引脚连接如图 8-32 所示。

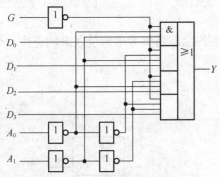

图 8-31　4 选 1 数据选择器的逻辑图

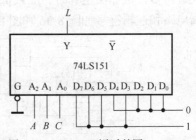

图 8-32　74LS151 引脚连接图

3. 数据选择的应用

作为一种集成器件，最大规模的数据选择器是16选1。如果需要更大规模的数据选择器，可进行通道扩展。

用两片74LS151和3个门电路构成的16选1的数据选择器电路如图8-33所示。

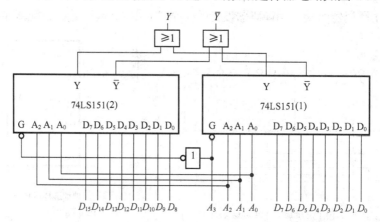

图8-33 用两片74LS151构成的16选1数据选择器的逻辑图

8.2.5 加法器

在数字系统中，经常用到算数运算，这时就需要加法器来实现。

1. 半加器

用与非门构成的半加器逻辑电路和逻辑符号如图8-34和图8-35所示。

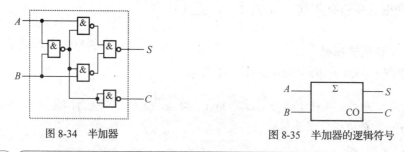

图8-34 半加器   图8-35 半加器的逻辑符号

 动画演示 观看"半加器.swf"动画，该动画演示了半加器的电路结构、逻辑符号及工作原理。

2. 全加器

在进行多位数加法运算时，除最低位外，其他各位都需要考虑低位送来的进位。全加器的逻辑电路和逻辑符号如图8-36和图8-37所示。

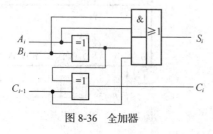

图8-36 全加器

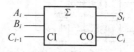

图8-37 全加器的逻辑符号

观看"全加器.swf"动画，该动画演示了全加器的电路结构、逻辑符号及工作原理。

3. 加法器的应用

（1）多位数加法器。

要进行多位数相加，最简单的方法是将多个全加器进行级联，称为串行进位加法器。图 8-38 所示为 4 位串行进位加法器。

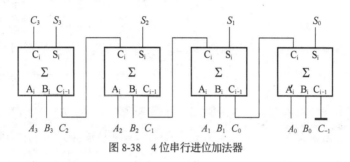

图 8-38　4 位串行进位加法器

串行进位加法器的优点是电路比较简单，缺点是速度比较慢。因为进位信号采用串行传递，所以图 8-38 中最后一位的进位输出 C_3 要经过 4 位全加器传递之后才能形成。如果位数增加，传输延迟时间将更长，工作速度更慢。

为了提高速度，人们又设计了一种多位数快速进位加法器，又称为超前进位加法器。

（2）快速进位集成 4 位加法器 74LS283。

快速进位的集成 4 位加法器 74LS283 的逻辑图和引脚如图 8-39 和图 8-40 所示。

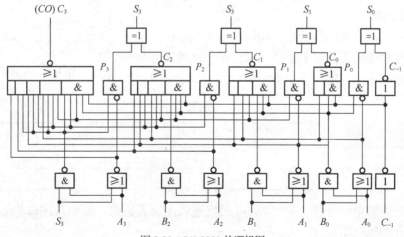

图 8-39　74LS283 的逻辑图

（3）集成加法器的级联应用。

一片 74LS283 只能进行 4 位二进制数的加法运算。而将多片 74LS283 进行级联，就可扩展加法运算的位数。用两片 74LS283 构成的 8 位二进制数加法器的电路如图 8-41 所示。

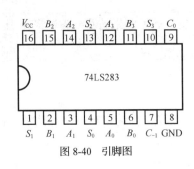

图 8-40 引脚图

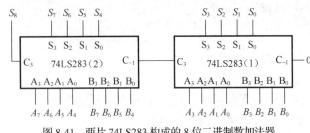

图 8-41 两片 74LS283 构成的 8 位二进制数加法器

 动画演示 观看"加法器应用.swf"动画，该动画演示了加法器的应用范围。

8.3　实验　组合逻辑电路的分析与设计

【实验目的】

- 掌握组合逻辑电路的分析方法和设计方法。
- 验证组合逻辑电路的逻辑功能。
- 学会连接简单的组合逻辑电路。

1. 实验器材

数字逻辑实验箱；万用表一只；74LS86、74LS20、74LS32、74LS00 及 74LS55 集成块若干。

2. 实验步骤

（1）复习组合电路的分析方法和设计方法。

（2）在数字逻辑实验箱上搭图 8-42 所示的实验用电路，记录数据的输出，填入表 8-4。

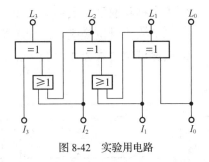

图 8-42　实验用电路

表 8-4　　　　　　　　　　　　　　实验表

输　　　入				输　　　出			
I_0	I_1	I_2	I_3	L_0	L_1	L_2	L_3

（3）组合逻辑电路分析：根据表 8-4 写出逻辑函数表达式，说明其逻辑功能。

（4）组合逻辑电路设计。

① 设计一个路灯的控制电路，要求在 4 个不同的路口都能独立地控制路灯的亮灭。画出真值表，写出函数式，画出实验逻辑电路图。

② 设计一个保密锁电路，保密锁上有 3 个键钮 A、B、C。要求当 3 个键钮同时按下时，A、B 两个同时按下或按下 A、B 中的任一键钮时，锁就能被打开；而当不符合上述状态时，电铃发出报警响声。试设计此电路，列出真值表，写出函数式，画出最简的实验电路。

③ 取 A、B、C 这 3 个键钮状态为输入变量，开锁信号和报警信号为输出变量，分别用 F_1 和 F_2 表示。设键钮按下时为 "1"，不按时为 "0"；报警时为 "1"，不报警时为 "0"，A、B、C 都不按时，应不开锁也不报警。

④ 用 8421 码表示十进制数 0～9，要求当十进制数为 0、2、3、8 时，输出为 1，其余 6 个状态（1010～1111）不会出现，求实现此逻辑函数的最简表达式和逻辑图，并通过实验验证。

3. 实验报告

（1）总结组合电路的分析和设计方法。

（2）自行分析、检测和排除实验中的故障。

（3）总结本实验的收获和体会。

4. 思考题

（1）如何利用手册，选用集成电路芯片？

（2）总结用最少的门电路实现逻辑功能的方法。

要注意以下内容。

- 注意集成电路芯片的电源和接地的引脚。
- 更换集成电路芯片时，要关断电源。

习　　题

1. 填空题

（1）组合逻辑电路的特点是＿＿＿＿＿＿＿＿＿＿＿＿＿＿＿＿＿＿＿＿＿。

（2）常用的组合逻辑电路有＿＿＿＿＿、＿＿＿＿＿、＿＿＿＿＿、＿＿＿＿＿。

（3）能将某种特定信息转换成机器识别的＿＿＿＿制数码的＿＿＿＿逻辑电路，称之为＿＿＿＿器；能将机器识别的＿＿＿＿制数码转换成人们熟悉的＿＿＿＿制或某种特定信息的逻辑电路，称为＿＿＿＿器；74LS85 是常用的＿＿＿＿逻辑电路＿＿＿＿器。

（4）在多路数据选送过程中，能够根据需要将其中任意一路挑选出来的电路，称之为＿＿＿＿器，也称为＿＿＿＿开关。

2. 判断题

（1）组合逻辑电路的输出只取决于输入信号的现态。（　　　）

（2）3 线—8 线译码器电路是三—八进制译码器。（　　　）

（3）已知逻辑功能，求解逻辑表达式的过程称为逻辑电路的设计。（　　　）

（4）编码电路的输入量一定是人们熟悉的十进制数。（　　　）

（5）74LS138 集成芯片可以实现任意变量的逻辑函数。（　　　）

3. 选择题

（1）能将输入信号变成二进制代码的电路称为（　　　）。

A. 译码器　　　　B. 编码器　　　　C. 数据选择器　　　　D. 数据分配器

（2）2 线—4 线译码器有（　　　）。

A. 2条输入线，4条输出线　　　　　　　B. 4条输入线，2条输出线

C. 4条输入线，8条输出线　　　　　　　D. 8条输入线，2条输出线

（3）若在编码器中有50个编码对象，则要求输出二进制代码位数为（　　　）位。

A. 5　　　　　　　B. 6　　　　　　　C. 10　　　　　　　D. 50

（4）4选1数据选择器的数据输出（Y）与数据输入（X_i）和地址码（A_i）之间的逻辑表达式为 $Y =$（　　　）。

A. $\overline{A_1}\,\overline{A_0}X_0 + \overline{A_1}A_0X_1 + A_1\overline{A_0}X_2 + A_1A_0X_3$　　　　B. $\overline{A_1}\,\overline{A_0}X_0$

C. $\overline{A_1}A_0X_1$　　　　　　　　　　　　　　D. $A_1A_0X_3$

（5）在下列逻辑电路中，不是组合逻辑电路的有（　　　）。

A. 译码器　　　　　B. 编码器　　　　　C. 全加器　　　　　D. 寄存器

4. 分析设计题

（1）试分析图8-43所示电路的逻辑功能。

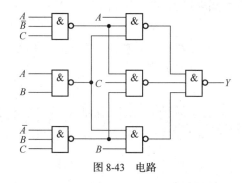

图8-43　电路

（2）用与非门设计一个4人表决电路。对于某一个提案，如果赞成，可以按一下每人前面的电钮；不赞成时，不按电钮。表决结果用指示灯指示，灯亮表示多数人同意，提案通过；灯不亮，提案被否决。

（3）设计一个路灯控制的组合逻辑电路，要求在4个不同的地方都能独立控制路灯的亮和灭。当一个开关动作后灯亮，另一个开关动作后灯灭。

（4）在3个输入信号中 A 的优先权最高，B 次之，C 最低，它们的输出分别为 Y_A、Y_B、Y_C，要求同一时间内只有一个信号输出。如有两个及两个以上的信号同时输入，则只有优先权最高的有输出。试设计一个能实现这个要求的逻辑电路。

（5）逻辑函数的化简对组合逻辑电路的设计有何实际意义？

（6）一般编码器输入的编码信号为什么是相互排斥的？

（7）为什么说二进制译码器适合用于实现多输出组合逻辑函数？

（8）数据选择器有哪些用途？

（9）加法器有什么特点？

第9章 时序逻辑电路

时序逻辑电路简称时序电路，它与组合逻辑电路并驾齐驱，是数字电路的两大重要分支。

【学习目标】

- 了解时序逻辑电路的定义和特点。
- 了解各类触发器的结构及工作原理，掌握各类触发器的逻辑功能、触发特点，并能够熟练画出工作波形。
- 熟悉触发器的主要参数。
- 了解寄存器的结构及工作原理，掌握典型集成芯片的逻辑功能和使用。
- 了解计数器的结构及工作原理，掌握典型集成芯片的逻辑功能和使用。
- 了解时序电路的基本分析方法。

【观察与思考】

观察图 9-1 所示时序逻辑电路的结构。

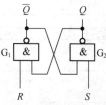

图 9-1 时序逻辑电路

9.1 触 发 器

触发器是构成时序逻辑电路的基本单元。下面将介绍几种主要的触发器。

9.1.1 基本电路

1. 时序电路的基本结构

时序逻辑电路是指电路任何一个时刻的输出状态不仅取决于当时的输入信号，还与电路的原状态有关。

时序电路中必须含有具有记忆能力的存储器件。存储器件的种类很多，如触发器、延迟线、磁性器件等，最常用的还是触发器。

用触发器作为存储器件的时序电路的基本结构如图 9-2 所示。一般来说，它由组合电路和触发器两部分构成。

2. 基本 RS 触发器

（1）电路结构。

由两个与非门的输入端和输出端交叉耦合，即可构成与非门基本 RS 触发器，它与组合电路的根本区别是电路中有反馈线，如图 9-3 所示。

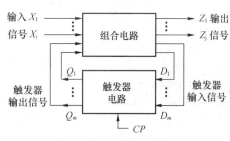

图 9-2　时序逻辑电路框图

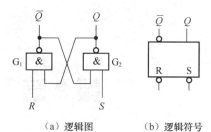

(a) 逻辑图　　(b) 逻辑符号

图 9-3　与非门构成的基本 RS 触发器

由图 9-3 可知它有两个输入端 R、S，有两个输出端 Q、$\overline{Q}$。一般情况下，Q、$\overline{Q}$ 是互补的。

要点提示　当 $Q=1$，$\overline{Q}=0$ 时，称为触发器的 1 状态；当 $Q=0$，$\overline{Q}=1$ 时，称为触发器的 0 状态。

（2）逻辑功能。

由与非门构成的基本 RS 触发器，其逻辑功能用功能表描述，如表 9-1 所示。

表 9-1　　　　　　　　　　　　基本 RS 触发器逻辑功能表

R	S	Q^n	Q^{n+1}	功 能 说 明
0	0	0	×	不稳定状态
0	0	1	×	
0	1	0	0	置 0（复位）
0	1	1	0	
1	0	0	1	置 1（置位）
1	0	1	1	
1	1	0	0	保持原状态
1	1	1	1	

要点提示　触发器的新状态 Q^{n+1} 也称次态，它不仅与输入状态有关，也与触发器原来的状态 Q^n（也称现态或初态）有关。

（3）波形分析。

用与非门构成的基本 RS 触发器，设初始状态为 0，输入 R、S 的波形和输出 Q、$\overline{Q}$ 的波形如图 9-4 所示。图 9-4 中虚线所示为考虑门电路延迟时间的情况。

【例 9-1】　试用或非门构成基本 RS 触发器。

解： 电路结构如图 9-5 所示，S 仍然称为置 1 输入端，但为高电平有效，R 仍然称为置 0 输入端，也为高电平有效。

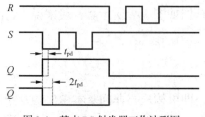

图 9-4　基本 RS 触发器工作波形图

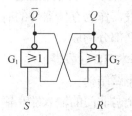

图 9-5　或非门构成的基本 RS 触发器

【课堂练习】

参照与非门构成的基本 RS 触发器，分析用或非门构成基本 RS 触发器的逻辑功能和工作波形。

（4）基本 RS 触发器的特点。

① 有两个互补的输出端，有两个稳定的状态。

② 有复位（$Q = 0$）、置位（$Q = 1$）和保持原状态 3 种功能。

③ R 为复位输入端，S 为置位输入端，可以是低电平有效，也可以是高电平有效，取决于触发器的结构。

④ 由于反馈线的存在，无论是复位还是置位，有效信号只需要作用很短的一段时间，即"一触即发"。

 观看"基本 RS 触发器.swf"动画，该动画演示了基本 RS 触发器的电路结构、逻辑功能、波形分析和特点。

3. 同步 RS 触发器

在实际应用中，希望触发器按一定的节拍翻转。为此，给触发器加一个时钟控制端 CP，只有在 CP 端上出现时钟脉冲时，触发器的状态才能变化。具有时钟脉冲控制的触发器状态的改变与时钟脉冲同步，所以称为同步触发器。

（1）电路结构。

同步 RS 触发器的逻辑图和逻辑符号如图 9-6 所示。

（2）逻辑功能。

当 $CP = 0$ 时，控制门 G_3、G_4 关闭，都输出 1。这时，不管 R 端和 S 端的信号如何变化，触发器的状态保持不变。

当 $CP = 1$ 时，G_3、G_4 打开，R、S 端的输入信号才能通过这两个门，使基本 RS 触发器的状态翻转，其输出状态由 R、S 端的输入信号决定。同步 RS 触发器的逻辑功能如表 9-2 所示。

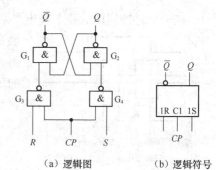

（a）逻辑图　（b）逻辑符号

图 9-6　同步 RS 触发器

表 9-2　　　　　　　　　**同步 RS 触发器逻辑功能表**

R	S	Q^n	Q^{n+1}	功 能 说 明
0	0	0	0	保持原状态
0	0	1	1	
0	1	0	1	输出状态与 S 状态相同
0	1	1	1	
1	0	0	0	输出状态与 S 状态相同
1	0	1	0	
1	1	0	×	输出状态不稳定
1	1	1	×	

要点提示

同步 RS 触发器的状态转换分别由 R、S 和 CP 控制。其中，R、S 控制状态转换的方向，即转换为何种次态；CP 控制状态转换的时刻，即何时发生转换。

（3）特性方程。

触发器次态 Q^{n+1} 与输入状态 R、S 及现态 Q^n 之间关系的逻辑表达式称为触发器的特性方程。

根据表 9-2 可得，同步 RS 触发器的特性方程为

$$Q^{n+1} = S + \overline{R}Q^n$$

$$RS = 0 \text{（约束条件）}$$

（4）波形图。

图 9-7 所示为同步 RS 触发器的波形图。

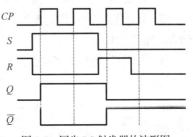

图 9-7　同步 RS 触发器的波形图

动画演示

观看"同步 RS 触发器.swf"动画，该动画演示了同步 RS 触发器的电路结构、逻辑功能、波形图和特性方程。

【阅读材料】

同步触发器存在的空翻问题

在一个时钟周期的整个高电平期间或整个低电平期间，都能接收输入信号并改变状态的触发方式，称为电平触发。由此引起的在一个时钟脉冲周期内，触发器发生多次翻转的现象叫做空翻。空翻是一种有害的现象，它使得时序电路不能按时钟节拍工作，造成系统的误动作。

同步 RS 触发器的空翻波形如图 9-8 所示。

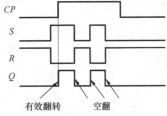

图 9-8　同步 RS 触发器的空翻波形

4. RS 触发器的应用——消颤开关

一般的机械开关在接通或断开过程中，由于受触点金属片弹性的影响，通常会产生一串脉动式的振动。如果将它装在电路中，就相应地会引起一串电脉冲。若不采取措施，将造成电路的误操作。利用简单的 RS 触发器可以很方便地消除这种机械颤动而造成的不良后果。图 9-9 所示为由 RS 触发器构成的消颤开关电路及工作波形。

动画演示

观看"RS 触发器的应用——消颤开关.swf"动画，该动画演示了 RS 触发器的应用——消颤开关的电路结构和波形。

【课堂练习】

基本触发器的逻辑符号与输入波形如图 9-10 所示，试作出 Q、$\overline{Q}$ 的波形。

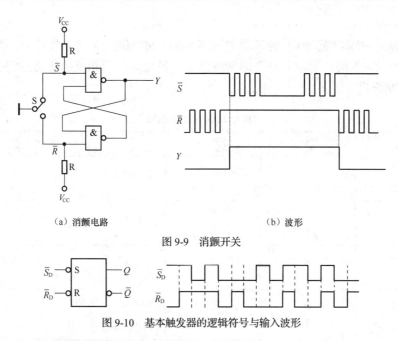

（a）消颤电路　　　　　　　　　　（b）波形

图 9-9　消颤开关

图 9-10　基本触发器的逻辑符号与输入波形

9.1.2　主从 JK 触发器

RS 触发器的特性方程中有一个约束条件 $SR = 0$，即在工作时，不允许输入信号 R、S 同时为 1。这一约束条件使得 RS 触发器在使用的过程中，有时感觉不方便。如何解决这个问题呢？我们注意到，触发器的两个输出端 Q、$\overline{Q}$ 在正常工作时是互补的，即一个为 1，另一个一定为 0。因此，如果把这两个信号通过两根反馈线分别引到输入端，就一定有一个门被封锁，这时，就不怕输入信号同时为 1 了。这就是主从 JK 触发器的构成思路。

主从触发器由两级触发器构成，其中一级直接接收输入信号，称为主触发器。另一级接收主触发器的输出信号，称为从触发器。两级触发器的时钟信号互补，从而有效地克服了空翻。

1. 电路结构

主从 JK 触发器的结构和逻辑符号如图 9-11 所示。

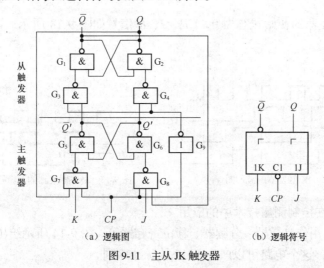

（a）逻辑图　　　　　　　　　　（b）逻辑符号

图 9-11　主从 JK 触发器

2. 逻辑功能

JK 触发器的逻辑功能与 RS 触发器的逻辑功能基本相同，不同之处是 JK 触发器没有约束条件。当 $J = K = 1$ 时，每输入一个时钟脉冲后，触发器就向相反的状态翻转一次。表 9-3 所示为 JK 触发器的功能表。

表 9-3　　　　　　　　　　　　　JK 触发器逻辑功能表

J	K	Q^n	Q^{n+1}	功 能 说 明
0	0	0	0	保持原状态
0	0	1	1	
0	1	0	0	输出状态与 J 状态相同
0	1	1	0	
1	0	0	1	输出状态与 J 状态相同
1	0	1	1	
1	1	0	1	每输入一个脉冲
1	1	1	0	输出状态改变一次

3. 特性方程

根据表 9-3 可得 JK 触发器的特性方程为

$$Q^{n+1} = J\overline{Q^n} + \overline{K}Q^n$$

【例 9-2】　设主从 JK 触发器的初始状态为 0，已知输入 J、K 的波形图如图 9-12 所示，画出输出 Q 的波形图。

分析：在画主从触发器的波形图时，应注意以下两点。

（1）触发器的触发翻转发生在时钟脉冲的触发沿（这里是下降沿）。

（2）在 $CP = 1$ 期间，如果输入信号的状态没有改变，判断触发器次态的依据是时钟脉冲下降沿前一瞬间输入端的状态。

【课堂练习】

设主从 JK 触发器的初始状态为 0，CP、J、K 信号如图 9-13 所示，试画出触发器 Q 端的波形。

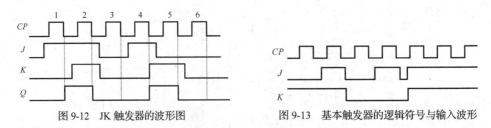

图 9-12　JK 触发器的波形图　　　　　　图 9-13　基本触发器的逻辑符号与输入波形

4. JK 触发器在控制测量技术中的应用

JK 触发器可以用作计数器、分频器、移位寄存器等。图 9-14 所示给出一个 JK 触发器构成的时序逻辑电路，这个电路可以产生 1010 的脉冲序列。

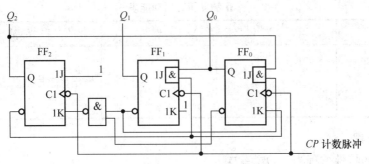

图 9-14　JK 触发器构成的时序逻辑电路

 观看"主从 JK 触发器.swf"动画，该动画演示了主从 JK 触发器的电路结构、逻辑功能、特性方程、波形及应用。

9.1.3　边沿 D 触发器

要解决 JK 触发器一次变化的问题，就要从电路结构上入手，让触发器只接收 CP 触发沿到来前一瞬间的输入信号，这种触发器就是边沿触发器。

边沿触发器不仅将触发器的触发翻转控制在 CP 触发沿到来的一瞬间，而且将接收输入信号的时间也控制在 CP 触发沿到来的前一瞬间。因此，边沿触发器既没有空翻现象，也没有一次变化问题，从而大幅提高了触发器工作的可靠性和抗干扰能力。

1. 电路结构

图 9-15（a）所示为同步 D 触发器。为了克服同步触发器的空翻现象，并具有边沿触发器的特性，在图 9-15（a）所示电路的基础上引入了 3 根反馈线 L_1、L_2、L_3，如图 9-15（b）所示。

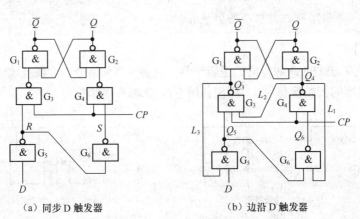

（a）同步 D 触发器　　　　　（b）边沿 D 触发器

图 9-15　D 触发器的逻辑图

2. 逻辑功能

D 触发器只有一个触发输入端 D，因此逻辑关系非常简单，如表 9-4 所示。

表 9-4   **D 触发器逻辑功能表**

D	Q^n	Q^{n+1}	功 能 说 明
0	0	0	
0	1	0	输出状态与 D 状态相同
1	0	1	
1	1	1	

3．特性方程

D 触发器的特性方程为：$Q^{n+1} = D$。

【例 9-3】 边沿 D 触发器如图 9-15（b）所示，设初始状态为 0，已知输入 D 的波形图如图 9-16 所示，画出输出 Q 值的波形。

解： 根据 D 触发器的功能表或特性方程可以画出输出端 Q 值的波形图，如图 9-17 所示。

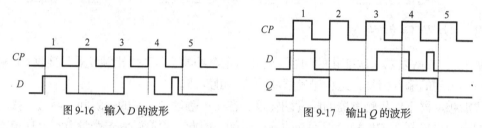

图 9-16　输入 D 的波形　　　　　　　　图 9-17　输出 Q 的波形

分析： 由于是边沿触发器，因此在画波形图时，应考虑以下两点。

（1）触发器的触发翻转发生在时钟脉冲的触发沿，这里是上升沿。

（2）判断触发器次态的依据是时钟脉冲触发沿前一瞬间，这里是上升沿前一瞬间输入端的状态。

要点提示 观看"边沿 D 触发器.swf"动画，该动画演示了边沿 D 触发器的电路结构、逻辑功能、特性方程及波形。

【课堂练习】

两种不同触发方式的 D 触发器的逻辑符号、时钟 CP 和信号 D 的波形如图 9-18 和图 9-19 所示。设各触发器的初始状态为 0，画出各触发器 Q 端的波形图。

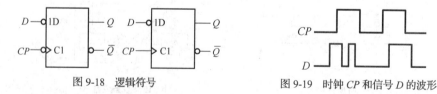

图 9-18　逻辑符号　　　　　　　　　　图 9-19　时钟 CP 和信号 D 的波形

【阅读材料】

触发器的工作速度

触发器的工作速度是指从输入信号加入的时刻，到触发器输出端翻转所需的时间。边沿触发器是在 CP 正跳沿或负跳沿前接受输入信号，正跳沿（负跳沿）触发翻转，工作速度不到半个时钟周期，即工作速度小于 $1/2CP$ 周期，CP 跳变前瞬间输入信号，CP 跳变后触发翻转。对主从触发器，输入信号在 CP 正跳沿前加入，CP 正跳沿后的高电平要有一定的延迟时间，以确保主触发器达到新的稳定状态，CP 负跳沿使触发器翻转，所以，工作速度大于 $1/2CP$ 周期，CP 要经历两次跳变，CP 正跳变前输入信号，CP 负跳变后触发翻转。

9.2 寄 存 器

寄存器是常用时序逻辑器件，下面将介绍数码寄存器和移位寄存器的结构和工作原理，学习常用集成寄存器的功能和应用。

寄存器中用的记忆部件是触发器，每个触发器只能存一位二进制码。

按接收数码的方式，寄存器可分为单拍式和双拍式。

- 单拍式：接收数据后直接把触发器置为相应的数据，不考虑初态。
- 双拍式：接收数据之前，先用复"0"脉冲把所有的触发器恢复为"0"，第二拍把触发器置为接收的数据。

9.2.1 数码寄存器

数码寄存器是指存储二进制数码的时序电路组件，它具有接收和寄存二进制数码的逻辑功能。前面介绍的各种集成触发器，就是一种可以存储一位二进制数的寄存器。用 n 个触发器就可以存储 n 位二进制数。

图 9-20（a）所示为由 D 触发器构成的 4 位集成寄存器 74LS175 的逻辑电路图，其引脚如图 9-20（b）所示。其中，R_D 是异步清零控制端，$D_0 \sim D_3$ 是并行数据输入端，CP 是时钟脉冲端，$Q_0 \sim Q_3$ 是并行数据输出端，$\overline{Q_0} \sim \overline{Q_3}$ 是反码数据输出端。

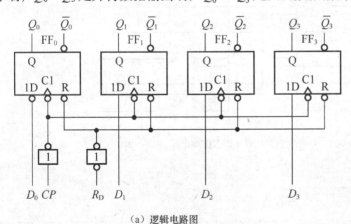

（a）逻辑电路图

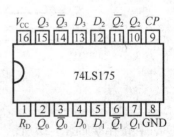

（b）引脚排列

图 9-20　4 位集成寄存器 74LS175

 观看"数码寄存器.swf"动画，该动画演示了数码寄存器的逻辑电路和工作原理。

9.2.2　移位寄存器

移位寄存器也是数字系统和计算机中应用很广泛的基本逻辑部件。移位寄存器具有数码寄存和移位两种功能。在移位脉冲的作用下，数码向左移动一位称为左移，向右移动一位称为右移。

移位寄存器只能单向移位的称为单向移位寄存器，既可以向左移位也可以向右移位的称为双向移位寄存器。

1. 单向移位寄存器

（1）4位右移寄存器。

设移位寄存器的初始状态为0000，串行输入数码 $D_1 = 1101$，从高位到低位依次输入。在4个移位脉冲作用后，输入的4位串行数码1101全部存入了寄存器。电路的逻辑图和时序图如图9-21所示。

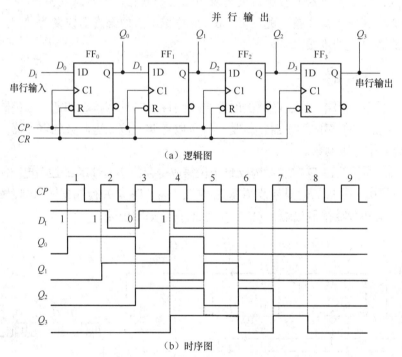

（a）逻辑图

（b）时序图

图 9-21　D 触发器构成的4位右移寄存器

（2）4位左移寄存器。

左移寄存器如图9-22所示。

 动画演示　观看"4位右移寄存器.swf"动画，该动画演示了4位右移寄存器的逻辑电路和工作原理。

2. 双向移位寄存器

将图9-21所示的右移寄存器和图9-22所示的左移寄存器组合起来，并引入一个控制端 S，便构成既可以左移又可以右移的双向移位寄存器，如图 9-23 所示。

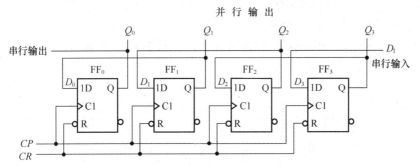

图 9-22　D 触发器构成的 4 位左移寄存器

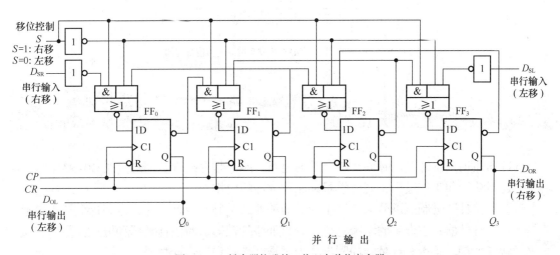

图 9-23　D 触发器构成的 4 位双向移位寄存器

观看"双向移位寄存器.swf"动画，该动画演示了双向移位寄存器的逻辑电路和工作原理。

3. 集成移位寄存器 74LS194

（1）集成移位寄存器 74LS194 的结构和原理。

74LS194 是由 4 个触发器构成的功能很强的 4 位移位寄存器，其逻辑图和引脚图如图 9-24 所示。

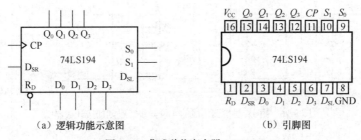

（a）逻辑功能示意图　　　　　（b）引脚图

图 9-24　集成移位寄存器 74LS194

D_{SL} 和 D_{SR} 分别是左移和右移串行输入，$D_0 \sim D_3$ 是并行输入端，R_D 是清零输入端，S_1 和 S_0 是控制端，$Q_0 \sim Q_3$ 是并行输出端。

（2）集成移位寄存器 74LS194 的应用。

74LS194 的应用电路：构成多位移位寄存器，电路如图 9-25 所示。

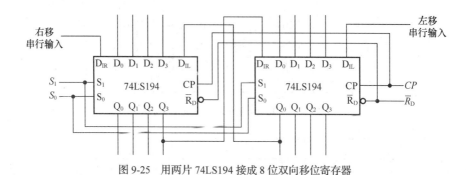

图 9-25　用两片 74LS194 接成 8 位双向移位寄存器

9.3　计　数　器

计数器是用来统计输入脉冲 CP 个数的电路。本节将介绍计数器的分类和电路结构，学习它的逻辑功能和工作过程，同时学习集成计数器的应用。

计数器按计数进制可以分为二进制计数器和非二进制计数器。非二进制计数器中最典型的是十进制计数器；按数字的增减趋势可分为加法计数器、减法计数器和可逆计数器；按计数器中触发器翻转是否与计数脉冲同步分为同步计数器和异步计数器。

9.3.1　二进制计数器

1. 二进制异步计数器

图 9-26 所示为由 4 个下降沿触发的 JK 触发器构成的 4 位异步二进制加法计数器的逻辑图。最低位触发器 FF_0 的时钟脉冲输入端接计数脉冲 CP，其他触发器的时钟脉冲输入端接相邻低位触发器的 Q 端。

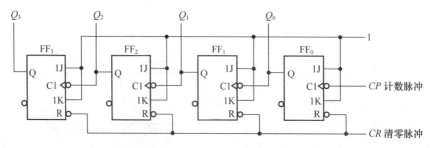

图 9-26　由 JK 触发器构成的 4 位异步二进制加法计数器

该电路的时序波形如图 9-27 所示。

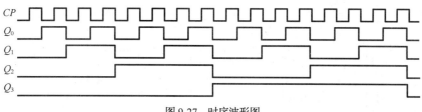

图 9-27　时序波形图

由图可知，从初态 0000（由清零脉冲所置）开始，每输入一个计数脉冲，计数器的状态按二进制加法规律加 1，所以是二进制加法计数器。又因为这个计数器有 0000～1111 这 16 种状态，所以也称为 16 进制加法计数器或模 16（$M=16$）加法计数器。

另外，从图 9-27 所示的时序波形图可以看出，Q_0、Q_1、Q_2、Q_3 的周期分别是计数脉冲（CP）周期的 2 倍、4 倍、8 倍、16 倍，也就是说，Q_0、Q_1、Q_2、Q_3 分别对 CP 波形进行了 2 分频、4 分频、8 分频、16 分频，因此计数器也可以作为分频器使用。

【阅读材料】

二进制异步减法计数器

将图 9-26 所示电路中 FF_1、FF_2、FF_3 的时钟脉冲输入端改接到相邻低位触发器的 $\overline{Q}$ 端，就可以构成二进制异步减法计数器。图 9-28 所示为用 4 个上升沿触发的 D 触发器构成的 4 位异步二进制减法计数器的逻辑图。

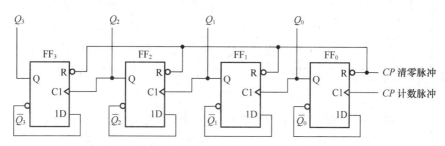

图 9-28　D 触发器构成的 4 位异步二进制减法计数器的逻辑图

在二进制异步计数器中，高位触发器的状态翻转必须在相邻触发器产生进位信号（加计数）或借位信号（减计数）之后才能实现。所以，异步计数器的工作速度较低。为了提高计数速度，可以采用同步计数器。

 观看"二进制异步计数器.swf"动画，该动画演示了二进制异步计数器的逻辑电路和工作原理。

2. 二进制同步计数器

图 9-29 所示为由 4 个 JK 触发器构成的 4 位同步二进制加法计数器的逻辑图。

由于同步计数器的计数脉冲 CP 同时接到各位触发器的时钟脉冲输入端，当计数脉冲到来时，应该翻转的触发器同时翻转，所以速度比异步计数器高，但电路结构比异步计数器复杂。

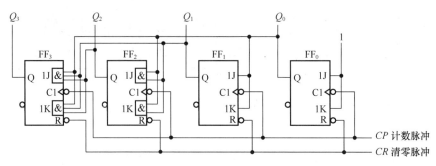

图 9-29　4位同步二进制加法计数器的逻辑图

 动画演示 观看"二进制同步计数器.swf"动画，该动画演示了二进制同步计数器的逻辑电路和工作原理。

3. 集成二进制计数器

4位二进制同步加法集成计数器74LS161的内部电路结构和外部引脚图如图9-30和图9-31所示。

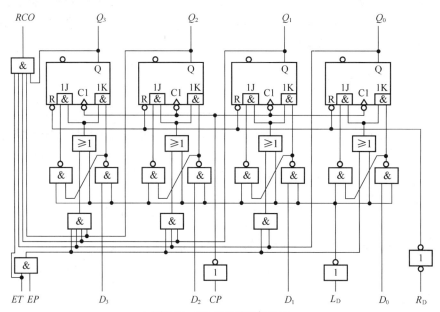

图 9-30　74LS161的内部电路

图 9-31　74LS161的引脚图

9.3.2 十进制计数器

N 进制计数器又称为模 N 计数器。当 $N = 2^n$ 时，就是前面讨论的 n 位二进制计数器；当 $N \neq 2^n$ 时，是非二进制计数器。非二进制计数器中最常用的是十进制计数器，下面讨论 8421BCD 码十进制计数器。

1. 8421BCD 码同步十进制加法计数器

图 9-32 所示为由 4 个下降沿触发的 JK 触发器构成的 8421BCD 码同步十进制加法计数器的逻辑图。

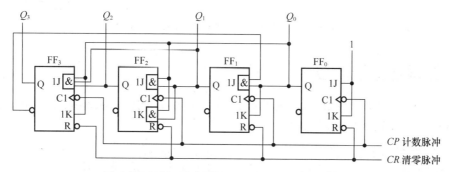

图 9-32　8421BCD 码同步十进制加法计数器的逻辑图

 观看"十进制计数器.swf"动画，该动画演示了 8421BCD 码同步十进制加法计数器的逻辑电路和工作原理。

2. 8421BCD 码异步十进制加法计数器

图 9-33 所示为由 4 个下降沿触发的 JK 触发器构成的 8421BCD 码异步十进制加法计数器的逻辑图。

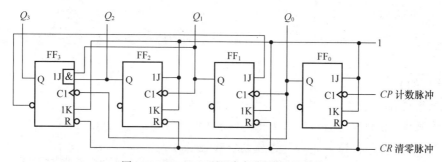

图 9-33　8421BCD 码异步十进制加法计数器

3. 二一五一十进制异步加法计数器 74LS290

74LS290 的逻辑图如图 9-34 所示，它包含一个独立的 1 位二进制计数器和一个独立的异步五进制计数器。二进制计数器的时钟输入端为 CP_1，输出端为 Q_0；五进制计数器的时钟输入端为 CP_2，输出端为 Q_1、Q_2、Q_3。如果将 Q_0 与 CP_2 相连，CP_1 作时钟脉冲输入端，$Q_0 \sim Q_3$ 作输出端，则为 8421BCD 码十进制计数器。

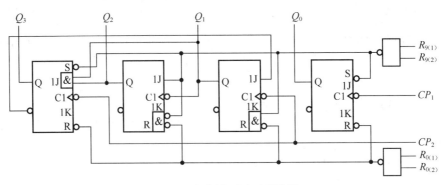

图 9-34   二—五—十进制异步加法计数器 74LS290

9.3.3   集成计数器的应用

图 9-35 所示为用两片 4 位二进制加法计数器 74LS161 同步级联,构成的 8 位二进制同步加法计数器，模为 $16 \times 16 = 256$。

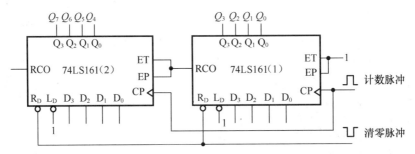

图 9-35   74LS161 同步级联构成的 8 位二进制加法计数器

9.4   实验 1   集成触发器逻辑功能测试

【实验目的】
- 认识集成触发器器件，学习触发器逻辑功能的测试方法。
- 熟悉基本 RS 触发器的结构、逻辑功能和触发方式。
- 熟悉 JK 触发器和 D 触发器的逻辑功能和触发方式。

1．实验器材

数字逻辑实验箱、双踪示波器、数字万用表、74LS00 一片、SN74LS112 四片、SN74LS74 一片及导线若干。

2．实验原理

（1）触发器的原理。

触发器是具有记忆功能的二进制存储器件，是各种时序逻辑电路的基本器件之一，其结构有同步、主从、维持阻塞 3 种。触发器按功能可以分为 RS 触发器、JK 触发器、D 触发器及 T 触发器等；按电路的触发方式可以分为主从触发器、边沿触发器（包括上升边沿触发器和下降边沿触发器）两大类。目前国产的 TTL 集成触发器主要有边沿 D 触发器、边沿 JK 触发器、主从 JK 触发器等。

由两个与非门交叉耦合而成的基本 RS 触发器（如图 9-36 所示）是各种触发器的最基本结构，能存储一位二进制信息，但存在 $RS = 0$ 的约束条件，即 R 端与 S 端的输入信号不能同时为 0。

图 9-37 所示为集成触发器的逻辑符号图。一个集成触发器通常有 3 种输入端，第一种是异步置位、复位输入端，用 S_D、R_D 表示。如果输入端有一个圈，则表示用低电平驱动，当 S_D 或 R_D 端有驱动信号时，触发器的状态不受时钟脉冲与控制输入端所处状态的影响。第二种是时钟输入端，用 CP 表示，在 $S_D = R_D = 1$ 的情况下，只有 CP 脉冲作用时才能使触发器状态更新，如果 CP 输入端没有小圈，就表示在 CP 脉冲上升沿时触发器状态更新；如果 CP 输入端有小圈，则表示在 CP 脉冲下降沿时触发器状态更新。第三种是控制输入端，用 D、J、K 等表示。加在控制输入端的信号是触发器状态更新的依据。

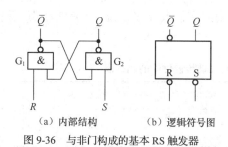

（a）内部结构　　（b）逻辑符号图

图 9-36　与非门构成的基本 RS 触发器

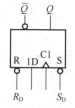

图 9-37　集成 D 触发器逻辑符号图

（2）集成触发器的引脚排列（如图 9-38 所示）。

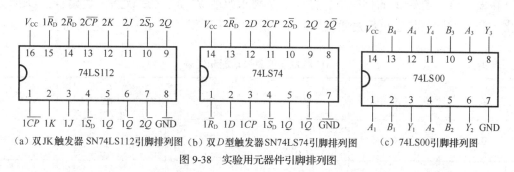

（a）双 JK 触发器 SN74LS112 引脚排列图　（b）双 D 型触发器 SN74LS74 引脚排列图　（c）74LS00 引脚排列图

图 9-38　实验用元器件引脚排列图

3. 实验步骤

（1）基本 RS 触发器的逻辑功能测试。

按图 9-36 所示用与非门构成基本 RS 触发器，输入端 R、S 接逻辑开关，输出端 Q、$\overline{Q}$ 接电平指示器（发光二极管）。按表 9-5 的要求测试逻辑功能，观察并记录输出端 Q 的状态变化，总结基本 RS 触发器的逻辑功能。

表 9-5 基本 RS 触发器的逻辑功能测试表

输 入			输 出
R	S	Q^n	Q^{n+1}
0	0	0	
		1	
0	1	0	
		1	
1	0	0	
		1	
1	1	0	
		1	

（2）集成双 JK 触发器 SN74LS112 的逻辑功能测试。

① 测试 $\overline{R}_D$、$\overline{S}_D$ 的复位和置位功能。

任取 SN74LS112 芯片中一组 JK 触发器，$\overline{R}_D$、$\overline{S}_D$、J、K 端接逻辑开关，CP 端接单次脉冲源，Q、$\overline{Q}$ 端接电平指示器，参照表 9-6 的要求改变 $\overline{R}_D$、$\overline{S}_D$（J、K、CP 处于任意状态），并在 $\overline{R}_D = 0$（$\overline{S}_D = 1$）或 $\overline{R}_D = 1$（$\overline{S}_D = 0$）作用期间任意改变 J、K、CP 的状态，观察 Q、$\overline{Q}$ 的状态，记录实验结果到表 9-6 中。

表 9-6 JK 触发器异步复位端和置位端的测试表

CP	J	K	$\overline{R}_D$	$\overline{S}_D$	Q^{n+1}
×	×	×	0	1	
×	×	×	1	0	

② 测试 JK 触发器的逻辑功能。

在 $\overline{R}_D = 1$、$\overline{S}_D = 1$ 的情况下，按表 9-7 要求改变 J、K、CP 状态，观察 Q、$\overline{Q}$ 的状态变化，观察触发器状态更新是否发生在 CP 脉冲的下降沿（即 1→0），记录到表 9-7 中。

表 9-7 JK 触发器的逻辑功能测试表

J	K	CP	Q^{n+1}		功 能 说 明
			$Q_{n=0}$	$Q_{n=1}$	
0	0	0→1			
		1→0			
0	1	0→1			
		1→0			
1	0	0→1			
		1→0			
1	1	0→1			
		1→0			

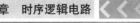

（3）测试双 D 触发器 SN74LS74 的逻辑功能。

① 测试 $\overline{R}_D$、$\overline{S}_D$ 的复位和置位功能，测试方法同前。

② 测试 D 触发器的逻辑功能。

按表 9-8 的要求进行测试，并观察触发器状态更新是否发生在 CP 脉冲的上升沿（即 0→1）。记录并分析实验结果，判断是否与 D 触发器的工作原理一致。

表 9-8　　　　　　　　　　　D 触发器的逻辑功能测试表

K	CP	Q^{n+1}		功 能 说 明
		$Q_{n=0}$	$Q_{n=1}$	
0	0→1			
	1→0			
1	0→1			
	1→0			

4．预习要求

（1）复习基本 RS 触发器、JK 触发器、D 触发器的逻辑功能。

（2）熟悉触发器功能测试表格。

5．实验报告

（1）整理实验表格。

（2）总结触发器的功能和测试方法。

（3）总结触发器的性质。

6．思考题

（1）边沿触发与电平触发有什么不同？

（2）如何根据触发器的逻辑功能写出状态方程？

要注意以下内容。

- 一定不能忘记接上集成电路芯片的电源线和地线。
- 注意集成电路芯片的引脚排列。
- 注意触发的方式。

9.5　实验 2　移位寄存器

【实验目的】

熟悉中规模集成移位寄存器的使用。

1．实验器材

数字逻辑实验箱、双踪示波器、数字万用表、SN74LS74 两片及导线若干。

2．实验原理

（1）移位寄存器的原理。

移位寄存器存储信息的方式有串入串出、串入并出、并入串出及并入并出 4 种形式，移位方向有左移、右移两种。

（2）用 D 触发器构成移位存器。

本实验采用双 D 型触发器 SN74LS74，引脚排列如图 9-39 所示。

用 4 个 SN74LS74 构成 4 位左移寄存器电路，如图 9-40 所示。

3. 实验步骤

（1）搭建电路。

在实验箱上用两片 SN74LS74（双 D 触发器），按图 9-40 所示构成 4 位左移寄存器。

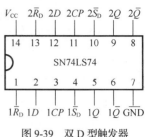

图 9-39 双 D 型触发器

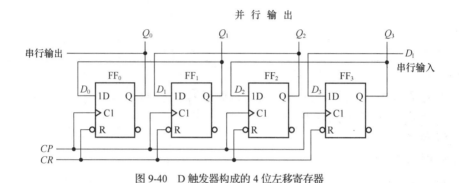

图 9-40 D 触发器构成的 4 位左移寄存器

（2）4 位左移寄存器功能测试。

① 清零：令 $CR = 0$，其他输入均为任意状态，这时寄存器输出 Q_0、Q_1、Q_2、Q_3 均为零。清除功能完成后，CR 置 1。

② 送数：在串行输入端从高位到低位依次输入 1011，而且每输入一位数码，给寄存器一个移位脉冲，观测每一步的各位输出逻辑值的变化，分析寄存器输出状态变化是否发生在脉冲上升沿，并记录。

③ 左移：先清零；由左移输入端送入二进制数码如 1 1011 0111，连续加脉冲，观察输出端的情况，并记录。

4. 预习要求

（1）复习 D 触发器的逻辑功能、SN74LS74 的电路结构和原理，查阅引脚排列。

（2）复习移位寄存器的功能和原理。

（3）画出用 D 触发器构成的 4 位左移寄存器的逻辑图。

5. 实验报告

（1）自行设计实验表格。

（2）总结移位寄存器的逻辑功能，画出波形图。

6. 思考题

（1）使寄存器清零，除了采用输入低电平外，是否可以采用左移的方法？

（2）在送数后，若要使输出端改成另外的数码，是否一定要使寄存器清零？

要注意以下内容。

- 注意各触发器的初态清零。
- 接插集成芯片时，必须关闭电源，要认清定位标志，不得插反。
- 电源的极性绝对不允许接错。

9.6　实验3　计数、译码和显示电路

【实验目的】
- 掌握计数器的功能和使用，练习用触发器构成计数器的电路连接。
- 熟悉译码器和 LED 数码管的功能和应用。

1. 实验器材

数字逻辑实验箱、双踪示波器、数字万用表、函数发生器、74LS112 两片、译码器 74LS47 及导线若干。

2. 实验原理

（1）实验用元器件。

实验中采用双 JK 触发器 SN74LS112，其引脚如图 9-41 所示。

74LS47 是 BCD—七段译码带输出驱动器的译码器，是与七段共阳极数码管配套使用的译码器，引脚排列如图 9-42 所示。

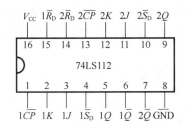

图 9-41　双 JK 触发器 SN74LS112 引脚排列图　　图 9-42　译码器 74LS47 引脚排列图

（2）计数、译码和显示电路。

用两片 SN74LS112 按图 9-43 所示首先接成十进制计数器，然后与译码器 74LS47 连接，构成计数、译码和显示电路，如图 9-44 所示。

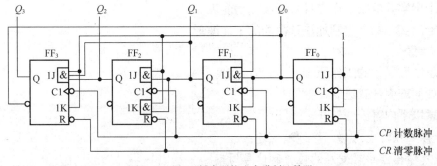

图 9-43　用 JK 触发器构成十进制计数器

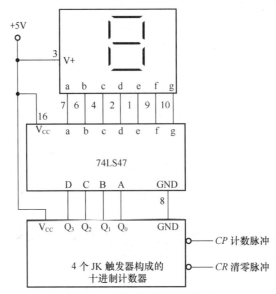

图 9-44　计数、译码和显示电路

3. 实验步骤

（1）十进制计数器电路的搭建和功能测试。

① 在实验箱上用两片 SN74LS112（双 JK 触发器）按图 9-44 所示构成十进制计数器。

② 输入单次脉冲，用万用表测量各个 Q 端的电压，检查计数器的状态转换规律。

③ 在计数输入端输入 1kHz 连续脉冲，用示波器观察并记录计数器各 Q 端的波形。

（2）计数、译码和显示电路的功能测试。

① 在实验箱上按图 9-44 所示连接电路，注意电源端和接地端的连接。

② 输入单次脉冲，观察数码管显示的数字。

③ 在计数输入端输入 1kHz 连续脉冲，观察数码管显示的数字。

4. 预习要求

（1）查阅资料，熟悉实训中所用元器件的逻辑功能和引脚排列。

（2）画出设计电路的连线图和实训用的接线图。

（3）画出两位十进制计数、译码和显示电路的接线图。

5. 实验报告

（1）画出实验电路，作出计数器实测功能表。

（2）绘出实测的十进制加法计数器的工作波形。

6. 思考题

（1）思考数码管的工作原理。

（2）如何产生任意进制计数器？

要注意以下内容。

● 连接中注意电源端、接地端的连线。

● 注意输出波形触发沿的位置和信号周期。

视频演示 观看"译码电路.wmv"视频，该视频演示了计数、译码和显示电路的组成及设计调试过程。

习 题

1. 填空题

（1）两个与非门构成的基本 RS 触发器的功能有_____、_____和_____。电路中不允许两个输入端同时为_____，否则将出现逻辑混乱。

（2）JK 触发器具有_____、_____、_____和_____4 种功能。欲使 JK 触发器实现 $Q^{n+1} = \bar{Q}^n$ 的功能，则输入端 J 应接_____，K 应接_____。

（3）D 触发器的输入端子有_____个，具有_____和_____的功能。

（4）在_____计数器中，要表示一位十进制数时，至少要用_____位触发器才能实现。十进制计数电路中最常采用的是_____码来表示一位十进制数。

（5）寄存器可分为_____寄存器和_____寄存器，集成 74LS194 属于_____移位寄存器。用 4 位移位寄存器构成环形计数器时，有效状态共有_____个；若构成扭环计数器时，其有效状态是_____个。

2. 判断题

（1）D 触发器的输出总是跟随其输入的变化而变化。（　　　）

（2）同步 RS 触发器的约束条件是：$R + S = 0$。（　　　）

（3）仅具有保持和翻转功能的触发器是 RS 触发器。（　　　）

（4）用移位寄存器可以构成 8421 码计数器。（　　　）

（5）十进制计数器是用十进制数码"0～9"进行计数的。（　　　）

3. 选择题

（1）仅具有置"0"和置"1"功能的触发器是（　　　）。

A. 基本 RS 触发器　　B. 同步 RS 触发器　　C. D 触发器　　D. JK 触发器

（2）由与非门组成的基本 RS 触发器不允许输入的变量组合 $\bar{S}\bar{R}$ 为（　　　）。

A. 00　　　　　　　B. 01　　　　　　C. 10　　　　　　D. 11

（3）触发器由门电路构成，但它不同门电路功能，主要特点是（　　　）。

A. 具有翻转功能　　　B. 具有保持功能　　　C. 具有记忆功能

（4）数码可以并行输入、并行输出的寄存器有（　　　）。

A. 移位寄存器　　　　B. 数码寄存器　　　　C. 两者皆有

（5）用 8421 码作为代码的十进制计数器，至少需要的触发器个数是（　　　）。

A. 2　　　　　　　　B. 3　　　　　　　C. 4　　　　　　　D. 5

4. 分析思考题

（1）分析图 9-45 所示电路的逻辑功能，列出真值表，导出特征方程并说明 S_D、R_D 的有效电平。

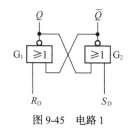

图 9-45　电路 1

（2）电路如图 9-46 所示，已知 CP、A、B 的波形，试画出 Q_1 和 Q_2 的波形。设触发器的初始状态均为 0。

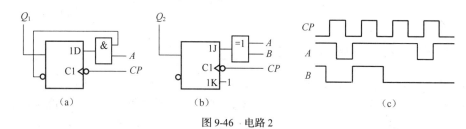

图 9-46　电路 2

（3）画出图 9-47 所示电路中 Q_1 和 Q_2 的波形。

（4）画出图 9-48 所示电路中 Q_1 和 Q_2 的波形。

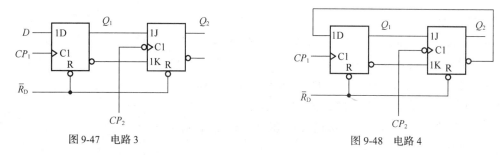

图 9-47　电路 3　　　　　　　　　　　图 9-48　电路 4

（5）试画出 74194 构成 8 位并行→串行码的转换电路。

（6）用 4 个 D 触发器设计异步二进制加法计数器。

（7）归纳基本 RS 触发器、同步触发器、主从触发器和边沿触发器触发翻转的特点。

（8）主从 JK 触发器在电路结构上有什么特点？它为什么能克服空翻现象？

（9）寄存器和移位寄存器有哪些异同点？

（10）单向移位寄存器和双向移位寄存器有哪些异同点？

（11）二进制计数器和十进制计数器有哪些异同点？

第 10 章　数字电路的应用

前面已经介绍了数字电路的基本概念，器件和集成芯片的原理、功能、使用方法等知识。本章将介绍数字电路的综合应用。

【学习目标】

- 熟练掌握 555 定时器的功能，掌握 555 定时器构成的 3 种基本脉冲电路（单稳态触发器、多谐振荡器、施密特触发器）的工作原理和主要参数的计算。
- 掌握 D/A、A/D 电路的结构及工作原理，了解它们的主要技术指标。

10.1　555 定时器

在数字电路或系统中，经常需要各种脉冲波形，如时钟脉冲、控制过程的定时信号等。获取这些脉冲波形，通常用两种方法：一种是利用脉冲信号产生器直接产生；另一种是对已有信号进行变换，使之满足系统的要求。

下面将介绍由 555 定时器构成的施密特触发器、单稳态触发器、多谐振荡器及 555 定时器的典型应用。

10.1.1　集成 555 定时器

555 定时器是一种多用途的单片中规模集成电路，该电路使用灵活、方便，只需外接少量的阻容元件就可以构成单稳态触发器、多谐振荡器、施密特触发器。因此，在波形的产生与变换、测量与控制、家用电器及电子玩具等许多领域中都得到了广泛的应用。

目前生产的定时器有双极型和 CMOS 两种类型，其型号分别有 NE555（或 5G555）、C7555等多种。通常，双极型产品型号最后的 3 位数码都是 555，CMOS 产品型号的最后 4 位数码都是 7555，它们的结构、工作原理、外部引脚排列基本相同。

双极型定时器通常具有较大的驱动能力，而 CMOS 定时电路具有功耗低、输入阻抗高等优点。555 定时器的电源电压很宽，并可承受较大的负载电流。双极型定时器的电源电压范围为 5～16V，最大负载电流可达 200mA；CMOS 定时器电源电压变化范围为 3～18V，最大负载电流在 4mA 以下。

1. 555 定时器的电路结构与工作原理

555 定时器的内部结构与电气原理如图 10-1 所示，电路符号如图 10-2 所示。

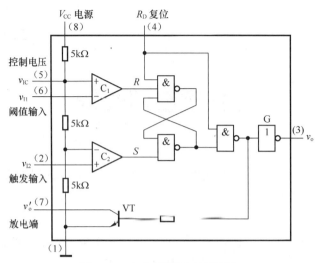

图 10-1　555 定时器的电气原理图　　　　图 10-2　555 定时器的电路符号

2. 555 定时器的功能表

555 定时器的功能如表 10-1 所示。

表 10-1 　　　　　　　　　　　555 定时器的功能

阈值输入（v_{I1}）	触发输入（v_{I2}）	复位（R_D）	输出（v_O）	放电管 VT
×	×	0	0	导通
$<\frac{2}{3}V_{CC}$	$<\frac{1}{3}V_{CC}$	1	1	截止
$>\frac{2}{3}V_{CC}$	$>\frac{1}{3}V_{CC}$	1	0	导通
$<\frac{2}{3}V_{CC}$	$>\frac{1}{3}V_{CC}$	1	不变	不变

 观看"555 定时器的电路结构.swf"和"555 定时器的工作原理.swf"动画，这两个动画演示了 555 定时器的电路组成和工作原理。

10.1.2　施密特触发器

施密特触发器具有回差电压特性，能将边沿变化缓慢的电压波形整形为边沿陡峭的矩形脉冲。

1. 用 555 定时器构成施密特触发器

（1）电路结构和工作原理。

由 555 定时器构成的施密特触发器的电路和工作波形如图 10-3 所示。

（2）电压滞回特性。

施密特触发器的电路符号和电压滞回特性如图 10-4 和图 10-5 所示。

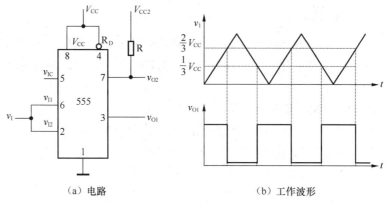

（a）电路　　　　　　　　　　　（b）工作波形

图 10-3　555 定时器构成的施密特触发器

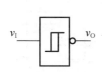

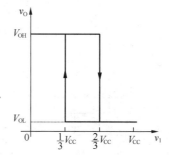

图 10-4　施密特触发器的电路符号　　　　图 10-5　施密特触发器的电压滞回特性

观看"555 定时器构成施密特触发器.swf"动画，该动画演示了 555 定时器构成施密特触发器的电路结构、工作原理及特性。

2. 施密特触发器的应用

（1）接口电路。

施密特触发器可以用来将缓慢变化的输入信号转换成符合 TTL 系统要求的脉冲波形，如图 10-6 所示。

（2）整形电路。

施密特触发器可以用来将不规则的输入信号整形成矩形脉冲，如图 10-7 所示。

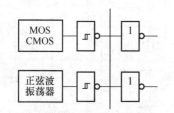

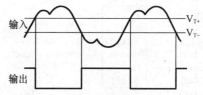

图 10-6　慢输入波形的 TTL 系统接口　　　图 10-7　脉冲整形电路的输入输出波形

观看"施密特触发器应用.swf"动画，该动画演示了施密特触发器应用的范围。

10.1.3 多谐振荡器

多谐振荡器是产生矩形脉冲的自激振荡器。多谐振荡器一旦起振，电路就没有稳态，只有两个暂稳态，它们做交替变化，输出连续的矩形脉冲信号。因此，它又称为无稳态电路，常用来做脉冲信号源。

1. 用 555 定时器构成的多谐振荡器

用 555 定时器构成的多谐振荡器电路和它的工作波形如图 10-8 所示。

在图 10-8 所示的电路中，由于电容 C 的充电时间常数 $\tau_1 = (R_1 + R_2)C$，放电时间常数 $\tau_2 = R_2 C$，所以 T_1 总是大于 T_2，v_O 的波形不仅不可能对称，而且占空比，即脉冲宽度与脉冲周期之比不容易调节。

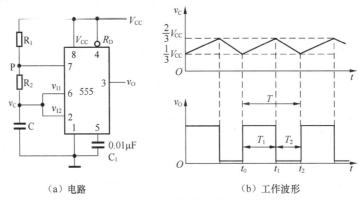

（a）电路　　　　　　　　　　（b）工作波形

图 10-8　用 555 定时器构成的多谐振荡器

2. 占空比可调的多谐振荡器电路

利用半导体二极管的单向导电特性，把电容 C 充电和放电回路隔离开来，再加上一个电位器，便可构成占空比可调的多谐振荡器，如图 10-9 所示。

3. 多谐振荡器的应用

（1）简易温控报警器。

图 10-10 所示为利用多谐振荡器构成的简易温控报警电路。利用 555 构成可控音频振荡电路，用扬声器发声报警，可用于火警或热水温度报警，其特点是电路简单，调试方便。

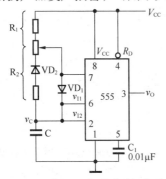

图 10-9　占空比可调的多谐振荡器

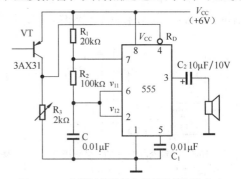

图 10-10　多谐振荡器用作简易温控报警电路

（2）双音门铃。

图 10-11 所示为用多谐振荡器构成的电子双音门铃电路。

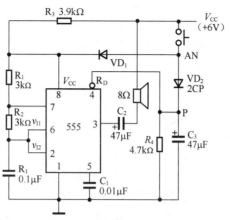

图 10-11 用多谐振荡器构成的双音门铃电路

 动画演示 观看 "555 定时器构成多谐振荡器.swf" 动画，该动画演示了 555 定时器构成多谐振荡器的电路结构、工作原理。

10.1.4 单稳态触发器

单稳态触发器具有下列特点。

（1）它有一个稳定状态和一个暂稳状态。

（2）在外来触发脉冲的作用下，能够由稳定状态翻转到暂稳状态。

（3）暂稳状态维持一段时间后，将自动返回到稳定状态。暂稳态时间的长短与触发脉冲无关，仅决定于电路本身的参数。

单稳态触发器在数字系统和装置中，一般用于定时（产生一定宽度的脉冲）、整形（把不规则的波形转换成等宽、等幅的脉冲）、延时（将输入信号延迟一定的时间以后输出）等。

1. 用 555 定时器构成单稳态触发器

用 555 定时器构成的单稳态触发器的电路和工作波形如图 10-12 所示。

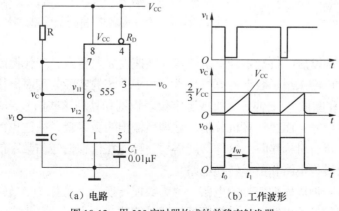

（a）电路 （b）工作波形

图 10-12 用 555 定时器构成的单稳态触发器

2．单稳态触发器的应用

（1）延时与定时。

单稳态触发器用于延时与定时，如图 10-13 所示。

（2）整形。

图 10-14 所示为单稳态触发器用于波形整形的一个例子。

（3）触摸定时控制开关。

图 10-15 所示为利用 555 定时器构成的单稳态触发器。只要用手触摸一下金属片 P，由于人体感应电压相当于在触发输入端（引脚 2）加入一个负脉冲，555 输出端（引脚 3）输出高电平，灯泡（R_L）发光，当暂稳态时间（t_W）结束时，555 输出端恢复低电平，灯泡熄灭。这个触摸开关可以用于夜间定时照明，定时时间可以由 RC 参数调节。

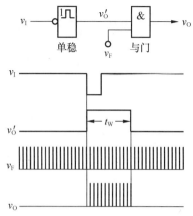

图 10-13　单稳态触发器用于脉冲的延时
与定时选通

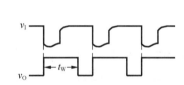

图 10-14　单稳态触发器用于波形的整形

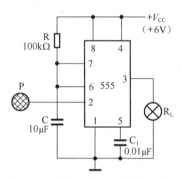

图 10-15　触摸式定时控制开关电路

 动画演示　观看"555 定时器构成单稳态触发器.swf"电话，该动画演示了 555 定时器构成单稳态触发器的电路结构、工作原理。

10.2　D/A 和 A/D 转换器

随着数字技术的发展，特别是计算机技术的飞速发展与普及，现代控制、通信、检测领域中对信号的处理广泛采用了数字计算机技术。由于系统的实际处理对象往往是模拟量（如温度、压力、位移和图像），要使计算机或数字仪表识别和处理这些信号，必须首先将这些模拟信号转换成数字信号；而经计算机分析、处理后输出的数字量，往往也需要转换成相应的模拟信号，才能被执行机构接收。这样，就需要一种能在模拟信号与数字信号之间起桥梁作用的电路——模数转换电路和数模转换电路。

能把数字信号转换成模拟信号的电路，称为数模转换器（简称 D/A 转换器）；而能将模拟信号转换成数字信号的电路，称为模数转换器（简称 A/D 转换器）。D/A 转换器和 A/D 转换器已经成为计算机系统中不可缺少的接口电路。

下面将介绍几种常用 D/A 转换器与 A/D 转换器的电路结构、工作原理、典型应用。

10.2.1 D/A 转换器

数字量是用代码按数位组合起来表示的。对于有权码，每位代码都有一定的权。为了将数字量转换成模拟量，必须按其权的大小将每一位代码转换成相应的模拟量，然后将这些模拟量相加，得到与数字量成正比的总模拟量，从而实现数字的模拟转换。这就是构成 D/A 转换器的基本思路。

下面将介绍 D/A 转换器的基本原理、类型、应用等知识。

1. D/A 转换器的基本原理

图 10-16 所示为 D/A 转换器的输入、输出关系框图，$D_0 \sim D_{n-1}$ 是输入的 n 位二进制数，v_0 是与输入二进制数成比例的输出电压。图 10-17 所示为输入是 3 位二进制数时 D/A 转换器的转换特性，它形象而具体地反映了 D/A 转换器的基本功能。

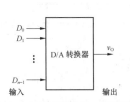

图 10-16 D/A 转换器的输入、输出关系框图

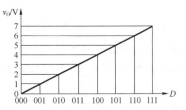

图 10-17 3 位 D/A 转换器的转换特性

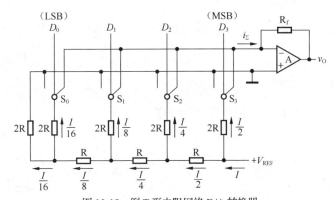

图 10-18 倒 T 形电阻网络 D/A 转换器

2. 倒 T 形电阻网络 D/A 转换器的原理

在单片集成 D/A 转换器中，使用最多的是倒 T 形电阻网络 D/A 转换器。图 10-18 所示为 4 位倒 T 形电阻网络 D/A 转换器的原理图。

要使 D/A 转换器具有较高的精度，对电路中的参数就有以下要求。

（1）基准电压稳定性好。

（2）倒 T 形电阻网络中 R 和 2R 电阻值的比值精度要高。

（3）每个模拟开关的开关电压降要相等。为实现电流从高位到低位按 2 的整倍数递减，模拟开关的导通电阻也相应地按 2 的整倍数递增。

　　由于在倒 T 形电阻网络 D/A 转换器中，各支路电流直接流入运算放大器的输入端，所以它们之间不存在传输上的时间差。电路的这一特点不仅提高了转换速度，也减少了动态过程中输出端可能出现的尖脉冲。常用的倒 T 形电阻网络 D/A 转换器的集成电路有 AD7520（10位）、DAC1210（12 位）、AK7546（16 位高精度）等。

　　尽管倒 T 形电阻网络 D/A 转换器具有较高的转换速度，但由于电路中存在模拟开关电压降，当流过各支路的电流稍有变化，就会出现转换误差。因此，为了进一步提高 D/A 转换器的转换精度，可以采用权电流型 D/A 转换器。

 观看"倒 T 形电阻网络 DA 转换器.swf"动画，该动画演示了倒 T 形电阻网络 D/A 转换器的电路组成和工作原理。

3. 权电流型 D/A 转换器的原理

　　权电流型 D/A 转换器的原理电路如图 10-19所示。

　　这种权电流 D/A 转换器中采用了高速电子开关，因此，电路还具有较高的转换速度。采用这种权电流型 D/A 转换电路生产的单片集成 D/A 转换器有 AD1408、DAC0806、DAC0808 等。

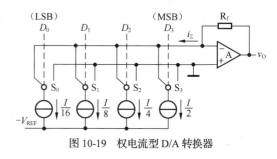

图 10-19　权电流型 D/A 转换器

4. 权电流型 D/A 转换器的应用

　　图 10-20 所示为权电流型 D/A 转换器 DAC0808 的电路结构框图。

 用 DAC0808 这类器件构成的 D/A 转换器，需要外接运算放大器和产生基准电流用的电阻。

　　DAC0808 构成的典型应用电路如图 10-21 所示。

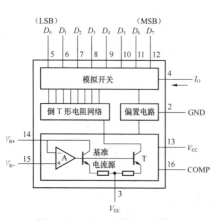

图 10-20　DAC0808 的电路结构

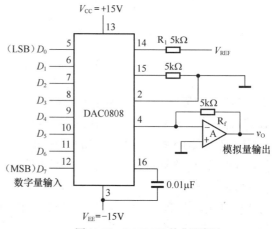

图 10-21　DAC0808 的典型应用

5. D/A 转换器的主要技术指标

D/A 转换器的主要技术指标如表 10-2 所示。

表 10-2　　　　　　　　　　　　　D/A 转换器的主要技术指标

参　　数		含　　义
转换精度	分辨率	分辨率是指 D/A 转换器模拟输出电压可能被分离的等级数。输入数字量的位数越多，输出电压可分离的等级越多，即分辨率越高。在实际应用中，往往用输入数字量的位数表示 D/A 转换器的分辨率。此外，D/A 转换器的分辨率也可以用能分辨的最小输出电压（此时输入的数字代码只有最低有效位为 1，其余各位都为 0）与最大输出电压（此时输入的数字代码各有效位都为 1）之比给出
	转换误差	转换误差的来源很多，如转换器中各元件参数值的误差，基准电源不够稳定，运算放大器的零漂的影响等。D/A 转换器的绝对误差或称绝对精度是指输入端加入最大数字量（全 1）时，D/A 转换器的理论值与实际值之差。该误差值应低于 $L_{SB}/2$
转换速度	建立时间（t_{set}）	建立时间是指输入数字量变化时，输出电压变化到相应稳定电压值所需的时间，一般用 D/A 转换器输入的数字量 NB 从全 0 变为全 1 时，输出电压达到规定的误差范围（$\pm L_{SB}/2$）时所需的时间来表示。D/A 转换器的建立时间较快，单片集成 D/A 转换器的建立时间最短可达 0.1μs 以内
	转换速率（SR）	转换速率是指大信号工作状态下模拟电压的变化率
温度系数		温度系数是指在输入不变的情况下，输出模拟电压随温度变化产生的变化量。一般用满刻度输出条件下温度每升高 1℃时，输出电压变化的百分数，作为温度系数

10.2.2　A/D 转换器

在 A/D 转换器中，因为输入的模拟信号在时间上是连续的，而输出的数字信号代码是离散的，所以进行转换时必须在一系列选定的瞬间（即时间坐标轴上的一些规定点上）对输入的模拟信号取样，然后再把这些取样值转换为输出的数字量。

1. A/D 转换的一般步骤和取样定理

A/D 转换过程通常是取样、保持、量化及编码这 4 个步骤。A/D 转换过程如图 10-22 所示。

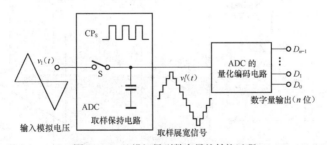

图 10-22　从模拟量到数字量的转换过程

（1）取样定理。

输入信号的采样过程如图 10-23 所示。

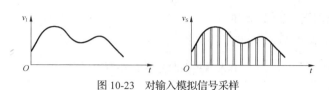

图 10-23 对输入模拟信号采样

要点提示 为了正确无误地用取样信号表示模拟信号，必须满足 $f_s \geq 2f_{imax}$。式中，f_s 为取样频率，f_{imax} 为输入信号的最高频率分量的频率。

（2）量化和编码。

数字信号不仅在时间上是离散的，而且在数值上的变化也不是连续的。这就是说，任何一个数字量的大小，都是以某个最小数量单位的整数倍来表示的。因此，在用数字量表示取样电压时，也必须把它转化成这个最小数量单位的整数倍，这个转化过程就称为量化。所规定的最小数量单位称为量化单位，用 Δ 表示。显然，数字信号最低有效位中的 1 表示的数量大小就等于 Δ。把量化的数值用二进制代码表示，称为编码。这个二进制代码就是 A/D 转换的输出信号。

既然模拟电压是连续的，那么它就不一定能被 Δ 整除，因而不可避免的会引入误差，这种误差称为量化误差。在把模拟信号划分为不同的量化等级时，用不同的划分方法可以得到不同的量化误差。

2. 取样—保持电路

（1）取样—保持电路的结构和工作原理。

取样—保持电路的基本形式如图 10-24 所示，N 沟道 MOS 管 VT 用作取样开关。

取样—保持电路的基本形式由于需要通过 R_i 和 VT 向 C_h 充电，使取样速度受到了限制，所以必须对电路进行改进。

（2）改进电路的构成和工作原理。

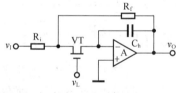

图 10-24 取样—保持电路的基本形式

图 10-25 所示为单片集成取样—保持电路 LE198 的电路原理图和图形符号。它是一个经过改进的取样—保持电路。

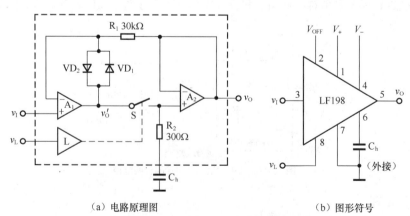

（a）电路原理图 　　　　　　　　（b）图形符号

图 10-25 单片集成取样—保持电路 LE198 的电路原理图和图形符号

观看"采样和保持.swf"动画，该动画演示了取样和保持电路的组成和工作原理以及改进电路的构成和工作原理。

3. 并行比较型 A/D 转换器

3 位并行比较型 A/D 转换原理电路如图 10-26 所示。它由电阻分压器、电压比较器、寄存器及编码器 4 部分构成。

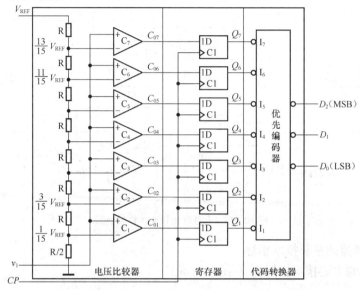

图 10-26　并行比较型 A/D 转换器

单片集成并行比较型 A/D 转换器的产品较多，如 AD 公司的 AD9012（TTL 工艺，8 位）、AD9002（ECL 工艺，8 位）、AD9020（TTL 工艺，10 位）等。

观看"并行比较型 A/D 转换器的基本原理.swf"动画，该动画演示了并行比较型 A/D 转换器的组成和基本原理。

4. 逐次比较型 A/D 转换器

逐次逼近转换过程与用天平称物重非常相似。按照天平称重的思路，逐次比较型 A/D 转换器，就是将输入模拟信号与不同的参考电压做多次比较，使转换所得的数字量在数值上逐次逼近输入模拟量的对应值。

4 位逐次比较型 A/D 转换器的逻辑电路如图 10-27 所示。

逐次比较型 A/D 转换器完成一次转换所需时间与它的位数和时钟脉冲频率有关。位数越少，时钟频率越高，转换时间就越短。这种 A/D 转换器具有转换速度快、精度高的特点。

常用的集成逐次比较型 A/D 转换器有 ADC0808/0809 系列（8 位）、AD575（10 位）、AD574A（12 位）等。

【阅读材料】

双积分型 A/D 转换器

双积分型 A/D 转换器是一种间接 A/D 转换器。它的基本原理是对输入模拟电压和参考电压分别进行两次积分，将输入电压平均值变换成与之成正比的时间间隔，然后利用时钟脉冲和计数器测出这个时间间隔，进而得到相应的数字量输出。因为这个转换电路是对输入电压的平均值进行转换，具有很强的抗工频干扰能力，所以它在数字测量中得到广泛应用。

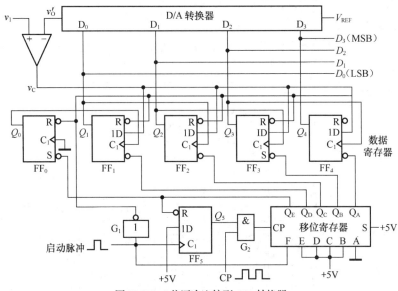

图 10-27　4 位逐次比较型 A/D 转换器

5. A/D 转换器的主要技术指标

A/D 转换器的主要技术指标如表 10-3 所示。

表 10-3　　　　　　　　　　　　　　A/D 转换器的主要技术指标

参　数		含　义
转换精度	分辨率	分辨率代表 A/D 转换器对输入信号的分辨能力。A/D 转换器的分辨率以输出二进制（或十进制）数的位数表示。从理论上讲，n 位输出的 A/D 转换器能区分 $2n$ 个不同等级的输入模拟电压，能区分输入电压的最小值为满量程输入的 $1/2n$。在最大输入电压一定时，输出位数越多，量化单位越小，分辨率越高
	转换误差	转换误差表示 A/D 转换器实际输出的数字量和理论上的输出数字量之间的差别，常用最低有效位的倍数表示
转换时间		转换时间指 A/D 转换器从转换控制信号到来开始，到输出端得到稳定的数字信号所经过的时间

不同类型的转换器的转换速度相差很大。其中，并行比较型 A/D 转换器的转换速度最高，8 位二进制输出的单片集成 A/D 转换器的转换时间可达 50ns 以内。逐次比较型 A/D 转换器次之，转换时间多为 10～50ns，也有达几百纳秒的。间接 A/D 转换器的速度最慢，如双积分 A/D 转换器的转换时间大都在几十毫秒至几百毫秒之间。

要点提示 实际应用中，应从系统数据总的位数、精度要求、输入模拟信号的范围及输入信号极性等方面，综合考虑 A/D 转换器的选用。

【例 10-1】 某信号采集系统要求用一片 A/D 转换集成芯片，在 1s 内对 16 个热电偶的输出电压分时进行 A/D 转换。已知热电偶输出电压范围为 0～0.025V（对应于 0～

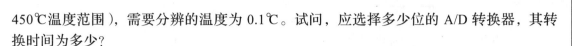

450℃温度范围），需要分辨的温度为 0.1℃。试问，应选择多少位的 A/D 转换器，其转换时间为多少？

解：对于 0～450℃温度范围，信号电压范围为 0～0.025V，分辨的温度为 0.1℃，这相当于 0.1/450 = 1/4 500 的分辨率。12 位 A/D 转换器的分辨率为 $1/2^{12} = 1/4\ 096$，所以必须选用 13 位的 A/D 转换器。

分析：系统的取样速率为每秒 16 次，取样时间为 62.5ms。对于这样慢的取样，任何一个 A/D 转换器都可以达到。可以选用带有取样—保持的逐次比较型 A/D 转换器。

6．集成 A/D 转换器及其应用

在单片集成 A/D 转换器中，逐次比较型使用较多。下面以 ADC0804 为例，来介绍 A/D 转换器及其应用。

（1）ADC0804 芯片。

ADC0804 是 CMOS 集成工艺制成的逐次比较型 A/D 转换器芯片，分辨率为 8 位，转换时间为 100ns，输出电压范围为 0～5V，增加某些外部电路后，输入模拟电压可为 ± 5V。芯片内有输出数据锁存器，当与计算机连接时，转换电路的输出可以直接连接到 CPU 的数据总线上，无需附加逻辑接口电路。ADC0804 的引脚图如图 10-28 所示。

 要点提示　在使用 ADC0804 转换器时，为保证它的转换精度，要求输入电压满量程使用。

在模数、数模转换电路中，要特别注意到地线的正确连接，否则干扰会很大，以致影响转换结果的准确性。A/D、D/A 及取样—保持芯片上都提供了独立的模拟地和数字地。在线路设计中，必须将所有器件的模拟地和数字地分别相连，然后将模拟地与数字地仅在一点上相连接。地线的正确连接方法如图 10-29 所示。

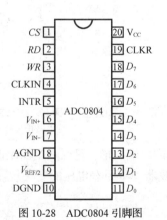

图 10-28　ADC0804 引脚图

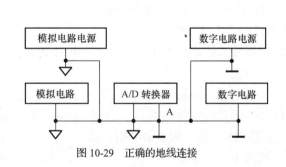

图 10-29　正确的地线连接

（2）ADC0804 的典型应用。

在现代过程控制、智能仪器和仪表中，为采集被控（被测）对象的数据以达到由计算机进行实时检测、控制的目的，常用微处理器和 A/D 转换器构成数据采集系统。单通道微机化数据采集系统如图 10-30 所示。这个系统由微处理器、存储器和 A/D 转换器构成，它们之间通过数据总线和控制总线连接，系统信号采用总线传输方式。

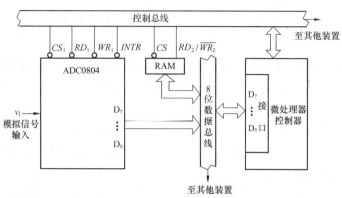

图 10-30 单通道微机化数据采集系统示意图

10.3 实验 脉冲波形的产生与整形

【实验目的】

- 进一步加深对 555 定时器工作原理的理解，熟悉 555 定时器的外形、引脚和功能。
- 掌握用 555 定时器构成几种基本脉冲电路的方法，并验证它的功能。
- 学习脉冲形成和整形电路的调试方法。
- 进一步熟悉示波器等仪器仪表的使用方法。

1. 实验器材

数字逻辑实验箱、双踪示波器、数字万用表、5G 555 定时器、电阻、电容及导线若干。

2. 实验原理

555 定时器的电路符号和引脚含义如图 10-31 所示。

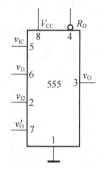

3. 实验步骤

（1）用 555 定时器构成施密特触发器。

① 按图 10-32 接线。

② 元器件取值选择为 v_{O2} 输出上拉电阻值 R 为几百欧，电源电压 $V_{CC} = 5 \sim 15V$。

图 10-31　555 定时器的电路符号和引脚含义

③ 接通电源，v_I 输入三角波信号，用示波器观察 v_{O1} 输出端波形，定性画出输出波形图。

④ 第 5 脚外接控制电压 v_{IC}，改变 v_{IC} 的大小，用示波器观察回差电压的变化规律。

（2）用 555 定时器构成多谐振荡器。

① 按图 10-33 接线。

② 元器件取值选择如下。

充电电阻 R_1 为几百欧～几兆欧。

充放电电阻 R_2 为几百欧～几兆欧。

充放电电容 C 为几百皮法～几百微法。

电源电压 V_{CC} 为 5～15V。

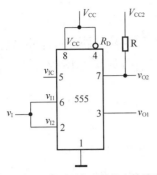

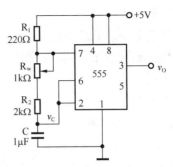

图 10-32　555 定时器构成的施密特触发器　　　图 10-33　555 定时器构成的多谐振荡器

③ 接通电源，用示波器观察输出端波形，定性画出输出波形图。

④ 测量振荡频率的范围：调节 R_W，测量振荡周期 T_{min}、T_{max}，并计算相应的 f_{min} 和 f_{max}。

⑤ 将示波器扫速开关"T/cm"上的微调旋钮旋置"校准"位置，此时，"T/cm"的指示值即为屏幕上横向每格代表的时间，再观察被测波形一个周期在屏幕水平轴上占据的格数，即可得信号周期 $T = T/\text{cm} \times$ 格数。

$$T = 0.7\ (R_1 + 2R_2)\ C$$

（3）用 555 定时器构成单稳态触发器。

① 按图 10-34 接线。

② 元器件取值选择如下。

充放电电阻 R 为几百欧～几兆欧。

充放电电容 C 为几百皮法～几百微法。

电源电压 V_{CC} 为 5～15V。

③ 在 V_i 端输入幅度为 5V、$f = 350\text{Hz}$ 的脉冲信号。用示波器观察 v_I、v_C、v_O 各点波形及其相位关系，并将各点波形按时间关系记录下来。

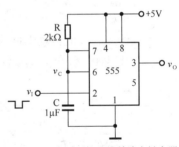

图 10-34　定时器构成的单稳态触发器

④ 用示波器测量出输出脉宽 T_W 的值，方法和测周期相同。

$$T_W \approx 1.1RC$$

⑤ 在允许范围内改变电路参数，观察脉冲宽度的变化趋势，同时作理论分析并填入表 10-4。

表 10-4　　　　　　　　　　　　单稳态触发器输出脉宽的变化

R 值	C 值	理论 T_W	实测 T_W

4. 预习要求

（1）复习 5G 555 定时器的结构和工作原理。

（2）分析由 5G 555 定时器构成的单稳态触发器、多谐振荡器和施密特触发器的电路结构和工作原理。

5. 实验报告

（1）整理实验数据和结果，绘出实测波形图。

（2）将实测值与理论值进行比较，分析误差原因。

6. 思考题

（1）怎样在单稳态电路中加入一个窄脉冲形成电路，使其能处理宽脉冲触发信号？

（2）单稳态触发器输出脉冲的宽度由什么决定？多谐振荡器输出脉冲的宽度、周期和占空比由什么决定？

要注意以下内容。

- 注意 555 定时器的引脚排列。
- 集成 555 定时器有双极性和 CMOS 型两种产品。一般双极性产品型号的最后 3 位数是 555，CMOS 型产品型号的最后 4 位数是 7555，它们的逻辑功能和外部引线排列完全相同。
- 集成 555 定时器的电源电压推荐为 4.5～12V，最大输出电流 200mA 以内，并能与 TTL、CMOS 逻辑电平相兼容。

习　　题

1. 填空题

（1）施密特触发器属于_____稳态电路。施密特触发器的主要用途有_____、_____、_____等。

（2）单稳态触发器在触发脉冲的作用下，以_____态转换到_____态。依靠_____作用，又能自动返回到_____态。

（3）多谐振荡器电路没有_____电路，电路不停地在_____之间转换，因此又称_____。

（4）555 定时电路是一种功能强、使用灵活、适用范围宽的电路，可用作_____等。

（5）_____型 A/D 转换速度较慢，_____型 A/D 转换速度较快。D/A 电路的作用是将_____量转换成_____量。ADC 电路的作用是将_____量转换成_____量。

2. 选择题

（1）多谐振荡器是一种自激振荡器，能产生（　　　）。

A．矩形波　　　　B．三角波　　　　C．正弦波　　　　D．尖脉冲

（2）单稳态触发器一般不适用于（　　　）电路。

A．定时　　　　　　　　　　B．延时

C．脉冲波形整形　　　　　　D．自激振荡产生脉冲信号

（3）施密特触发器一般不适用于（　　　）电路。

A．延时　　　　B．波形变换　　　　C．脉冲波形整形　　　　D．幅度鉴定

（4）采样—保持电路中，采样信号的频率（f_S）和原信号中最高频率（f_{imax}）之间的关系必须满足（　　　）。

A．$f_S \geqslant 2f_{imax}$　　　　　　B．$f_S < f_{imax}$　　　　　　C．$f_S = f_{imax}$

（5）对于 n 位 D/A 的分辨率来说，可表示为（　　　）。

A．$\dfrac{1}{2^n}$　　　　　　　　B．$\dfrac{1}{2^{n-1}}$　　　　　　　C．$\dfrac{1}{2^n-1}$

3. 判断题

（1）单稳态触发器经信号触发后，新的状态只能暂时保持。（ ）

（2）施密特触发器是一个双稳态电路。（ ）

（3）单稳态触发器必须在外来触发脉冲作用下，才能由稳态翻转为暂稳态。（ ）

（4）原则上说，$R-2R$ 倒 T 形电阻网络 DAC 输入的二进制位数不受限制。（ ）

（5）量化的两种方法中只舍不入法较好些。（ ）

4. 分析计算题

（1）D/A 转换器其最小分辨电压 $V_{LSB} = 4mV$，最大满刻度输出电压 $V_{om} = 10V$，求这个转换器输入二进制数字量的位数。

（2）如图 10-35 所示，由 555 构成施密特触发器，当输入信号为图示周期性心电波形时，试画出经施密特触发器整形后的输出电压波形。

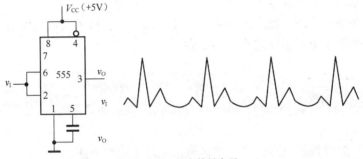

图 10-35　施密特触发器

（3）555 定时器主要由哪几部分构成？各部分的作用是什么？

（4）如何调节 555 定时器构成施密特触发器的回差电压？

（5）多谐振荡器的振荡频率主要取决于哪些元件的参数，为什么？

（6）555 定时器构成的多谐振荡器在振荡周期不变的情况下，如何改变输出脉冲宽度？

（7）单稳态触发器输出脉宽主要取决于哪些元件的参数？为什么？

（8）T 形和倒 T 形电阻网络 D/A 转换器有哪些不同？

（9）D/A 转换器的位数有何意义？它与分辨率、转换精度有何关系？

（10）A/D 转换器的分辨率和相对精度与什么有关？

（11）在应用 A/D 转换器做模数转换的过程中，应注意哪些主要问题？如某人用 10V 的 8 位 A/D 转换器对输入信号为 0.5V 范围内的电压进行模数转换，你认为这样使用正确吗？为什么？

第11章 电路识图

【学习目标】
- 掌握模拟电路和数字电路的调试方法和步骤。
- 掌握模拟电路识图的识图方法。
- 了解模拟电路的故障诊断方法。
- 了解数字电路的故障及排除方法。

对于电子电路图的识图，已经成为各行各业广大工人、技术人员迫切需要的知识。本章将介绍模拟电路和数字电路识图的方法和步骤。

11.1　模拟电路识图

认识、了解、分析模拟电路，必须掌握模拟电路识图的方法。

【问题思考】

图11-1所示为助听器放大电路原理图，如何才能分析好这个模拟电路呢？

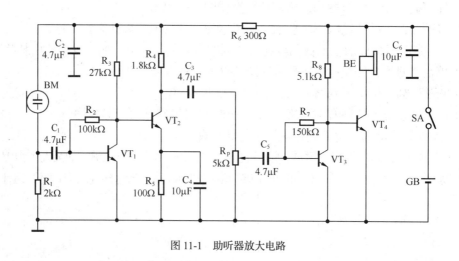

图 11-1　助听器放大电路

11.1.1　单元电路识图

单元电路是指某一级控制器电路，或某一级放大器电路，或某一个振荡器电路、变频器电路等，它是能够完成某一电路功能的最小电路单位。从广义角度上讲，一个集成电路的应用电路也是一个单元电路。单元电路图是学习整机电路工作原理过程中，首先遇到的具有完整功能的电路图，这一电路图概念的提出完全是为了方便电路工作原理分析的需要。三极管放大单元电路如图 11-2 所示。

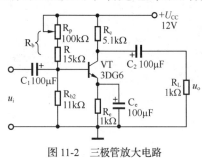

图 11-2　三极管放大电路

通过三极管放大电路单元电路图可知单元单路具有如下功能。

（1）单元电路图主要用来讲述电路的工作原理。

（2）能够完整地表达某一级电路的结构和工作原理，有时还会全部标出电路中各元器件的参数，如标称阻值、标称容量和三极管型号等。

（3）对深入理解电路的工作原理和记忆电路的结构很有帮助。

11.1.2　整机电路识图

整机电路图表明整个机器的电路结构、各单元电路的具体形式和它们之间的连接方式。收音机的中放电路就是一个简单的整机电路，如图 11-3 所示。

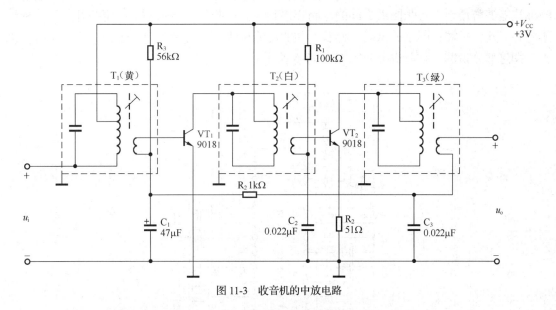

图 11-3　收音机的中放电路

通过收音机的中放电路可以知道整机电路图具有下列一些功能。

（1）整机电路图表达了整机电路的工作原理，这是电路图中最复杂的一张电路图。

（2）给出了电路中各元器件的具体参数，如型号、标称值和其他一些重要数据，为检测和更换元器件提供了依据。例如，更换某个三极管时，可以查阅图中的三极管型号标注，就能知道接哪种型号的三极管。

（3）许多整机电路图中还给出了有关测试点的直流工作电压，为检修电路故障提供了方便。例如，集成电路各引脚上的直流电压标注，三极管各电极上的直流电压标注等，都为检修这些部分的电路提供了方便，例如4V开关电源。

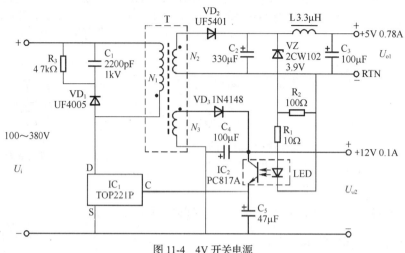

图11-4　4V开关电源

（4）给出了与识图相关的有用信息。例如，通过各开关件的名称和图中开关所在位置的标注，可以知道该开关的作用和当前开关状态；当整机电路图分为多张图纸时，引线接插件的标注能够方便地将各张图纸之间的电路连接起来。一些整机电路图中，将各开关件的标注集中在一起，标注在图纸的某处，标有开关的功能说明，识图中若对某个开关不了解时可以去查阅这部分说明。收音机电路图如图11-5所示。

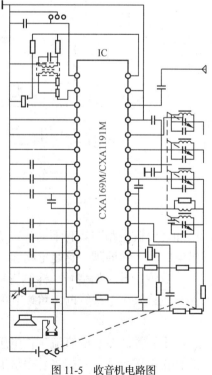

图11-5　收音机电路图

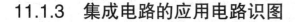

11.1.3 集成电路的应用电路识图

在无线电设备中，集成电路的应用越来越广泛，对集成电路的应用电路识图是电路分析中的重点，也是难点之一。音频功放电路如图 11-6 所示。

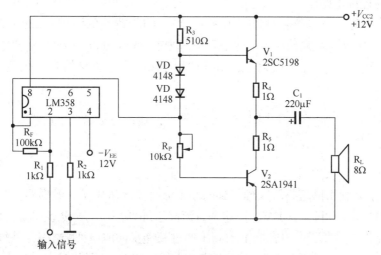

图 11-6 音频功放电路

集成电路的应用电路图具有下列一些功能。

（1）它表达了集成电路各引脚外电路结构、元器件参数等，从而表示了某一集成电路的完整工作情况。

（2）有些集成电路的应用电路中，画出了集成电路的内电路方框图，这时对分析集成电路的应用电路是相当方便的，但这种表示方式不多。

（3）集成电路的应用电路有典型应用电路和实际应用电路两种，前者在集成电路手册中可以查到，后者出现在实用电路中。这两种应用电路相差不大，根据这一特点，在没有实际应用电路图时可以用典型应用电路图作参考，修理中常常采用这一方法。

（4）一般情况下，集成电路的应用电路表达了一个完整的单元电路或一个电路系统，但有些情况下，一个完整的电路系统要用到两个或更多的集成电路。

11.1.4 模拟电路识图的应用

下面通过几个实例来介绍一下模拟电路识图的方法和步骤。

1. 电源电路识图

电源电路是电子电路中比较简单且应用最广的电路。拿到一张电源电路图时，应做的工作如下。

- 先按"整流—滤波—稳压"的次序把整个电源按电路分解开来，逐级细细分析。
- 逐级分析时要分清主电路、辅助电路、主要元件和次要元件，弄清它们的作用和参数要求等。例如，开关稳压电源中，电感、电容和续流二极管就是它的关键元件。
- 因为晶体管有 NPN 型和 PNP 型两类，某些集成电路要求双电源供电，所以一个电源电路往往包括有不同极性不同电压值的许多组输出。读图时必须分清各组输出电压的数值和极性。在组装和维修时也要仔细分清晶体管和电解电容的极性，防止出错。

- 熟悉某些习惯画法和简化画法。
- 最后把整个电源电路从前到后全面综合贯通起来。这张电源电路图也就读懂了。

（1）电热毯控温电路。

图 11-7 所示为一个电热毯电路。开关在"1"的位置是低温挡，220V 市电经二极管后接到电热毯，因为是半波整流，电热毯两端所加的是约 100V 的脉动直流电，发热不高，所以是保温或低温状态。开关扳到"2"的位置，220V 市电直接接到电热毯上，所以是高温挡。

 动画演示 观看"电热毯控温电路.swf"动画，该动画演示了电热毯控温电路的工作原理。

（2）高压电子灭蚊蝇器。

图 11-8 所示为利用倍压整流原理得到的小电流直流高压电子灭蚊蝇器。220V 交流经过 4 倍压整流后输出电压可达 1100V，把这个直流高压加到平行的金属丝网上。网下放诱饵，当苍蝇停在网上时造成短路，电容器上的高压通过苍蝇身体放电把蝇击毙。苍蝇尸体落下后，电容器又被充电，电网又恢复高压。这个高压电网电流很小，因此对人无害。由于昆虫夜间有趋光性，因此如在这个高压电网后面放一个 3W 的荧光灯或小型黑光灯，就可以诱杀蚊虫和有害昆虫。

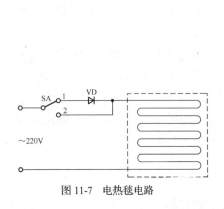

图 11-7　电热毯电路

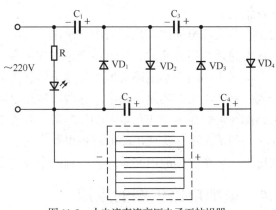

图 11-8　小电流直流高压电子灭蚊蝇器

 动画演示 观看"高压电子灭蚊蝇器.swf"动画，该动画演示了倍压整流原理得到的小电流直流高压电子灭蚊蝇器的方法。

2. 助听器放大电路识图

放大电路是电子电路中变化较多和较复杂的电路。在拿到一张放大电路图时，首先要把它逐级分解开，然后一级一级分析弄懂它的原理，最后再全面综合。读图时要注意如下几点。

（1）在逐级分析时，要区分开主要元器件和辅助元器件。放大器中使用的辅助元器件很多，如偏置电路中的温度补偿元件、稳压稳流元器件、防止自激振荡的防振元件、去耦元件及保护电路中的保护元件等。

（2）在分析中最主要和最困难的是反馈的分析，要能找出反馈通路，判断反馈的极性和类型，特别是多级放大器，往往是后级将负反馈加到前级，因此更要细致分析。

（3）一般低频放大器常用 RC 耦合方式；高频放大器则常常是和 LC 调谐电路有关的，或是用单调谐或是用双调谐电路，而且电路里使用的电容容量一般也比较小。

（4）注意晶体管和电源的极性。放大器中常常使用双电源，这是放大电路的特殊性。

图 11-9 所示为一个助听器放大电路，实际上是一个 4 级低频放大电路。VT_1、VT_2 之间和 VT_3、VT_4 之间采用直接耦合方式，VT_2 和 VT_3 之间则用 RC 耦合。为了改善音质，VT_1 和 VT_3 的本级有并联电压负反馈（R_2 和 R_7）。由于使用高阻抗的耳机，所以可以把耳机直接接在 VT_4 的集电极回路内。R_6、C_2 是去耦电路，C_6 是电源滤波电容。

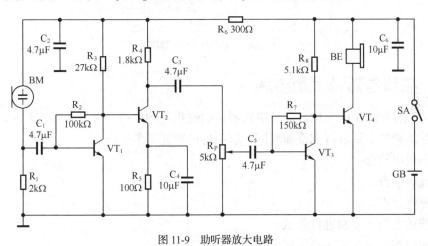

图 11-9　助听器放大电路

 观看"助听器放大电路.swf"动画，该动画演示了 4 级低频助听器放大电路的工作原理。

11.2　模拟电路调试

【问题思考】

图 11-10 所示为节能灯电路原理图。怎样才能快速调试节能灯电路和诊断节能灯电路的故障呢？

模拟电路系统的设计完成后，一个重要的步骤是调试。这一步是对设计内容的检验，也是设计修改的实践过程，是理论知识和实践知识综合应用的重要环节。调试的目标是使设计电路满足设计的功能和性能指标，并且达到系统要求的可靠性、稳定性和抗干扰能力。

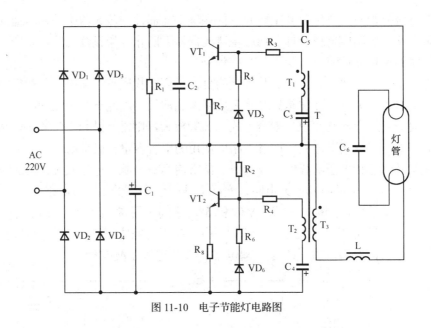

图 11-10　电子节能灯电路图

11.2.1　模拟电路调试的步骤

调试是调整和测试的总称。模拟电路调试的过程是利用符合指标要求的各种电子测量仪器对设计好的模拟电路进行调整和测试，以保证电路能正常工作。

（1）不通电检查。

（2）直观检查。

（3）通电检查。

（4）按功能模块分别进行调试。

（5）先静态调试，后动态调试。

（6）整机联调。

（7）性能指标的测试。

（8）环境试验。

11.2.2　模拟电路调试的注意事项

模拟电路调试首先要注意电源的调试。电源的调试通常分以下两步进行。

（1）空载电源电路的调试。电源电路的调试通常先在空载状态下进行，目的是避免因电源电路未经调试而加载，引起部分电子元器件的损坏。在调试时，插上电源部分的电路，测量有无稳定的直流电压输出，其值是否符合设计要求或调节取样电位器使之达到预定的设计值。测量电源各级的支流工作点和电压波形，检查工作状态是否正常，有无自激。例如图 11-11 可调输出的三端集成稳压器构成的直流稳压电源。

（2）加负载时电源的细调。在初调正常的情况下，加上额定负载，再测量各项性能指标，观察是否符合额定的设计要求。当达到最佳值时，选定有关元器件，锁定有关电位器等调整元器件，使电源电路具有加载时所需的最佳功能状态。

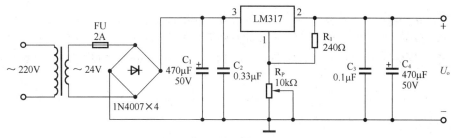

图 11-11 可调输出的三端集成稳压器构成的直流稳压电源

有时为了确保负载电路的安全，在加载调试前，先在等效负载下对电源进行调试，以防止接入负载时可能受到的冲击。

对于三极管电路，若不能正常工作，首先应断开级联与反馈，检查工作点，如图 11-12 所示。

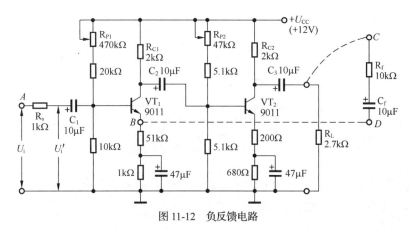

图 11-12 负反馈电路

（3）集成运算放大电路着重检查差分输入端电位。排除自激故障，可断开反馈，逐级将输入端交流短路接地。针对自激原因，采用旁路电容、负反馈等措施进行改善，如图 11-13 所示。

（4）模拟电路输入阻抗的测量。采用电阻分压测量法，如图 11-14 所示。调节 R_W 使 B 点所测得的信号为输入信号的 1/2，此时的 R_W 即为输入阻抗值。这种方法只适用于低频电路。

输入短路等效噪声测量，如图 11-15 所示。将输入接地，测得放大器的输出有效值为 U_o，放大器的短路噪声为 U_o/A，其中 A 为放大器的增益。

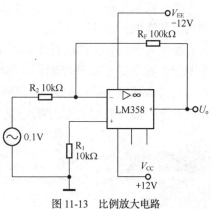

图 11-13 比例放大电路

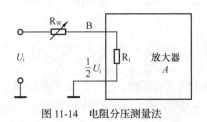

图 11-14 电阻分压测量法

图 11-15 等效噪声测量

（5）失真度测量。可采用失真度仪直接测量，如图 11-16（a）所示。通常所测为总失真加噪声，即 THD+N。也可用频谱分析仪对失真分量的谐波结构进行分析，如图 11-16（b）所示，由于先用失真度仪滤去了基频分量，所以可充分利用频谱仪测量动态范围。

图 11-16 失真度测量

（6）网络频率响应特性的测量。用扫频仪测幅频特性，用向量网络分析仪或信号源加信号分析仪器测试其幅频与相频特性，如图 11-17 所示。

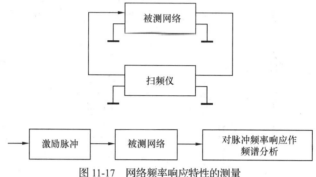

图 11-17 网络频率响应特性的测量

要点提示 在组建测试系统时，应注意测试用的仪器对被测试电路的影响，如引入噪声，改变其输入、输出阻抗等。

由于模拟电路的信号流向较为简单清晰，所以逐级跟踪控制试即可。常遇到的难点有排除自激和降低系统的噪声等。

噪声对于接收机的前置放大器和高阻传感器的前置放大器往往是重要的指标。噪声主要来源于电磁干扰（对于高阻输入端而言）和电路系统内部器件的工作。前者应靠改善电磁兼容工艺提高其抗干扰性能，后者要靠选用低噪声器件来改善。噪声问题还可以从整机系统的角度，采用信号处理的方法来改善。

11.3 模拟电路故障的诊断与排除

电路故障是指电路的异常工作状态。在模拟电路系统进行安装调试过程中，或者模拟电路系统使用很长时间以后，电路出现故障是不可避免的。因此，要求读者必须掌握模拟电路故障的诊断方法。

11.3.1 故障诊断与排除的一般步骤

进行模拟电路故障诊断，要求应对模拟电路的常用电路类型及工作原理有所了解，对常用的模拟电路元器件的性能、特点要知道，同时还要掌握常用仪器的使用方法。故障诊断与排除的一般步骤如下。

（1）了解故障情况。

（2）检查和分析故障。

（3）处理故障。

11.3.2　模拟电路的故障分类

模拟电路的故障因其产生原因的不同，可以分成如下若干类。

（1）由元器件引起的故障。

（2）因接触不良引起的故障。

（3）人为原因引起的故障。

（4）各种干扰引起的故障。

11.3.3　电子节能灯电路的维修

电子节能灯具有低电压启辉、无频闪、无噪声、高效节能、开灯瞬间即亮及使用寿命长（3 000h 以上，为普通白炽灯的 3 倍多）等优点，很受消费者的欢迎（尤其在电源电压波动频繁的地区）。

电子节能灯有玻罩型和裸露型两种。玻罩型又有球型、球柱型、工艺型 3 个系列。前两个系列均有全透明、刻花、彩色刻花和乳白色 4 个品种。它具有外形美观、安装时不易损坏灯管、耐碰撞等优点。裸露型则有 H 型、UH 型、3U 型、4U 型、2D 型及螺旋型等。按发光的颜色来分，则可分为红、绿、蓝、黄（色温为 2 700K，属暖色光，类似于白炽灯的光色）、白（色温以 6 400K 居多，属冷色光，类似于日光灯的光色）；而色温为 5 000K 的灯管因光色接近于自然光，对眼睛无刺激，更适合于学习和精细工作。图 11-18 所示为电子节能灯电路图。该电路已加有软启动（灯丝预热）电路，可延长灯管寿命，多应用于护目灯和外销灯具中。

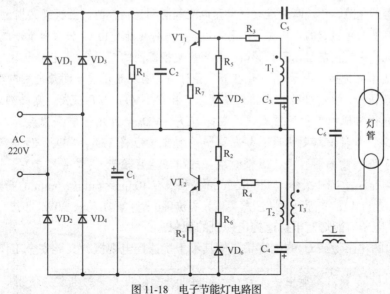

图 11-18　电子节能灯电路图

维修电子节能灯，首先要排除假故障。关灯后节能灯有间隙性的闪光，这并不是灯的质量

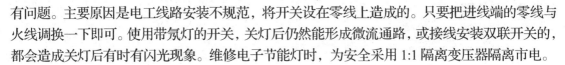

有问题。主要原因是电工线路安装不规范，将开关设在零线上造成的。只要把进线端的零线与火线调换一下即可。使用带氖灯的开关，关灯后仍然能形成微流通路，或接线安装双联开关的，都会造成关灯后有时有闪光现象。维修电子节能灯时，为安全采用 1:1 隔离变压器隔离市电。

（1）灯不能正常点亮的检修。

- 常见为谐振电容（C_6）击穿（短路）或耐压降低（软击穿），应换为耐压在 1kV 以上的同容量优质涤纶或 CBB 电容。
- 灯管灯丝开路。若灯管未严重发黑，可在断丝灯脚两端并联 $0.047\mu F/400V$ 的涤纶电容后，应急使用。
- R_1、R_2 开路或变值（一般以 R_1 故障可能性较大），用同阻值的 1/4W 优质电阻代换。
- 三极管开路。如发现只有一只三极管开路，但不能更换一只，而应更换一对耐压在 400V 以上的同型号配对开关管。否则容易出现灯光打滚或再次烧管。
- 灯光闪烁不停。灯管若未严重发黑，检查 VD_5、VD_6 有无虚焊或开路，若 VD_5、VD_6 软击穿或滤波电容（C_1）漏液及不良，也会使灯光闪烁不停。
- 灯难以点亮，有时用手触摸灯管能点亮或灯光打滚，这可能是 C_3、C_4 容量不足、不配对。倘若单只小功率节能灯点亮后灯丝有发红或发光的现象，应检查 $VD_1 \sim VD_4$ 有无软击穿，C_1 是否装反或漏电，电源部分有无短路等。
- 扼流圈 L 及振荡变压器（T）的磁心有断裂。若单换磁心，要注意 3 点：使用符合要求的磁心，否则可能使扼流圈的电感值有较大出入，给节能灯埋下隐患；磁隙不能过小，以免磁饱和；磁隙间用合适的垫衬物垫好后，用胶粘剂粘上，并缠上耐高温阻燃胶带，以防松动。此外 T 的同名端不能接错。
- 检修使用触发管的电子镇流器，应重点检查双向触发二极管，此管一般用 DB3 型，它的双向击穿电压为 $32V \pm 4V$。

（2）有元件明显损坏的检修。

- 虽不熔断保险、不烧断进线处线路而电阻等有明显损坏的，三极管必损无疑。这首先可能是灯管老化引起的，其次是使用环境差，另外可能是由 C_1 失去容量造成的。对于前两种情况，在更换电阻、三极管时，最好也更换配对的 C_3、C_4 小电解电容。对于后一种，C_3、C_4 不必更换，由于 C_1 工作在高压条件下，务必选用优质耐热电解电容器进行代换。
- 在熔断保险、烧断进线处线路的情况下，若 C_1、VT_1、VT_2 完好，则必须逐个对 $VD_1 \sim VD_4$ 进行常规检查和耐压测试，或把 $VD_1 \sim VD_4$ 全部用优质品代换。
- C_1 爆裂，如伴有熔断保险、烧断进线的现象，应将 $VD_1 \sim VD_4$、C_1 全部更换。
- 只有 VT_2 一侧的阻容件、三极管烧坏的，应重点检查 C_2 是否已击穿。
- 若高频变压器（T）损坏，可用 0.32mm 高强线在 $10mm \times 6mm \times 5mm$ 的高频磁环上绕制，T_1、T_2 各为 4 圈，T_3 为 8 圈（注意头尾）。扼流圈 L：灯管功率 $5 \sim 40W$，相应为 $1.5 \sim 5.5mH$。

（3）少数电子节能灯有干扰遥控电视机的现象。

可调整 L 的电感量或 C_2 的电容量，使其不干扰遥控电视机，又能安全工作。

 要点提示 节能灯不能在调光台灯、延时开关、感应开关的电路中使用。应避免在高温高湿的环境中使用。电子节能灯与其他照明灯具一样，不宜频繁开关。

11.4 数字电路系统分析

【问题思考】

由于计算机的普及,使得数字电路应用的非常广泛。下面通过出租车计费器电路和数字抢答器电路进行分析,说明数字电子系统功能分析的方法和步骤。

11.4.1 出租车计费器电路

1. 出租车计费器电路原理框图

出租车计费器电路采用计数器电路为主实现自动计费。

将行车里程、等候时间都按相同的比价转换成脉冲信号,然后对这些脉冲进行计数,起价可以通过预置送入计数器作为初值,原理框图如图 11-19 所示。

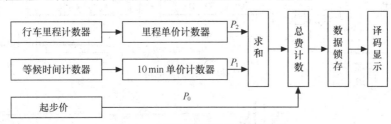

图 11-19 出租车计费器电路原理框图

2. 里程计费电路

里程计费电路如图 11-20 所示。安装在与汽车轮相接的涡轮变速器上的磁铁使干簧继电器在汽车每前进 10m 闭合一次,即输出一个脉冲信号。汽车每前进 1km 则输出 100 个脉冲。此时,计费器应累加 1km 的计费单价,本电路设为 1.80 元。在图 11-20 中,干簧继电器产生的脉冲信号经施密特触发器整形得到 CP_0。CP_0 送入由两片 74HC161 构成的 100 进制计数器,当计数器计满 100 个脉冲时,一方面使计数器清 0,另一方面将基本 RS 触发器的 Q_1 置为 1,使 74HC161(3)和(4)组成的 180 进制计数器开始对标准脉冲 CP_1 计数,计满 180 个脉冲后,使计数器清 0。RS 触发器复位为 0,计数器停止计数。在 180 进制计数器计数期间,由于 $Q_1 = 1$,则 P_2 等于 CP_1 的非,使 P_2 端输出 180 个脉冲信号,代表每千米行车的里程计费,即每个脉冲的计费是 0.01 元,称为脉冲当量。

3. 等候时间计费电路

等候时间计费电路如图 11-21 所示,由 74HC161(1)、(2)、(3)构成的 600 进制计数器对秒脉冲 CP_2 作计数,当计满一个循环时也就是等候时间满 10min。一方面对 600 进制计数器清 0,另一方面将基本 RS 触发器置为 1,启动 74HC161(4)和(5)构成的 150 进制计数器(10min 等候单价)开始计数,计数期间同时将脉冲从 P_1 输出。在计数器计满 10min 等候单价时,将 RS 触发器复位为 0,停止计数。从 P_1 输出的脉冲数就是每等候 10min 输出 150 个脉冲,表示单价为 1.50 元,即脉冲当量为 0.01 元,等候计时的起始信号由接在 74HC161(1)的手动开关给定。

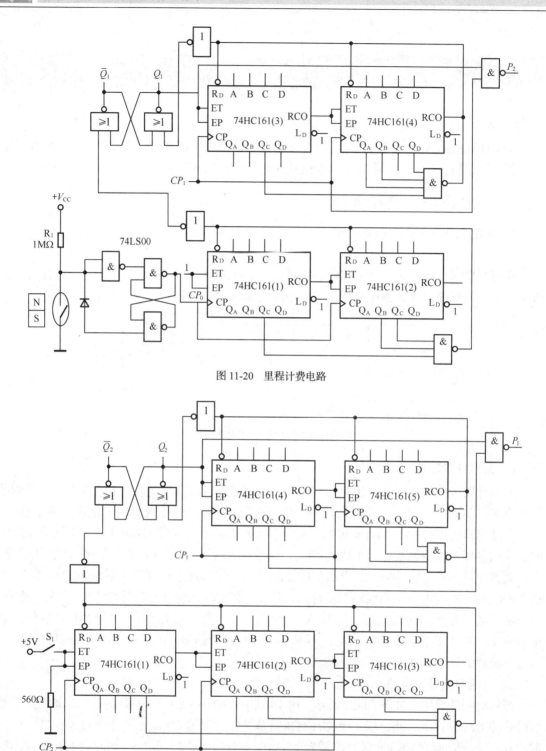

图 11-20　里程计费电路

图 11-21　等候时间计费电路

4. 计数、锁存、显示电路

计数、锁存、显示电路如图 11-22 所示，其中计数器由 4 位 BCD 计数器 74LS160 构成，对来自里程计费电路的脉冲 P_2 和来自等候时间的计费脉冲 P_1 进行十进制计数。计数器所得到的状态值送入由两片 8 位锁存器 74LS273 构成的锁存电路锁存,然后由七段译码器 74LS48 译码后送到共阴数码管显示。

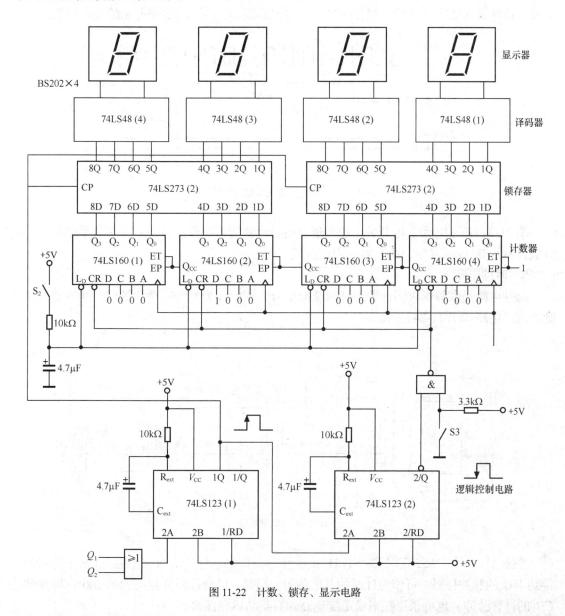

图 11-22 计数、锁存、显示电路

计数、译码、显示电路为使显示数码不闪烁,需要保证计数、锁存和计数器清零信号之间正确的时序关系,如图 11-23 所示。由图 11-23 的时序结合图 11-22 的电路可见,在 Q_2 或 Q_1 为高电平(1)期间,计数器对里程脉冲 P_2 或等候时间脉冲 P_1 进行计数,当计数完 1km 脉冲(或等候 10min 脉冲),则计数结束。现在应将计数器的数据锁存到 74LS273 中以便进行译码显示,锁存信号由 74LS123(1)构成的单稳态电路实现,当 Q_1 或 Q_2 由 1 变 0 时启动单稳态电路延时而产生一个正脉冲,这个正脉冲的持续时间保证数据锁存可靠。锁存到

74LS273 中的数据由 74LS48 译码后，在显示器中显示出来。只有在数据可靠锁存后，才能清除计数器中的数据。因此，电路中用 74LS123（2）设置了第二级单稳态电路，该单稳态电路用第一级单稳态输出脉冲的下跳沿启动，经延时后第二级单稳态的输出产生计数器的清零信号。这样就保证了"计数—锁存—清零"的先后顺序，保证计数和显示的稳定可靠。

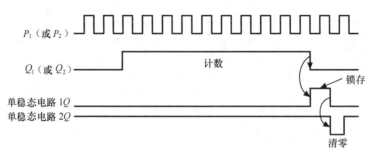

图 11-23　计数、锁存清零信号的时序图

图 11-22 中的 S_2 为上电开关，能实现上电时自动置入起步价目，S_3 可实现手动清零，使计费显示为 00.00。其中，小数点为固定位置。

5．时钟电路

时钟电路提供等候时间计费的计时基准信号，同时作为里程计费和等候时间计费的单价脉冲源，电路如图 11-24 所示。

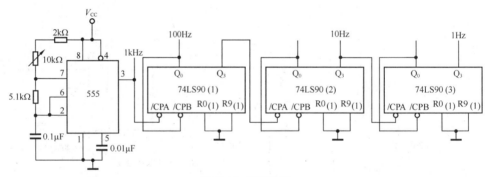

图 11-24　时钟电路

在图 11-24 中，555 定时器产生 1kHz 的矩形波信号，经 74LS90 组成的 3 级十分频后，得到 1Hz 的脉冲信号，可作为计时的基准信号。同时，可选择经分频得到的 100Hz 脉冲作为 CP_1 的计数脉冲，也可采用频率稳定度更高的石英晶体振荡器。

　观看"出租车计费器电路.swf"动画，该动画演示了出租车计费器电路的组成和工作原理。

11.4.2　数字抢答器电路

数字抢答器原理框图如图 11-25 所示。

1. 抢答电路

抢答电路完成两个功能：一是分辨出选手按键的先后，并锁存优先抢答者的编号，同时译码显示电路显示编号；二是使其他选手按键操作无效。利用 8 线 – 3 线优先编码器 47LS148 实现此抢答电路。抢答电路如图 11-26 所示。

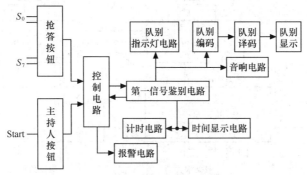

图 11-25　数字抢答器原理框图

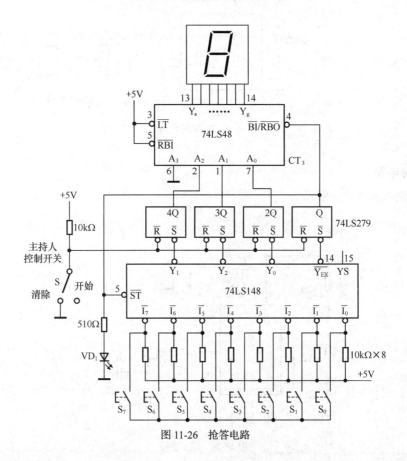

图 11-26　抢答电路

2. 定时电路

有节目主持人根据抢答题的难易程度，设定一次抢答的时间，通过预置时间电路对计数器进行预置，计数器的时钟脉冲由秒脉冲电路提供。可预置时间的电路选用十进制同步加减计数器 74LS192 进行设计。定时电路如图 11-27 所示。

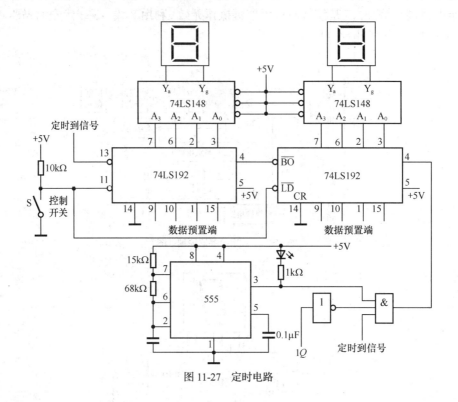

图 11-27　定时电路

3. 报警电路

报警电路如图 11-28 所示。

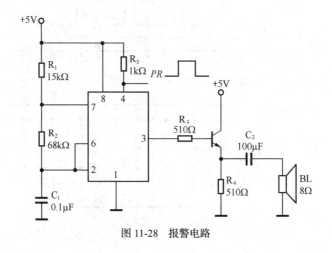

图 11-28　报警电路

4. 时序控制电路

时序控制电路是抢答器设计的关键，它要完成以下 3 项功能。

（1）主持人将控制开关拨到"开始"位置时，扬声器发声，抢答电路和定时电路进入正常抢答工作状态。

（2）当参赛选手按动抢答键时，扬声器发声，抢答电路和定时电路停止工作。

（3）当设定的抢答时间到，无人抢答时，扬声器发声，同时抢答电路和定时电路停止工作。

时序控制电路如图 11-29 所示。

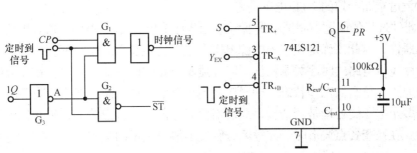

图 11-29　时序控制电路

 动画演示　观看"数字抢答器电路.swf"动画，该动画演示了数字抢答器电路的组成和工作原理。

11.5　数字电路系统的调试

【问题思考】

数字电路系统设计完成后，一个重要的步骤是调试。这一步是对设计内容的检验，也是设计修改的实践过程，是理论知识和实践知识综合应用的重要环节。调试的目标是使设计电路满足设计的功能和性能指标，并且达到系统要求的可靠性、稳定性、抗干扰能力，如何进行数字电路的调试呢？

数字电路中的信号基本上是逻辑信号，其基本的调试步骤如下。

（1）首先调整振荡电路，确保能够为其他电路提供准确标准的时钟信号。

（2）调整控制电路，确保分频器、节拍信号发生器等控制信号产生电路能正常工作，以便为其他各部分电路提供控制信号，保证电路正常而有序地工作。

（3）调整信号处理电路，例如寄存器、计数器、选择器、编码器和译码器等电路。这些电路调整好后，再相互连接检查电路的逻辑功能。

（4）调整接口电路、驱动电路及输出电路、执行器件或机构等，确保数字系统正常地工作。

对于中小规模数字集成电路搭成的系统，用万用表、逻辑笔和示波器等常规仪器即可完成调试。对于大规模的复杂时序逻辑系统，用逻辑分析仪特征分析的方法可大大提高测试效率。

影响数字电路正常工作的常见问题有以下几个。

（1）因电路延时或逻辑设计带来的竞争冒险。通过修改硬件电路和逻辑设计的方法来解决该问题。

（2）组合逻辑电路输出中的"毛刺"脉冲。当带有毛刺的组合逻辑输出作用于后段电路时，将影响后段电路的正常工作。如果在设计时让该组合信号预先提前 1/2 拍，再经 D 触发器延迟 1/2 拍，就能避开毛刺，获得良好的输出波形。由于毛刺是一种很窄的脉冲，大多数情况下，在信号经过的点上加一适当大小的对地滤波电容，即可使毛刺的幅度大大下降，不致于危害电路，而有用的信号脉冲的电平不受影响。对地滤波电容值的大小需要在调试中试凑来确定。

（3）负载过重而导致的 TTL 电平偏差。

（4）元器件选择的问题。调试中需要考虑元器件是分立元器件还是 TTL 电路、CMOS 电路的集成元器件，由此来确定相应的电源电压、电平转换及负载电路等。

（5）时序逻辑电路的时序关系错误。时序逻辑电路的时序非常重要，首先应确保电路开机后能顺利地进入正常的工作状态，即时序逻辑电路的初始状态，然后检查各时序逻辑电路辅助端子、多余端子的处理是否合理，最后对照时序图检查各点波形，掌握各单元电路之间的时序关系。在检查各点波形时，注意区分触发器触发边沿的类型，时钟信号与振荡器之间的关系。

11.6　数字电路故障的诊断与排除

【问题思考】

数字电路在工作过程中，某些内部或外部的原因往往会使电路出现各种各样的问题，导致电路不能正常工作，所以电子工程设计人员的一项重要任务就是要对工作电路进行检修、检测以及故障的诊断和排除。如何才能准确、快速地检测出故障呢？

电路故障是指电路的异常工作状态。在数字 电路系统进行安装调试过程中，或者数字电路系统使用很长时间以后，电路出现故障是不可避免的。因此，要求读者须掌握数字电路故障的诊断方法。

1. **故障诊断与排除的一般步骤**

进行数字电路故障诊断应对数字电路的常用电路类型及工作原理有所了解，对常用的数字电路元器件的性能、特点要知道，同时还要掌握常用仪器的使用方法。故障诊断与排除的一般步骤如下。

（1）了解故障情况。

（2）检查和分析故障。

（3）处理故障。

2. **数字电路的故障原因**

一般来说，有 3 方面的原因产生问题（故障），即器件故障、接线错误、设计错误。

3. **数字电路故障的类型**

按数字电路的故障原因不同，可以分成以下几个类型。

（1）内部故障和外部故障。

（2）逻辑故障和非逻辑故障。电路中某节点的逻辑值与规定的逻辑值相反，该故障为逻辑故障，除逻辑故障以外的所有故障都是非逻辑故障。

（3）永久性故障和暂时性故障。

（4）固定故障和固定开路故障。

（5）桥接故障。

（6）集成电路的软故障。

11.7　电路故障查找的常用方法

数字电路故障查找不仅要有一个科学的逻辑检查程序，还要有定义的方法和手段才能快速查明故障原因，找到故障的部位。

1．直接观察法

直接观察法就是不依靠测量仪器，而凭人的感觉器官的直接感觉对故障原因进行判断的方法。例如，直接检查有无断线、脱焊、电阻烧坏、电解电容漏液、电路板铜箔断裂及印刷导线短路等。在安全的前提下可以用手摸晶体管、变压器等，检查温度是否过高；可以嗅出有无电阻、变压器等烧焦的味道；可通过轻轻敲击或扭动来判断虚焊、裂纹等故障。直接观察法又可分为静态观察法和动态观察法两种。两者互相配合能很快发现故障的部位。直接观察法适用于对故障进行初步检查，可以发现一些明显的故障。

2．参数检测法

参数检测法是通过电路参数电压、电流和电阻的值的测量来进行故障判断的方法。常用的测量仪器是万用表。

（1）电压测量法。电压测量法是对有关电路的各点电压进行测量，将测量值与已知值（经验值）相比较，通过判断，确定故障原因。电压测量还可以判断电路的工作状态，如振荡器是否起振等。

（2）电流测量法。电流测量法是通过测量电路或元器件中的电流，将测量值与正常值进行比较以判断故障发生的原因及部位。具体实现方法有直接测量和间接测量。直接测量是将电流表串接于被测回路中直接读取数据；间接测量是先测电路中已知电阻上的电压值，再通过计算得到电流值。

（3）电阻测量法。电阻测量法是通过测量元器件或电路两点间电阻，以判断故障产生的原因。这种方法还能有效地检查电路的"通"、"断"状态，如检查开关，铜箔电路的断裂、短路等比较方便、准确。

3．仪器测试法

仪器测试法是一种借助于仪器来进行故障诊断的方法。这种方法可分为断电测试法和带电测试法两种。

（1）断电测试法。断电测试法是指在电路断电情况下，利用万用表测量电路或元器件电阻值，从而判断故障的位置。例如，检查电路中连线、焊点及熔丝等是否断路，测量电阻值、电容器漏电、电感器通断，进而检查半导体器件的好坏等。测试时，为了避免相关支路的耦合影响，被测元器件的一端一般应与电路断开。同时，为了保护元器件，不要使用万用表高阻挡和低阻挡，以防止高电压或大电流损坏电路中半导体器件的 PN 结。

（2）带电测试法。带电测试法是指在电路带电情况下，借助于仪器测量各点静态电压值或电压波形等，进行理论分析，从而判断故障的位置。例如，检查晶体管工作点是否正常，集成元器件的静态参数是否符合要求，数字电子的逻辑关系是否正确等。

4. 替代法

替代法是利用性能良好的备份元器件或同类型正常电路的相同元器件来替代电路中可能产生故障的部分，以确定产生故障元器件位置的一种方法。如果替代后，工作正常了，说明故障就产生于此。

替代的直接目的是缩小故障范围，不一定能确定故障的位置，但为进一步确定故障源创造了条件。

5. 波形观测法

波形观测法是通过观测被检查电路交流工作状态下各测量点的波形，以判断电路中各元器件是否损坏的方法。用这种方法需要将信号源的标准信号送入电路输入端（振荡电路除外），以观察各级波形的变化。该方法在检查多级放大电路的增益下降、波形失真，振荡电路和开关电路时应用非常广泛。

波形观测法虽然不能完全确定故障在哪一个位置，但通过波形的观测对参数的分析，有助于分析故障产生的原因，便于确定进一步的检查方法。

6. 短路法

短路法是将电路在某一点短路，观察在该点前后故障现象的有无，或者故障电路影响的大小，从而判断出故障的位置。例如，在某点短路时，故障现象没有或减小，说明故障在短路点之前，这是因为短路使故障电路产生的影响不能再传送到下级或输出端。如果故障现象仍然存在，这说明故障在短路点之后，可移动短路点位置进一步确定故障的位置。

使用短路法时，必须考虑到如果短接的两点之间存在直流电位差，就不能直接短接，必须用耐压合适的电容器跨接在这两点，起到交流短路的作用。短路法在检查干扰、噪声、纹波及自激等故障时非常方便，常常被采用。

7. 分割法

分割法是在故障电路与其他电路所牵连线路较多、相互影响较大的情况下，可以逐步分割有关的线路，断掉线路之间互相连接的元器件、导线的接点、拔掉印刷板的接插件等，观察其故障现象的影响，从而发现故障的位置。分割法对于检查短路、高压、击穿等有可能烧坏元器件的故障是经常采用的方法。

8. 对比法

对比法是使用同型号正确的电路与被检测故障的电路作比较，找出故障的位置。在检测时可将两者对应点进行比较，在工作中发现问题，找出故障的位置，也可将被检测故障电路有可能出故障的元器件插到正确的电路上，若工作正常，则说明这部分没有问题。比较法同替代法没有本质区别，只是比较范围的不同，两者可以结合进行检查，这样检测得更准确。

9. 信号注入法

信号注入法是注入某一频率的信号作信号源，加在被测电路的输入端，用示波器或其他信号跟踪器，一次逐级观察各级电路的输入/输出端电压的波形或幅度，以判断故障的位置。信号注入法应在电路静态工作点处于正常的情况下使用。

11.8　综合实训 1　直流稳压电源的设计与调试

电子产品通常都需要直流电源供电。当然，在小功率的情况下，也可以用电池作为直流电源。但是，在大型电子设备中都需要直流电源，而这些直流电源都是由交流电源转换而获得。下面就从直流稳压电源的设计、装配和调试学起。

通过综合实训，应该掌握如下技能。

- 焊（焊接、拆焊技术）。
- 选（元器件识别、性能简易测试、筛选）。
- 装（电子电路和电子产品装配能力）。
- 调（电子电路与电子小产品调试能力）。
- 测（正确使用电子仪器测量电参数）。
- 读（电子电路读图能力）。
- 写（培养编写实习报告的能力）。
- 校（电子产品质量检验能力）。
- 触（提前触及三大技术，与时尚数码产品接轨）。

1. 焊接实训

【实训目的】

- 掌握焊接方法。
- 提高焊接水平。

（1）焊接原理。

焊料：常用焊锡作焊料。

焊剂：作用是除去油污，防止焊件受热氧化，增强焊锡的流动性。

焊接工具：电烙铁，选用 20～50W 即可。

正确的焊点示例如图 11-30 所示。出现虚焊的实例如图 11-31 所示。

图 11-30　标准焊点

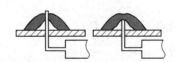

图 11-31　虚焊点

（2）焊接方法。

总思路为先测量，作好记录；再清洁，挂锡焊接；最后再检查测量。切忌马虎大意。

将加热好的电烙铁头与线路板成 60° 角，同时接触焊接点和被焊元件脚 1～2s，再迅速将焊锡丝触至焊接点与元件脚上，使焊锡熔后顺着被焊接元件脚流至焊点上形成一个圆锥状，这时抬起电烙铁。全过程是 3s 左右。焊好后要等焊锡完全凝固才可以移动元件。焊接方法如图 11-32 所示。

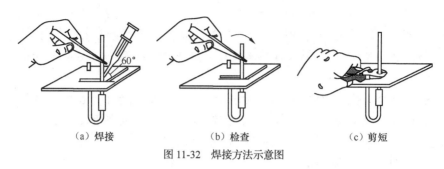

（a）焊接　　　　　　（b）检查　　　　　　（c）剪短

图 11-32　焊接方法示意图

（3）焊接练习。

① 分立器件焊接练习（学会焊接分立式器件并熟练掌握焊接技巧）。

② 接插器件焊接练习（认识常用接插件，由于接插件引脚靠得较近，要防止短路）。

③ 拆件练习（学习拆件，这样在检测到有需要拆换的器件时，可以胸有成竹，不至于把电路板焊坏）。

④ 贴片器件焊接练习（进一步提高焊接水平，熟练贴片器件的焊接）。

焊接时要注意以下事项。

- 防止触电及烫伤人、电源线、衣物等。
- 电烙铁的温度和焊接的时间要适当，焊锡量要适中，不要过多。
- 烙铁头要同时接触元件脚和线路板，使两者在短时间内同时受热，达到焊接温度，以防止虚焊。
- 不可将烙铁头在焊点上来回移动，也不能用烙铁头向焊接脚上刷锡。
- 焊接二极管、三极管等怕热元件时，应用镊子夹住元件脚，使热量通过镊子散热，不至于损坏元件。
- 焊接集成电路，一定等技术熟练后方可进行，注意时间要短，在焊接电路板完成后要断开烙铁电源。

视频演示　观看"焊接基本操作.wmv"视频，该视频演示了焊接的基本方法和步骤。

2. 串联型稳压电源的制作

【实训目的】

- 自制串联型稳压电源的印制电路板。
- 学习焊接与调试技术。
- 熟悉直流稳压电路主要技术指标的测试方法。

（1）实训电路及原理。

用发光二极管设计过截指示并带有短路保护的直流稳压电路，如图 11-33 所示。这个电路与一般串联反馈式稳压电源相比，有以下 4 个特点。

① 用发光二极管 LED$_2$ 作过截指示和限流保护。

② 由 VT$_5$ 构成短路保护电路，而且具有自动恢复功能。

③ 采用有源滤波电路增强滤波效果，同时也减小了直流压降的损失和滤波电容的容量。

④ 由 VT_4 构成的可调模拟稳压管电路，其电路的稳压特性好。

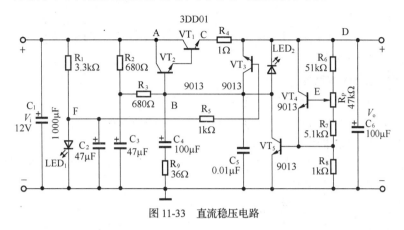

图 11-33 直流稳压电路

这个电路由取样环节、基准环节、比较放大环节、调节环节及保护环节 5 大部分构成，取样环节由 R_6、R_P、R_7、R_8 构成；比较放大环节由 VT_3、VT_4 构成；基准环节由 VT_3、VT_4 的 PN 结构成，基准电压为 1.4V；调整环节由 VT_1、VT_2 构成的复合管构成；短路保护由 R_1、LED_1、C_2、R_5 和 VT_5 构成；过流保护由 LED_2、R_4 构成；有源滤波电路由 C_4、R_9、VT_1 和 VT_2 构成。工作原理如下。

① 当输出电压上升时，取样点 E 的电位也会随之上升，使 VT_3、VT_4 基极电流增加，从而使 VT_3 集电极电流上升，使得 B 点的电压下降。B 点的电压下降，使 VT_1、VT_2 基极电流下降，导致调整管 VT_1 的 C、E 两端的电压上升，使输出电压下降，从而达到了输出电压基本维持不变的目的。

反之，若输出电压下降，E 点的电位随之下降，会导致调整管 VT_1 的 C、E 两端的电压下降，使输出电压上升，达到输出电压基本维持不变的目的。由此可见，为了提高稳压电源的调节能力，在保证调整管所允许承受的 U_{CE} 最大压差和极限电流的前提下，应该尽可能提高稳压电源的输入电压。

② 当改变 R_P 的取值范围时，会同时改变 E 点电位与基准电压之间的差值范围，引起调整管 VT_1 的 C、E 两端的电压差值的变化，从而达到改变输出电压的目的。为了保证输出电压 V_0 在 3～9V 连续可调，调整管 VT_2 的 U_{CE} 至少有 6V 的变化范围。

③ 由 R_9、C_4 构成的无源滤波器经 VT_1、VT_2 的两级放大后大大增强了滤波效果。因为 R_9、C_4 上的充放电经放大后在输出端会引起强烈的反应，相当于在输出端接了一个很大的电容器。

④ 由 R_1、LED_1、C_2、R_5 和 VT_5 构成的短路保护电路，在正常的情况下由于 D 点的电位远大于 F 点的电位，即 LED_1 的导通电压 1.7V（LED_1 导通时可作为稳压电源工作指示灯），所以 VT_5 截止不起作用；当输出短路时 D 点的电位变为 0，此时 F 点的电位 1.7V 远大于 D 点的电位，VT_5 饱和导通，即加在 VT_2 基极 VT_1 发射极间的电压小于 0.3V，所以 VT_1 截止，相当于将输入、输出间断开了，输出电流为 0，从而起到保护作用。当短路解除后，D 点的电位又大于 F 点的电位，VT_5 截止电路自动恢复正常。

⑤ 由 LED_2、R_4 构成的过流保护电路，在正常的情况下工作电流小于或等于 0.3A，所以 VT_2 基极到 D 点间的电压（VT_1、VT_2 节电压加上 R_4 两端电压）小于 1.7V，LED_2 处于截止

状态；而当输出电流大于 0.3A 时，VT_2 基极到 D 点间的电压大于 1.7V，此时 LED_2 导通发光并将 B、D 间电压钳制在 1.7V，从而限制了输出电流的增加，达到限流的目的。

（2）实训器材。

发光二极管，二极管 2CZ55B（1N4001），三极管 3DG12（9013）、3DD01（BD163），电解电容 100μF（耐压 ≥ 16V）。

（3）实训电路的技术指标。

① 输出电压 V_o 在 3V 和 9V 之间连续可调。

② 最大输出电流 I_{max} 为 0.3V，并具有过截保护和指示功能。

③ 输出电压的纹波电压不超过 3mV。

④ 当输出电流在 0～0.3A 范围内变化，或者输入电压（V_i = 12V）变化 ± 10% 时，输出电压变化量的绝对值不超过 0.02V。

⑤ 具有短路保护及自动恢复功能。

（4）实训步骤。

① 按图 11-33 所示的电路设计元器件布线图，如图 11-34 所示。

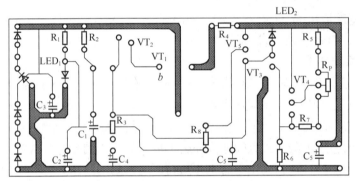

图 11-34　布线图（直流稳压电路）

② 自制印制电路板。

③ 焊接电路。

④ 按图 11-33 所示的电路认真校对焊接电路，经检查无误，在空载（$R_L = \infty$）时通电进行调试。当电路工作正常时，测试输出电压 V_o 的调节范围。

⑤ 空载（$R_L = \infty$）时，$V_o = 6V$，改变 R_L，使 $I_o = 0.3A$，测出相应的 V_o 值。

⑥ 带负载（$R_L = 30\Omega$、$V_o = 6V$）测试。

- 测试各个三极管和 LED 的工作状态。
- 测试输出纹波电压。
- 改变输入电压 V_i（$1 \pm 10\%$），测试输出电压 V_o，并求其变化量的绝对值。
- 测试直流稳压电路的主要技术指标：稳压系数和输出电阻。
- 改变 R_L，反复观察 LED_2 有无明显的过截保护和过截指示。
- 输出端对地短路，测试 VT_5 管的工作状态并观察自动恢复过程。

（5）简易自制印制电路板技术。

自制印制电路板，首先要求走线合理（线条要整齐，线条之间要防止重叠）；其次是焊点

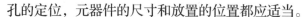

孔的定位，元器件的尺寸和放置的位置都应适当。

单件生产印制电路板的具体步骤大致如下。

① 复写印制电路。把设计好的印制电路图用复写纸写到铜箔板上，用圆珠笔或铅笔描好全图，焊点用圆点表示，经过仔细检查后再揭开复写纸。

② 描板。用笔把黑色调和漆按复写图样描在电路板上。板面要干净，线条要求整齐，不带毛刺；电源线、地线尽可能画宽一些，焊点圆孔外径为 2mm 左右。

③ 腐蚀印制电路板。用三氯化铁配制三氯化铁溶液。把描好的铜箔板晾干，经检查修整后放入盛有三氯化铁的塑料平盘容器。应把线路板朝上平放，以便腐蚀和观察。如果天气较冷，可将溶液适当加热，加热的最高温度要限制在 40～50℃ 之间，否则容易破坏线路板上的保护漆。待裸露的铜箔完全腐蚀干净之后，取出电路板，用清水洗净，擦干后涂上松香水便可进行焊接。

④ 去漆膜。用热水浸泡后，将板面的漆膜剥掉。未擦净处砂纸磨掉。

⑤ 钻孔。钻孔时选用合适的钻头。钻头要锋利，转速取高速，但进刀不要过快，以免将铜箔挤出毛刺。

⑥ 表面处理。用砂纸磨掉氧化层。

⑦ 涂助焊剂。把已配好的酒精松香水助焊剂立即涂在电路板上。助焊剂可以保护电路板板面，提高可焊性。

（6）实训报告。

① 分析电路的过载指示、短路保护、有源滤波及稳压工作原理。

② 定量计算电路的输出电压调节范围，并与实验数据进行比较。

③ 分析整理实验数据。

④ 总结收获与体会。

（7）思考题。

① 直流稳压电路如图 11-33 所示。为了保证输出电压 V_o 在 3V 至 9V 之间连续可调，那么调整管 VT$_2$ 的 U_{CE} 工作范围有多大？

② 直流稳压电路为了取得直流输入电压值 V_i = 12V，整流桥前的电源变压器次级电压应选多少伏？为什么？

③ 直流稳压电路的输出电压固定为 4.5V。如果允许改变直流输入电压值为 12V、9V、7V、5V、3V，那么选择哪一挡电压值较为合理，为什么？

要注意以下问题。

- 在调试过程中，切勿直接接触 220V 交流电源以及做出有可能使其短路的行为，以确保人身安全。
- 对于靠得很近的相邻焊点，要注意有无金属毛刺短连，必要时可用万用表测量一下是否短路。
- 如果发现元器件发热过快、冒烟、打火花等异常情况，应先切断电源，仔细检查并排除故障，然后才可以继续通电调试。

视频演示　观看"直流稳压电源的设计.wmv"视频，该视频演示了直流稳压电源设计的过程。

11.9 综合实训2 指针式万用表的装配与故障排除

指针式万用表是最常用的电气测量仪表之一，它具有携带方便、测量范围广、精度较高的特点。下面就来介绍指针式万用表的装配步骤、故障判断和排除方法。

【实训目的】

- 熟悉装配电子仪器的整个过程，学会检查各种元器件和各种零部件。
- 熟悉和解读电子仪器装配的各种工艺文件。
- 熟练使用工艺文件进行电子仪器的装配焊接并进行检查。
- 熟悉电子仪器的简单检验并进行简单的调试和排除故障。

1. 指针式万用表的测量原理

MF500型万用表是一种结构简单、体积小、灵敏度高及多量程的携带式整流系指针式万用表。该仪表共具有24个测量量程，能分别测量交直流电压、直流电流、电阻和音频电平，适用于无线电、电讯及电工事业单位的一般测量。

MF500型万用表由测量机构、测量电路、转换开关3部分构成。测量机构由一个微安级电流表作为测量仪表，电阻元件构成了测量电路。其测量过程如图11-35所示。

图 11-35 指针式万用表测量过程

被测电量通过表笔进入仪表，由电阻串并联构成的测量电路将被测量转换成直流电流，最后由磁电系测量表头指示。

2. 指针式万用表的性能

仪表适合在周围气温为 0～40℃，相对湿度在 85% 以下的环境中工作。

（1）仪表的测量范围和精度等级如表 11-1 所示。

表 11-1　　　　　　　　　　指针式万用表的测量范围和精度等级

测量范围		灵敏度	精度等级	基本误差	基本误差表示法
直流电压	0～2.5～10～50～250～500V	20kΩ/V	2.5	±2.5	以标度尺工作部分量程上限的百分数表示
	2 500V	4kΩ/V	4.0	±4.0	
交流电压	0～10～50～250～500V	4kΩ/V	4.0	±4.0	
	2 500V	4kΩ/V	5.0	±5.0	
直流电流	0～50μA～1～10～100～500mA		2.5	±2.5	
电阻	0～2kΩ～20kΩ～2MΩ～20MΩ		2.5	±2.5	以标度尺工作部分长度的百分数表示
音频电平	−10～+22dB				

（2）仪表规定在水平位置使用。

（3）仪表防御外界磁场的性能等级为Ⅲ级，耐受机械力作用的性能为普通型。

（4）当周围空气温度在–20℃至 40℃范围内变化时，会引起表读数的变化，温度每变化10℃，直流电压及直流电流的指示值不超过其量程上限的 ± 2.5%；交流电压不超过其量程上限的 ± 4.0%；电阻不超过其弧长的 ± 2.5%。

（5）仪表外壳与电路的绝缘电阻：在相对湿度不大于 85% 的室温条件下不小于 35MΩ。

（6）仪表电路的绝缘强度：能耐受 50Hz 交流正弦波电压 6 000V 历时 1min 的耐压试验。

3．指针式万用表的结构特点

MF500 型指针式万用表如图 11-36 所示。

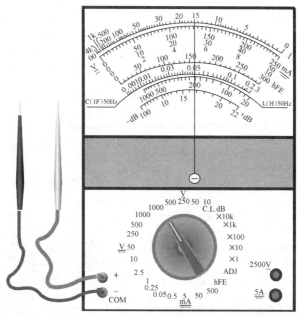

图 11-36　指针式万用表

其结构特点如下。

（1）MF500 型指针式万用表外壳采用酚醛压塑粉压制，具有良好的机械强度和电气绝缘性能。

（2）仪表设有密封装置，以减少外界灰尘及有害气体对仪表内部的侵蚀。

（3）仪表的标度盘宽阔，指针端部呈丝形，能清楚地指示被测量值。

（4）电池盒设在仪表的背面，并与仪表内部隔离，方便更换电池。

4．实训步骤

（1）通读所有工艺文件，做好装配、焊接的准备工作。

（2）检查所有零部件、元器件、导线无缺损。

（3）按工艺要求对所有元器件进行整形加工。所有导线必须两边都剥头搪锡。

（4）根据原理图 11-37 和元器件装配图 11-38 焊接元器件。

（5）按照图 11-39 所示的导线接线图焊接导线。

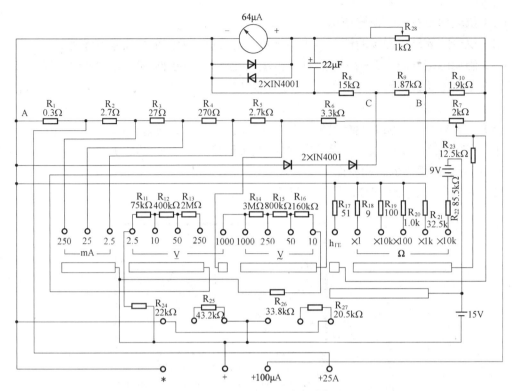

图 11-37 MF500 型万用表的原理图

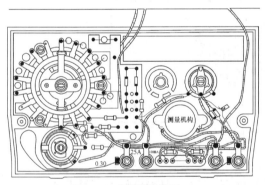

图 11-38 元器件装配图

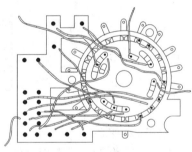

图 11-39 导线接线图

（6）按照图 11-40 所示进行整机装接。

（7）在确认整机装接无误后，安装电池通电。

（8）按照图 11-41 所示检测万用表。

5. 检测万用表故障

（1）用电阻挡测量时不能调零，或指针打到零位以外。

排除方法：旋转转子长短方向，判断是否有安装错误；更换调零电位器；检查 8#电阻焊点的可靠性；检查万用表电池 1.5V、9V 的电压。

（2）电流挡校验有较大误差。

排除方法：检查电流挡挡位电阻安装的准确性和焊点的可靠性；检查 15#、7#导线连接是否正确和焊点的可靠性；检查定子片上的焊点是否短路。

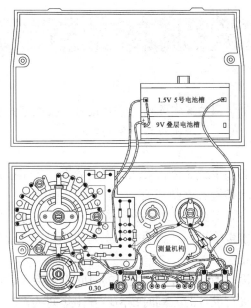

图 11-40　万用表整机连接图

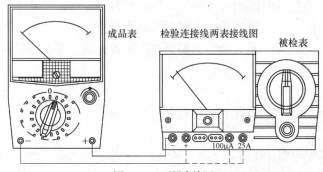

图 11-41　万用表检测

（3）电压挡校验有较大误差。

排除方法：检查电压挡挡位电阻的准确性和焊点的可靠性；检查电压挡挡位导线的连接点是否正确，定子片上的焊点是否短路或开路；检查旋转转子是否完全与定子片接触，安装是否正确。

（4）三极管放大倍数测量有较大误差。

排除方法：检查三极管放大倍数挡位电阻的准确性和焊点的可靠性；检查三极管放大倍数挡位导线的连接和焊点的可靠性；检查转子安装是否正确。

6．实训报告

说明装配过程中的问题和解决办法，整理故障检测方法。

要注意以下两点。

* 电阻采用沟焊。
* 检验结果如果有大的差异，则应检查相应挡位的电阻是否漏焊、虚焊、错焊。

11.10 综合实训 3 数字式抢答器的设计

【实训目的】

- 使用数字电路课程中学到的基本方法，初步进行小型数字系统设计。
- 培养电路设计能力，懂得把理论设计用实物实现。

1. 设计要求

（1）抢答器同时供 8 名选手或 8 个代表队比赛，分别用 8 个按钮 $S_0 \sim S_7$ 表示。

（2）设置一个系统清除和抢答控制开关 S，由主持人控制。

（3）抢答器具有锁存与显示功能。选手按动按钮，锁存相应的编号，并在 LED 数码管上显示，同时扬声器发出报警声响提示。选手抢答实行优先锁存，优先抢答选手的编号一直保持到主持人将系统清除为止。

（4）抢答器具有定时抢答功能，且一次抢答的时间由主持人设定（如 30s）。当主持人启动"开始"键后，定时器进行减计时，同时扬声器发出短暂的声响，声响持续的时间为 0.5s 左右。

（5）参赛选手在设定的时间内进行抢答。抢答有效，定时器停止工作，显示器上显示选手的编号和抢答的时间，并保持到主持人将系统清除为止。

（6）如果定时时间已到，无人抢答，那么本次抢答无效，系统报警并禁止抢答，定时显示器上显示 00。

2. 设计原理

抢答器的原理参考 11.4.2 节数字抢答器电路。

3. 实训器材

数字实验箱；集成电路 74LS148 1 片，74LS279 1 片，74LS48 3 片，74LS192 2 片，NE555 2 片，74LS00 1 片，74LS121 1 片；电阻 510Ω 2 只，1kΩ 9 只，4.7kΩ 1 只，5.1kΩ 1 只，100kΩ 1 只，10kΩ 1 只，15kΩ 1 只，68kΩ 1 只；电容 0.1NF 1 只，10NF 2 只，100NF 1 只；三极管 3DG12 1 只；其他：发光二极管两只，共阴极显示器 3 只，蜂鸣器 1 个，显示译码器 4 个，二极管若干，导线若干，开关若干。

4. 实训步骤

（1）设计定时抢答器的整机逻辑电路图，画出定时抢答器的所有电路原理图和整机 PCB 图。

（2）组装调试抢答器电路。

（3）设计可预置时间的定时电路，并进行组装和调试。当输入 1Hz 的时钟脉冲信号时，要求电路能进行减计时。当减计时到零时，能输出低电平有效的定时时间到信号。

（4）组装调试报警电路。

（5）定时抢答器电路联调。观察各部分电路之间的时序配合关系，然后检查电路各部分的功能，使其满足设计要求。

抢答器的 PCB 图如图 11-42 所示。设计好的抢答器实物如图 11-43 所示。

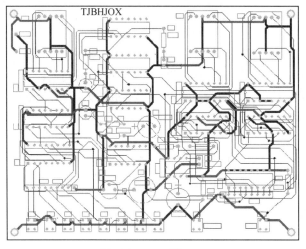

TJBHJOX

图 11-42　PCB 图

图 11-43　抢答器

5．预习要求

（1）熟悉元器件和集成芯片的功能和应用。

（2）设计电路，画出各分电路电气原理图，画出总电路图。

6．实训报告

（1）画出定时抢答器的整机逻辑电路图，并说明它的工作原理和工作过程。

（2）说明实验中出现的故障现象及其解决办法。

（3）回答思考题。

（4）总结心得体会与建议。

7．思考题

（1）在数字抢答器中，如何将序号为 0 的组号，在七段显示器上改为显示 8？

（2）定时抢答器的扩展功能还有哪些？举例说明，并设计电路。

视频演示　　观看"抢答器设计.wmv"视频，该视频演示了数字式抢答器设计的过程。

11.11　综合实训 4　数字式万用表的总装

【实训目的】

- 了解数字式万用电表的工作原理、结构和特性。
- 掌握模拟信号转换成数字信号的基本方法。
- 学习仪表的设计、装配、调试和检修的过程和方法。

1．实训器材

单片 $3\frac{1}{2}$ 位 A/D 转换器 ICL7106、数字表头、二极管、稳压管、电容、熔断器、电阻及导线若干。

2. 实训原理

（1）直流电压测量电路。

在数字电压表头前面加一级分压电路（分压器），可以扩展直流电压测量的量程。

数字万用表的直流电压挡分压电路如图 11-44 所示，它能在不降低输入阻抗的情况下，起到准确的分压效果。

（2）直流电流的测量。

测量电流是根据欧姆定律，用合适的取样电阻把待测电流转换为相应的电压，再进行测量，如图 11-45 所示。实用数字万用表的直流电流挡电路如图 11-46 所示。

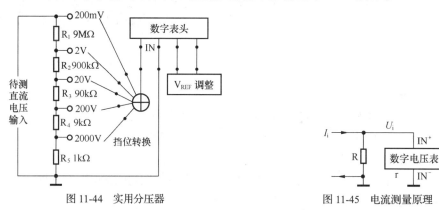

图 11-44　实用分压器　　　　　图 11-45　电流测量原理

（3）交流电压、电流的测量电路。

数字万用表中交流电压、电流测量电路是在分压器或分流器之后串入了一级交流—直流（AC-DC）变换器，如图 11-47 所示。

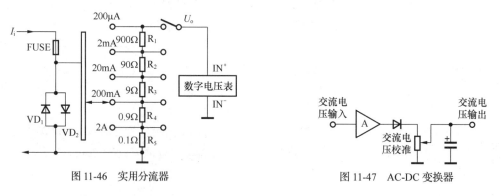

图 11-46　实用分流器　　　　　图 11-47　AC-DC 变换器

（4）电阻测量电路。

数字万用表中的电阻挡采用的是比例测量方法，其原理电路如图 11-48 所示。

图 11-49 中由正温度系数（PTC）热敏电阻 R_t 与晶体管构成了过压保护电路，以防止误用电阻去测高电压时损坏集成电路。

3. 实训步骤

（1）准备工作：熟悉各种装配工艺图纸要求，按工艺文件清单复核元器件及材料的型号、规格、数量及质量等是否符合工艺要求。

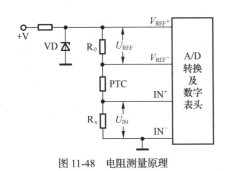

图 11-48　电阻测量原理

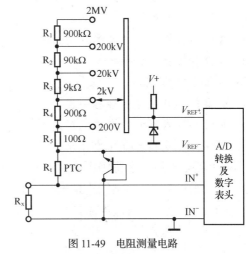

图 11-49　电阻测量电路

（2）数字式万用表装配：元器件焊接、量程开关装配。

（3）数字式万用表调试：初始检测、A/D 转换器的调试、直流电压测量、交流电压调试、电容调试、电阻测试、二极管测试及晶体管测试。

（4）整机装配。

（5）数字式万用表的实物如图 11-50 所示。

4. 数字式万用表故障检修

在元器件完好的情况下，组装的数字万用表出现故障，很可能是安装方面的问题。因此，在检修仪表时，观察仪表转换开关定位是否正确，h_{FE} 和电容（CAP）测量插座等是否有污垢或异物，保险丝是否接触良好，电路板是否有脱焊或短路，元件是否有错装和漏装，液晶显示器是否缺少笔划，颜色是否均匀。此外，还可观察电路板上印制导线有无断裂、翘起等现象。

图 11-50　数字式万用表

用手小心触摸电池、电阻、电容、晶体管及集成电路等器件的温升是否过高，用手检查选择开关是否灵活，元器件焊接有无松动。此外，还可拨动元器件及引线，同时观察故障有何变化。

（1）显示故障检修。

① 接通电源后无显示。

正常时，接通数字式万用表电源开关，它的液晶显示屏上应该有显示。例如，显示"1"或"000"字符，具体显示字符随不同挡位而有所不同。如果接通电源以后，显示屏上没有任何显示，说明仪表工作已经失常。一般来讲，应着重检查以下几个方面。

- 检查 9V 叠层电池是否失效损坏，是否接触不良，电池引线是否断路、焊点是否脱落。
- 检查电源开关是否损坏或接触不良。
- 检查集成电路 ICL7106 与印制板相连的印制导线是否断裂。
- 液晶显示器背电极是否有接触不良现象。

② 显示笔画不全。

正常时，数字万用表的显示屏应能显示全笔段字符。若出现所显示的数字缺笔少画现象，应重点检查以下几个方面。

- 重新安装液晶显示屏，保证导电橡胶与电路板接触良好。

- 液晶显示屏是否局部损坏。
- A/D 转换器与显示器笔画之间的引线是否断路。
- A/D 转换器是否损坏。

③ 不显示小数点。

- 选择转换开关是否接触不良。
- 控制小数点显示的有关电路是否损坏。

④ 低电压指示符号显示不正常。

当换上新电池后，字符仍不显示，或在旧电池电压降至 7V 时，低压指示仍不显示。此类故障的原因大多数是控制低压指示符号的电路损坏，或者与其输入端相连接的晶体管损坏。

（2）直流电压挡和直流电流挡故障检修。

① 开机后电压挡显示溢出符号"1"。

- 集成电路 ICL7106 的 1 脚对地电压是否低于 2.8V。
- 基准电压即 ICL7106 的 36 脚对 35 脚是否高于 100mV。
- ICL7106 的 31 脚同外围元器件是否断开。

② 直流电压失效。

- 选择开关是否接触不良。
- 直流电压输入回路所串联的电阻是否虚焊，呈开路状态。

③ 直流电流挡失效。

- 表内保险丝是否烧断。
- 限幅二极管是否被击穿短路。
- 选择开关是否接触不良。

（3）交流电压挡故障检修。

① 交流电压挡失效。

- 选择开关是否接触良好。
- 交流电压测量电路是否装错或焊接有问题。
- 检查交流电压测量电路的集成运放、输出滤波电容等元器件的好坏。

② 交流电压测量显示值跳字无法读数。

- 选择开关后盖板屏蔽层的接地（COM 端）引线是否断线。
- 整流输出端的滤波电容是否脱焊或容量消失。

（4）电阻挡故障检修。

- 热敏电阻是否开路失效。
- 标准串联电阻是否开路失效。
- 与基准电压输出串联的电阻是否开路或脱焊。

（5）二极管挡和蜂鸣器挡故障检修。

① 二极管挡失效。

- 保护电路中的二极管及电阻是否损坏。
- 热敏电阻是否损坏。
- 分压电阻是否接触不良。

- 选择开关是否接触不良。
② 蜂鸣器挡失效。
- 压电蜂鸣片是否损坏，与电路板连接是否良好。
- 检查蜂鸣器振荡电路与相关电路。
- 选择开关是否接触不良。

5. 实训数据记录及处理

（1）测量电阻，将数据记录在表 11-2 中。

表 11-2　　　　　　　　　　　　　　　测量电阻

待测电阻（Ω）	R_1	R_2	R_3
标准表的测量值			
实验仪的测量值			

（2）测量直流电压，将数据记录在表 11-3 中。

表 11-3　　　　　　　　　　　　　　测量直流电压

待测电压（V）	U_1	U_2	U_3
标准表的测量值			
实验仪的测量值			

（3）测量直流电流，将数据记录在表 11-4 中。

表 11-4　　　　　　　　　　　　　　测量直流电流

待测电流（mA）	I_1	I_2	I_3
标准表的测量值			
实验仪的测量值			

（4）测量交流电压，将数据记录在表 11-5 中。

表 11-5　　　　　　　　　　　　　　测量交流电压

待测电压（V）	U_1	U_2	U_3
标准表的测量值			
实验仪的测量值			

（5）测量交流电流，将数据记录在表 11-6 中。

表 11-6　　　　　　　　　　　　　　测量交流电流

待测电流（mA）	I_1	I_2	I_3
标准表的测量值			
实验仪的测量值			

6. 预习要求

（1）画出数字式万用表的结构框图。

（2）熟悉单片 $3\frac{1}{2}$ 位 A/D 转换器 ICL7106 引脚的功能。

（3）仔细分析各部分电路的连接和工作原理。

（4）本实训是一个综合性的实训，实训前应做好充分准备。

7. 实训报告

（1）绘出三位半直流数字电压表的电路接线图。

（2）阐明组装和调试步骤。

（3）说明调试过程中遇到的问题和解决办法。

（4）组装和调试数字电压表的心得体会。

8. 思考题

（1）参考电压上升时，显示值增大还是减小？

（2）要使显示值保持某一时刻的读数，电路应该怎么改动？

（3）用自制数字电压表测量正负电源电压。试设计扩程测量电路。

 视频演示 观看"万用表的总装.wmv"视频，该视频演示了万用表的装配过程。

习　　题

1. 填空题

（1）电路系统的设计完成后，一个重要的步骤是_____。

（2）电调试的目标是_____，并且具有系统要求的_____、_____、_____。

（3）电路故障是指_____。

2. 分析思考题

（1）电路调试的一般步骤是什么？

（2）电路调试中需要注意什么问题？

（3）如何进行电路故障的诊断？